高职高专公共基础课教材

U0791531

信息技术实训案例

崔维响　郇玉龙　焉旭光　主　编
王　瑜　王　磊　周问宇　副主编

清華大学出版社
北　京

内 容 简 介

本书依据教育部《高等职业教育专科信息技术课程标准（2021 年版）》编写，结合当前高职高专学生学习特点和编者多年的计算机基础教学经验，以案例设计为导向，对 Windows 操作系统和 Office 办公软件的实训操作进行了系统设计。

书中在案例设计和素材选择中恰当融入了中医药文化和职业文化，既有实用性又有趣味性，在提升信息技术能力的同时提高学生的文化素养。本书不仅适合高职高专学生作为实训教材，还可供计算机爱好者自学使用，同时可作为职场新人提升实战能力的参考书籍。

图书在版编目（CIP）数据

信息技术实训案例 / 崔维响, 郇玉龙, 焉旭光主编；王瑜, 王磊, 周问宇副主编. -- 北京：清华大学出版社, 2024. 8 (2026.1重印). -- (高职高专公共基础课教材). -- ISBN 978-7-302-66957-9

Ⅰ. TP3

中国国家版本馆 CIP 数据核字第 202454H4E9 号

责任编辑：王　军
装帧设计：孔祥峰
责任校对：成凤进
责任印制：从怀宇

出版发行：清华大学出版社
网　　址：https://www.tup.com.cn，https://www.wqxuetang.com
地　　址：北京清华大学学研大厦 A 座　　邮　　编：100084
社 总 机：010-83470000　　邮　　购：010-62786544
投稿与读者服务：010-62776969，c-service@tup.tsinghua.edu.cn
质 量 反 馈：010-62772015，zhiliang@tup.tsinghua.edu.cn
印 装 者：涿州汇美亿浓印刷有限公司
经　　销：全国新华书店
开　　本：190mm×260mm　　**印　　张**：11.75　　**字　　数**：316 千字
版　　次：2024 年 9 月第 1 版　　**印　　次**：2026 年 1 月第 4 次印刷
定　　价：45.00 元

产品编号：108639-01

前　言

本书依据教育部《高等职业教育专科信息技术课程标准（2021 年版）》编写，以增强信息意识、提升计算思维、促进数字化创新与发展能力、树立正确的信息社会价值观和责任感为目标，同时以案例为导向，对 Windows 操作系统和 Office 办公软件的实训操作进行了系统设计。实训案例设计注重实用性，从易到难，逐步深入，每一个案例解决一个实际问题，提升一种实践能力，以强化和提升学习者的信息素养。

全书分为 4 个模块共 20 个案例，Windows 操作系统模块 4 个案例，Word 文档处理模块 6 个案例，Excel 电子表格处理模块 6 个案例，PowerPoint 演示文稿制作模块 4 个案例，每个案例根据知识内容和难易程度进行了适当的拓展。本书既可作为高职高专、各类职业技术院校计算机基础实训教材，也可作为计算机初学者实训用书。

参加本书编写的都是长期从事计算机基础教学、指导实训经验丰富的一线教师。他们在设计中充分结合初学者的思维特点和学习实际，从生活和工作中挖掘学习情境，并在案例操作素材中融入中医药文化、职业文化，具有很强的实用性。全书由崔维响、郇玉龙、焉旭光主编，由崔维响、周问宇、王磊统稿。具体编写分工如下：焉旭光负责 Windows 操作系统模块，崔维响负责 Word 文档处理模块，郇玉龙负责 Excel 电子表格处理模块，王瑜负责 PowerPoint 演示文稿制作模块。

本书在编写过程中得到了山东中医药高等专科学校领导和同行们的支持与帮助，在此一并表示感谢。由于作者水平有限，成书时间也比较仓促，书中难免有疏漏和不妥之处，希望广大读者批评指正。

编　者

2024 年 6 月

目 录

模块一

Windows 操作系统

案例一　Windows个性化设置

张强是学校计算机协会的会员，经常帮助老师维护多媒体教室的计算机。现在有一个多媒体教室的计算机重新安装了 Windows 10 操作系统，他需要根据学校的使用需求进行相关设置，使之能够满足日常的教学需要。

本案例主要对 Windows 10 系统进行个性化设置，包括对主题、桌面图标、桌面背景、分辨率、任务栏等进行设置，重点练习 Windows 10 界面设置、窗口设置等基本操作技巧。

一、案例设计

(1) 将 Windows 主题设置为"Windows(浅色主题)"，在桌面显示以下图标：此电脑、回收站、控制面板、网络。

(2) 将计算机桌面背景设置为图片"素材\案例 1\校园风景.jpg"。

(3) 将系统显示分辨率调整为 1600×900，以适应多媒体教室的投影仪。

(4) 在桌面上创建一个快捷方式，指向 D 盘根目录下的文件夹"素材"。

(5) 将经常使用的 PowerPoint 程序快捷方式固定到"开始"屏幕及任务栏。

(6) 尝试将任务栏分别移动到桌面的上下左右边缘，最终将任务栏放置于桌面下方，并设置自动隐藏和"使用小任务栏按钮"。

(7) 桌面图标、文件等原本排列很分散，将桌面图标的排列方式设置为自动排列图标。

(8) 打开 4 个应用程序，进行桌面分屏，尝试设置为两屏和四屏。

(9) 新建一个虚拟桌面"桌面 2"，并在新桌面打开"此电脑"窗口，观察任务栏中显示的运行程序，删除"桌面 2"，再观察任务栏变化。

二、案例分析

1. 设置Windows主题及桌面图标

在桌面的空白处右击，从弹出的快捷菜单中选择“个性化”命令，在打开的“个性化设置”窗口中选择“主题”分类，如图1-1所示，在“更改主题”组中选择“Windows(浅色主题)”选项。

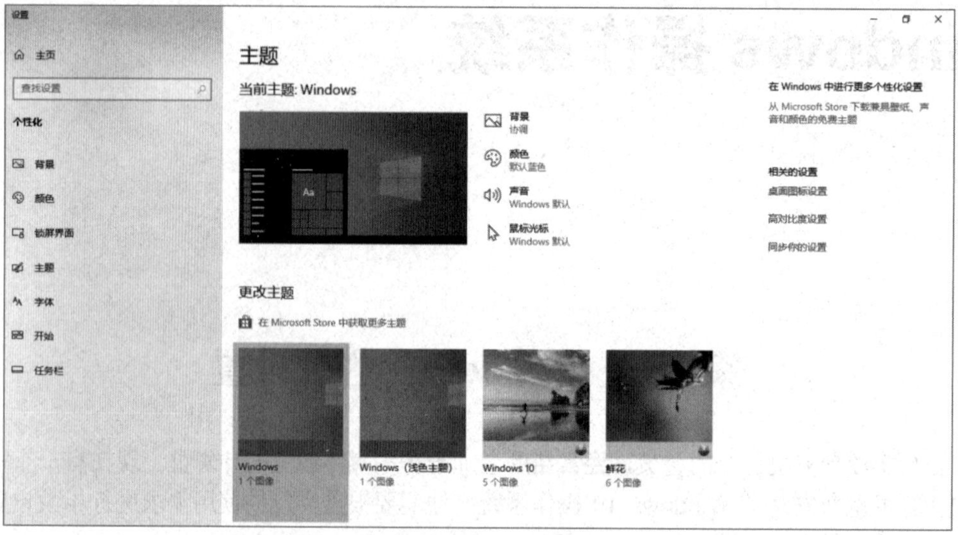

图1-1　个性化设置窗口

单击右侧的“桌面图标设置”超链接，打开“桌面图标设置”对话框，如图1-2所示，勾选“计算机”“回收站”“控制面板”“网络”复选框后，单击“确定”按钮。

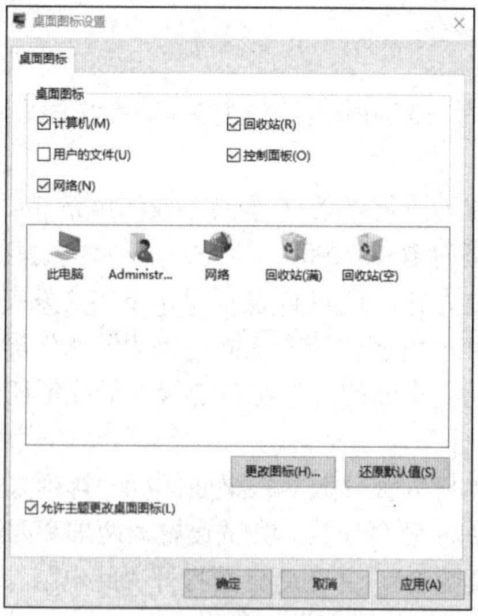

图1-2　“桌面图标设置”对话框

2. 设置桌面背景

在图1-1所示的个性化设置窗口中，从左侧选择“背景”分类，如图1-3所示。单击“浏览”

按钮，在弹出的“打开”窗口中选择“素材\案例 1\校园风景.jpg”文件设置背景。

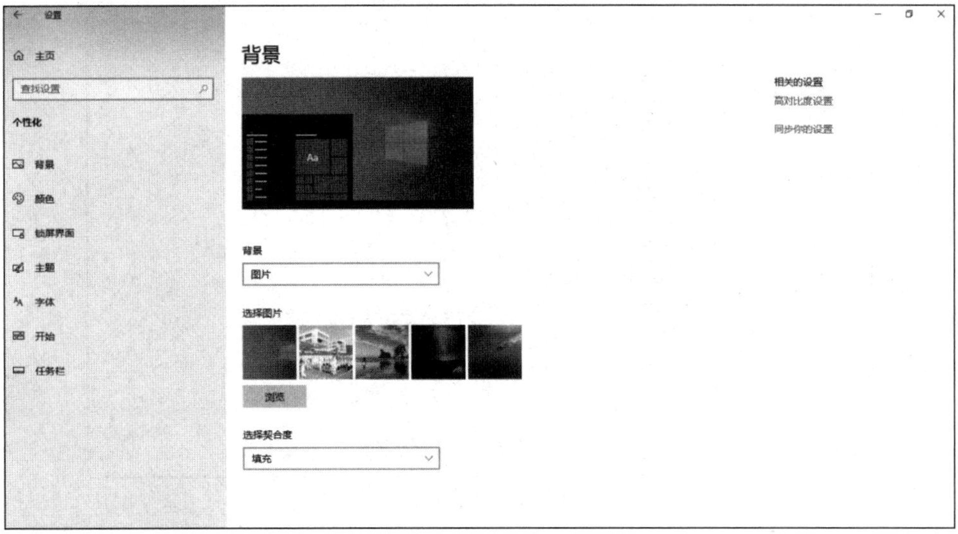

图1-3　桌面背景设置界面

3. 设置屏幕分辨率

在桌面的空白处右击，从弹出的快捷菜单中选择“显示设置”命令，打开显示设置窗口，如图 1-4 所示。在“显示”设置界面中设置“显示分辨率”为 1600×900，在弹出的提示中单击“保留更改”按钮。

图1-4　显示设置窗口

4. 创建快捷方式

双击桌面上的“此电脑”图标，打开“本地磁盘(D:)”，在“素材”文件夹上右击，在弹出的快捷菜单中选择“发送到”→“桌面快捷方式”命令，如图 1-5 所示。

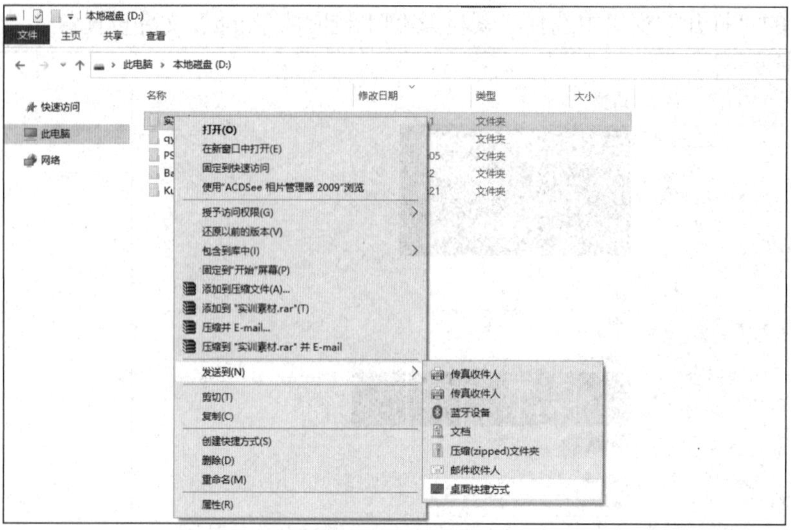

图1-5　创建桌面快捷方式

5. 设置应用程序的快捷方式

第 1 步：单击“开始”按钮，找到 PowerPoint 并右击，在弹出的快捷菜单中选择“固定到‘开始’屏幕”命令，如图 1-6 所示，该程序的图标就会出现在右侧区域中。若想取消固定，则右击动态磁贴，在弹出的快捷菜单中选择“从‘开始’屏幕取消固定”命令即可，如图 1-7 所示。在弹出的快捷菜单中选择“调整大小”命令，还可以调整动态磁贴的大小。

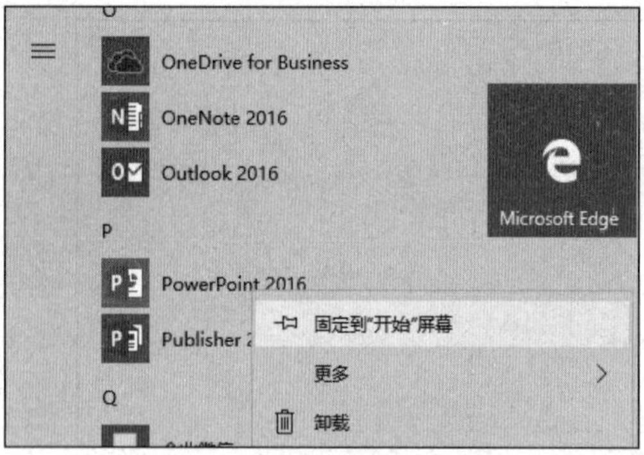

图1-6　固定到“开始”屏幕

图1-7　从“开始”屏幕取消固定

第 2 步：在开始菜单中的 PowerPoint 上右击，在弹出的快捷菜单中选择“更多”→“固定到任务栏”命令，如图 1-8 所示，就会在快速启动栏处成功添加 PowerPoint 图标。

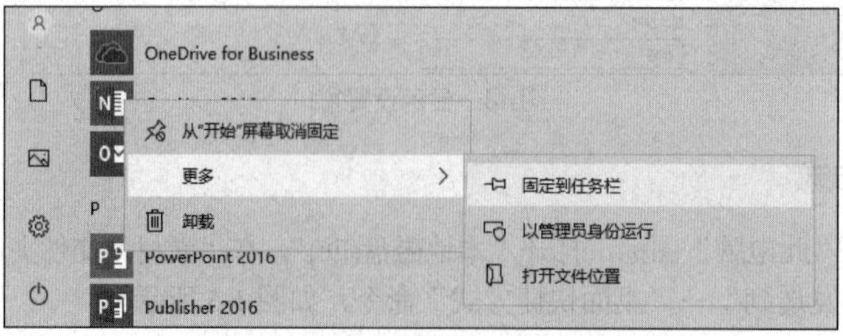

图1-8　将PowerPoint程序添加到快速启动栏

6. 设置任务栏

在任务栏空白处右击，在弹出的快捷菜单中选择“任务栏设置”命令，打开任务栏设置窗口，在右侧设置“锁定任务栏”的状态为“关”，如图 1-9 所示。将鼠标置于任务栏上按住左键不放，就可将任务栏拖动到桌面的上下左右 4 个边缘处，并可调整任务栏的高(宽)度。将任务栏最终拖回桌面下方，重新将“锁定任务栏”的状态设置为“开”，任务栏就不能再移动。

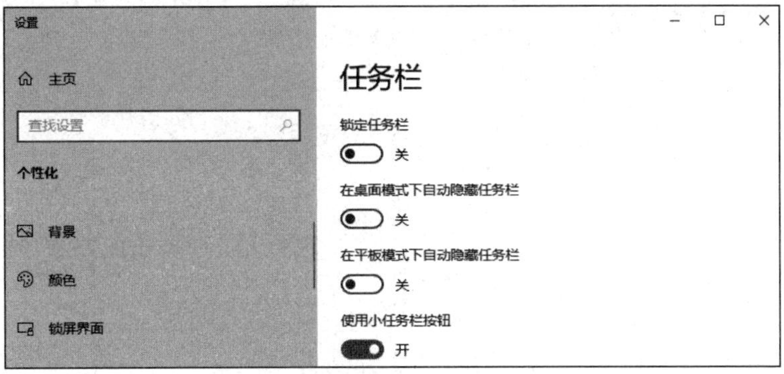

图1-9 关闭“锁定任务栏”

再次打开任务栏设置窗口，在右侧设置“在桌面模式下自动隐藏任务栏”的状态为“开”，设置“使用小任务栏按钮”的状态为“开”，如图 1-10 所示。

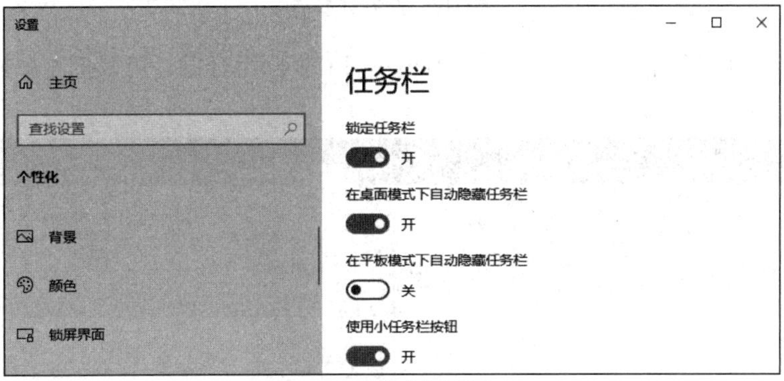

图1-10 任务栏设置窗口

7. 排列桌面图标

在桌面空白处右击，在弹出的快捷菜单中选择“查看”命令，在其级联菜单中选择“自动排列图标”命令，如图 1-11 所示。

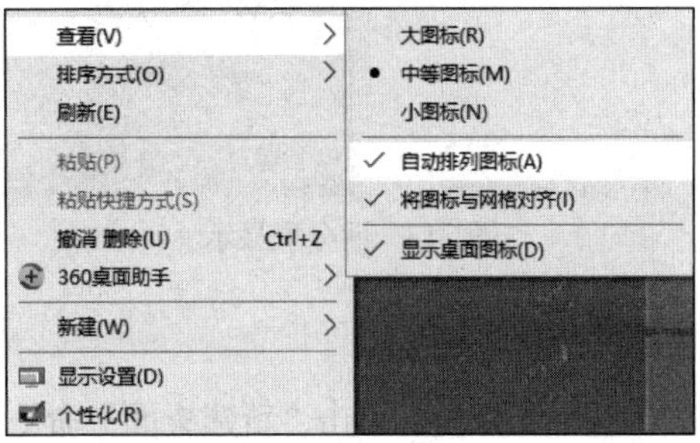

图1-11 自动排列图标

8. 桌面分屏设置

第 1 步： 打开两个应用程序，然后按 Win + →(或←)组合键，可以把打开的两个应用程序分在左右两边显示，如图 1-12 所示。

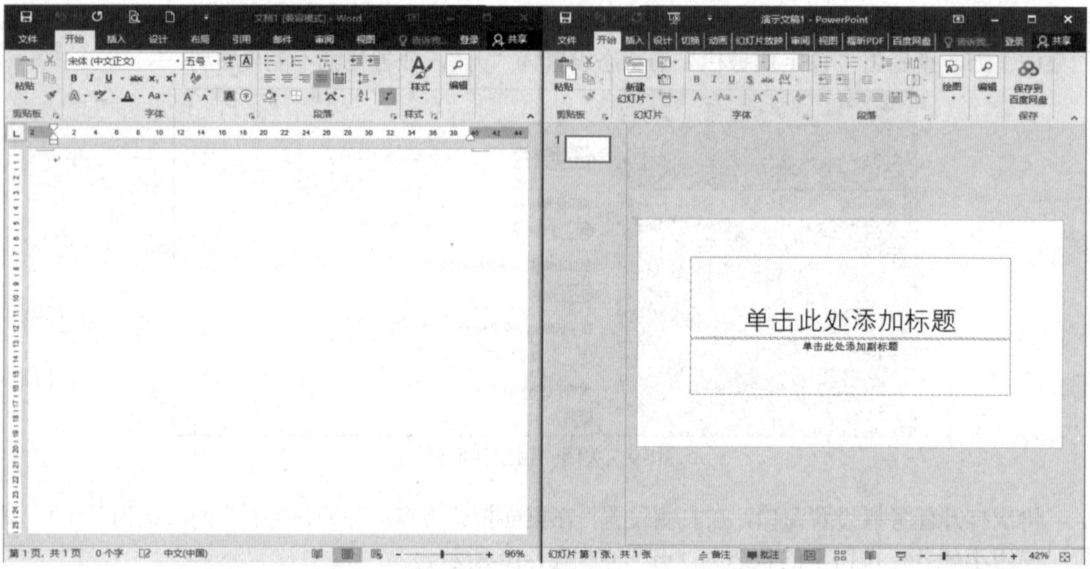

图1-12　两分屏显示

第 2 步： 再多打开两个应用程序，再按 Win + ↑(或↓)组合键，可以把 4 个打开的应用程序分成四屏显示，如图 1-13 所示。

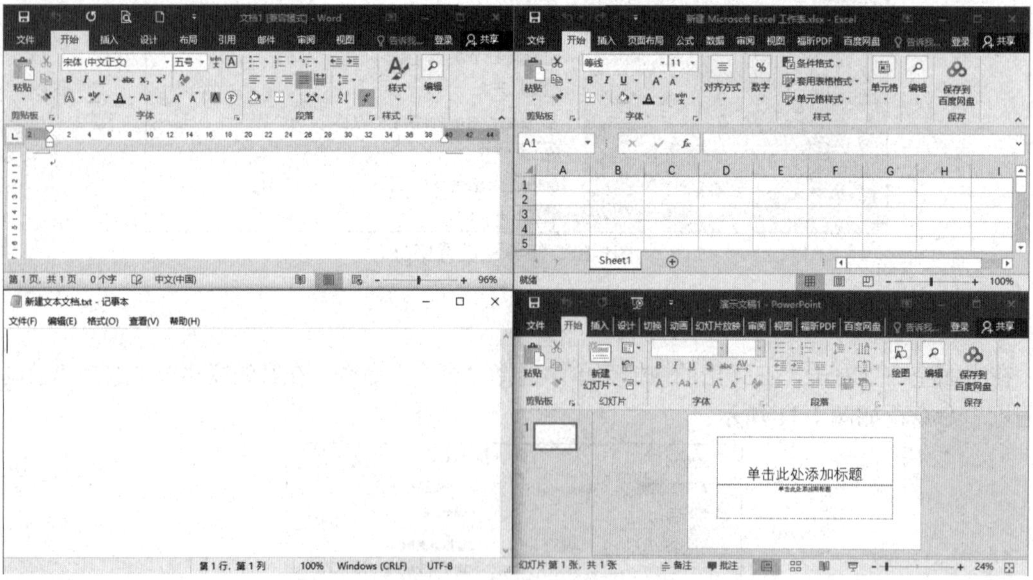

图1-13　四分屏显示

9. 虚拟桌面设置

按 Win+Tab 组合键，启动虚拟桌面界面。单击“新建桌面”命令，创建“桌面 2”，如图 1-14

所示。在新桌面中打开“此电脑”窗口。

图1-14　新建“虚拟桌面”

再次启动虚拟桌面界面，在虚拟桌面列表中单击不同桌面进行切换操作。然后在虚拟桌面列表中关闭“桌面 2”，如图 1-15 所示，则在该桌面中打开的窗口会被自动移至“桌面 1”的任务栏中。

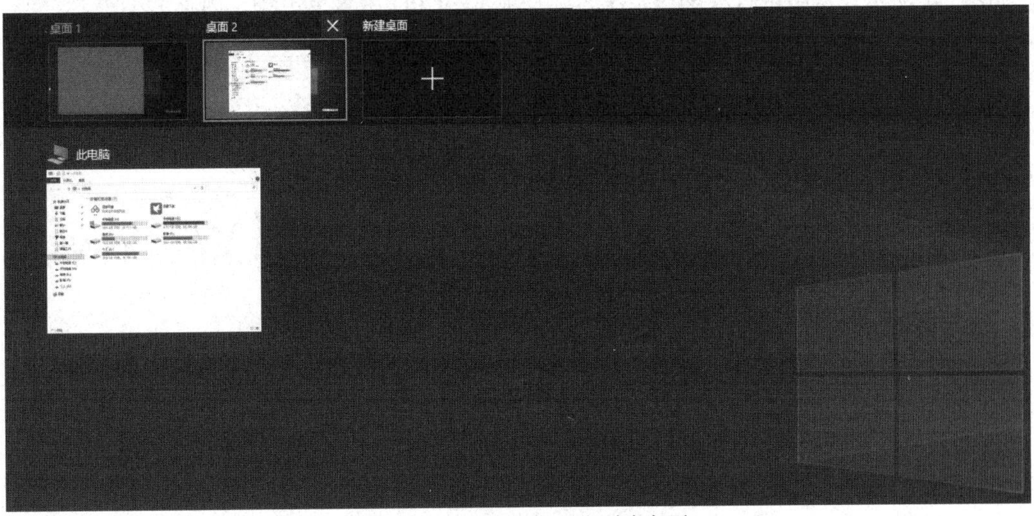

图1-15　切换不同桌面及删除桌面

案例二　系统设置与维护

王涛同学购买了一台新的笔记本电脑，预装了 Windows 10 操作系统。为了能够满足个性化和学习的需要，请你帮他进行一些基础的系统设置。

本案例主要练习查看系统版本、查看硬件信息、控制面板操作、软件的安装与卸载、设置默认输入法、网络设置、创建用户等操作，要求能熟练掌握这些操作方法和技巧。

一、案例设计

(1) 查看操作系统的版本、CPU 型号、内核数、内存大小等系统信息，并将计算机名称更改为 WangTao。

(2) 将系统的鼠标方案设置为“Windows 标准(大)(系统方案)”。

(3) 安装搜狗五笔输入法，并设置为默认输入法。

(4) 通过控制面板卸载 360 极速浏览器。

(5) 将“素材\案例 2”文件夹中的“仿宋”字体安装到字体库中。

(6) 使用 ipconfig 命令查看本机 IP 地址，然后将首选 DNS 服务器地址设置为 10.0.0.10。

(7) 开启系统自带的防火墙。

(8) 创建一个名为“公用账户”的标准用户，设置密码为 123。

二、案例分析

1. 查看计算机属性

在桌面的“此电脑”图标上右击，从弹出的快捷菜单中选择“属性”命令，打开“系统”窗口，如图 2-1 所示。从中可查看操作系统名称及版本、CPU 型号及主频、内存大小等。

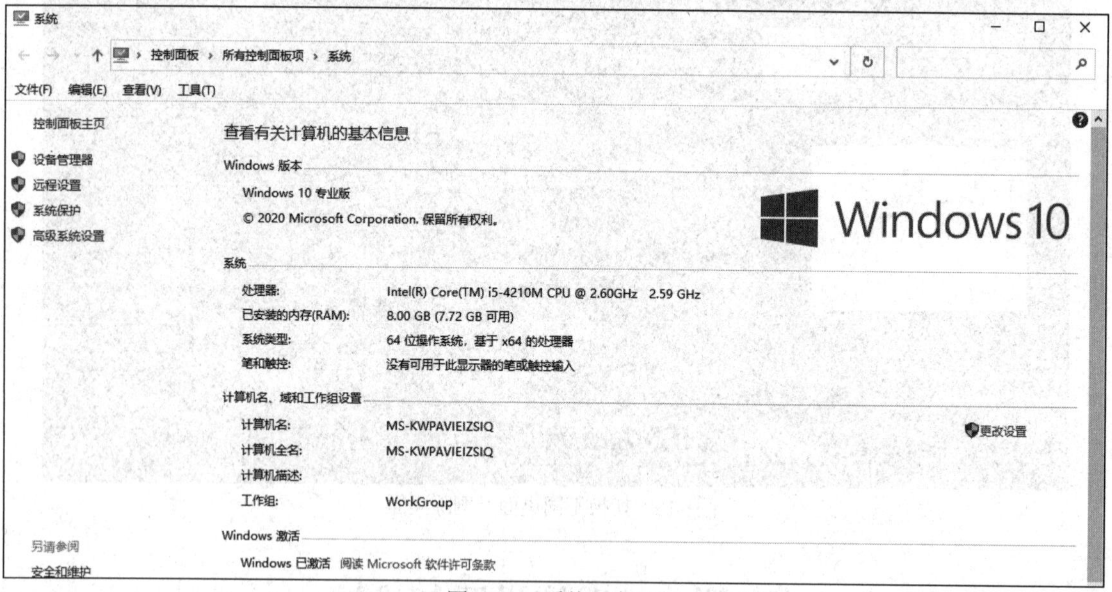

图2-1 “系统”窗口

单击“计算机名、域和工作组设置”中的“更改设置”命令，弹出“系统属性”对话框，如图 2-2 所示。在该对话框中单击“更改”按钮，弹出“计算机名/域更改”对话框，在“计算机名(C):”下方的文本框处输入 WangTao，如图 2-3 所示。单击“确定”按钮后，按照提示进行系统重启后，完成计算机名更改操作。

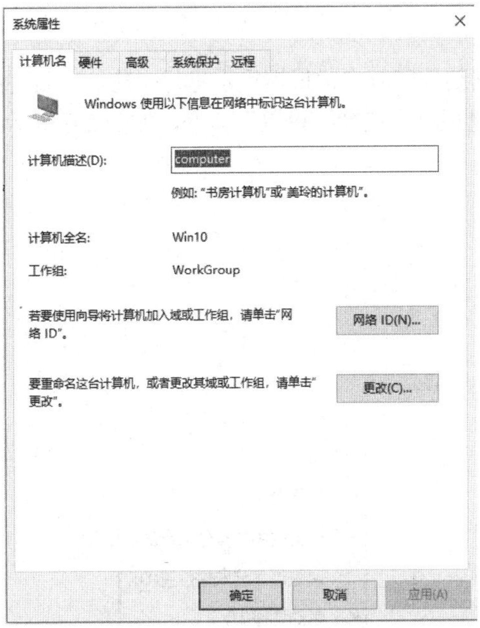

图2-2　“系统属性”对话框

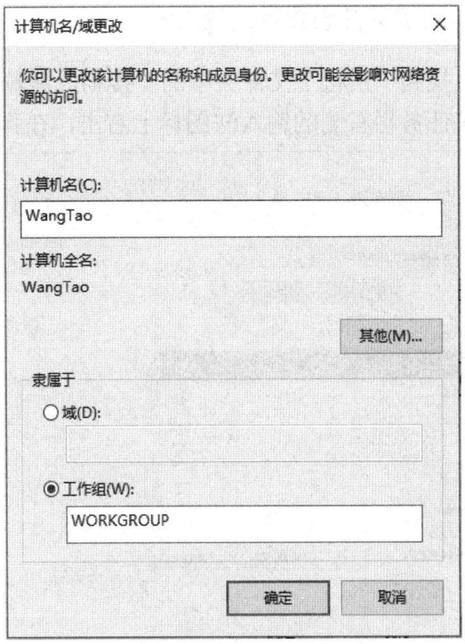

图2-3　“计算机名 / 域更改”对话框

2. 设置鼠标属性

打开控制面板，将“调整计算机的设置”右侧的“查看方式”设置为“大图标”，如图 2-4 所示。

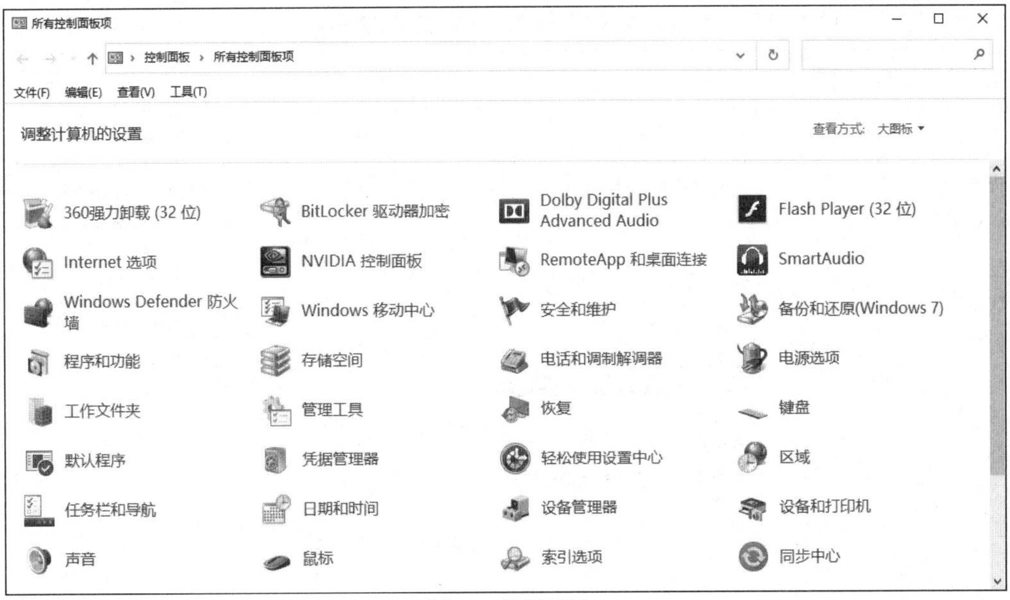

图2-4　控制面板

单击“鼠标”链接，打开“鼠标 属性”对话框，在“指针”选项卡的“方案”列表中选择“Windows 标准(大)(系统方案)”选项，如图 2-5 所示。

3. 安装并设置默认输入法

找到“素材”文件夹中的“搜狗五笔输入法”安装程序双击，根据提示进行安装。安装完成后在任务栏右侧的输入法图标上右击，在弹出的快捷菜单中选择“设置”命令，如图 2-6 所示。

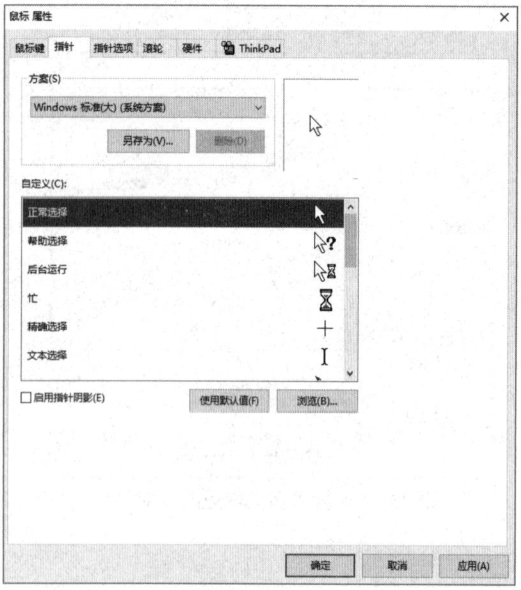

图2-5 “鼠标 属性”对话框

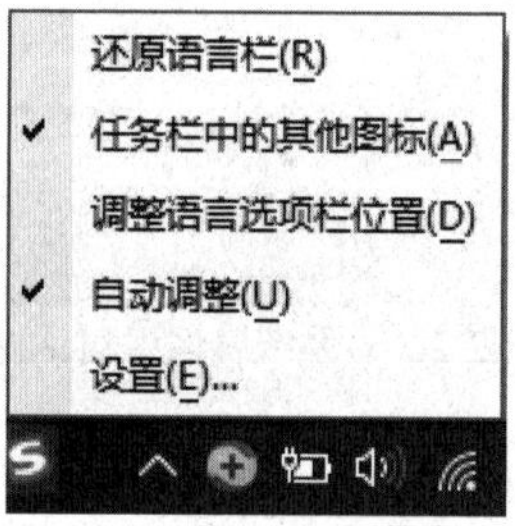

图2-6 “语言”设置命令

打开“语言”设置窗口，单击“键盘”链接，如图 2-7 所示。

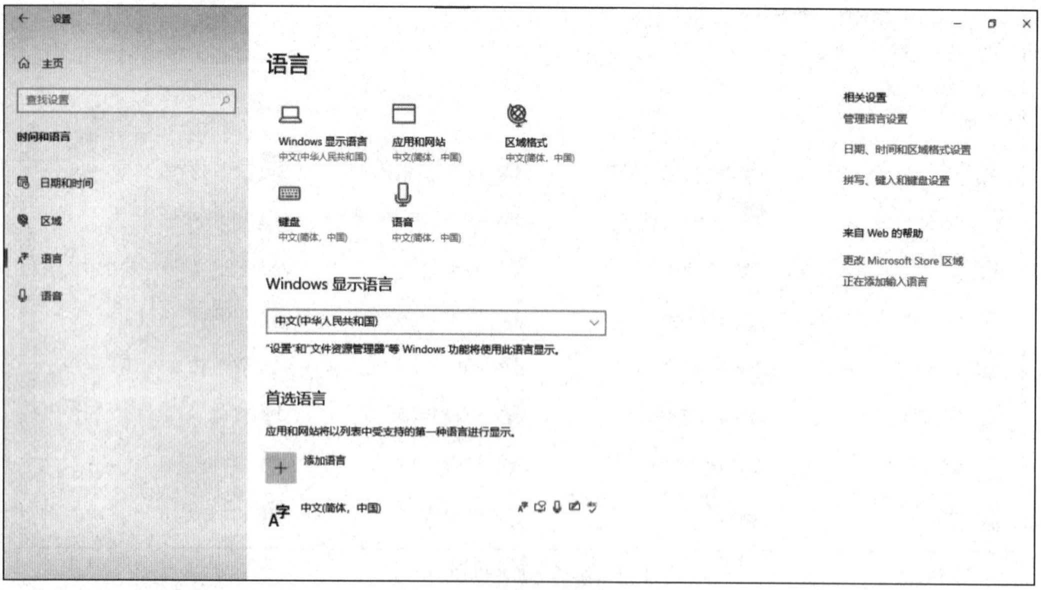

图2-7 “语言”设置窗口

在弹出的“键盘”设置窗口中，在“替代默认输入法”下拉列表中选择“中文(简体，中国)-搜狗五笔输入法”选项，如图 2-8 所示。

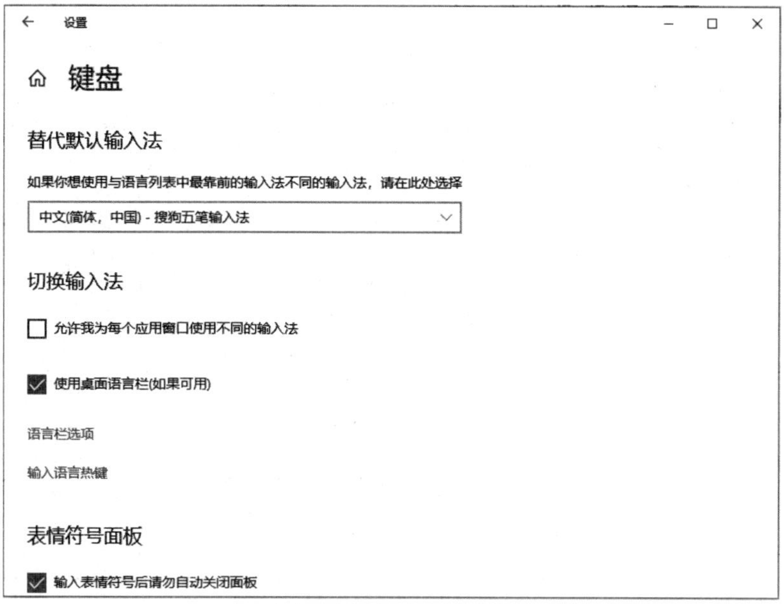

图2-8 设置默认输入法

4. 卸载程序

在“控制面板”窗口中单击“程序和功能”链接，打开的“程序和功能”窗口显示了目前已安装的程序，如图 2-9 所示。在“360 极速浏览器”上双击，按照提示操作即可卸载该程序。

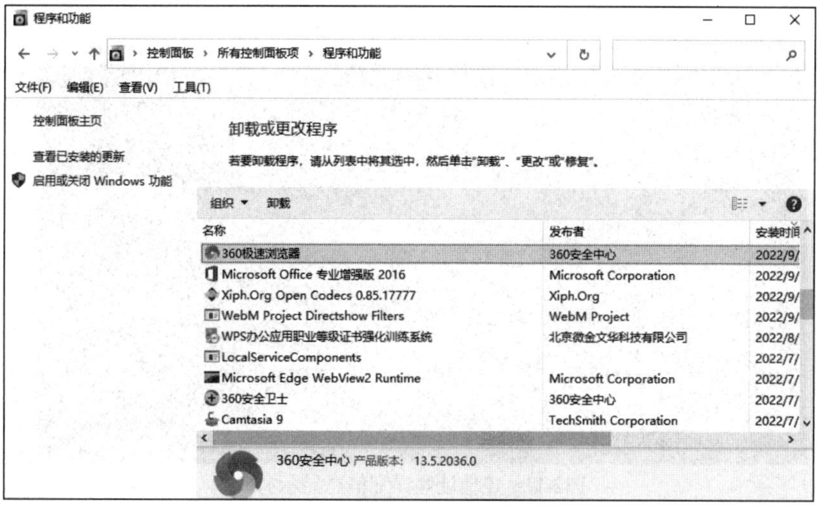

图2-9 “程序和功能”窗口

5. 添加字体

在“控制面板”窗口中单击“字体”链接，打开的“字体”窗口显示了目前已安装的字体文件，如图 2-10 所示。在“素材\案例 2”文件夹中找到“仿宋.ttf”字体文件，复制后，粘贴到“字体”窗口中即可。

图2-10 “字体”窗口

6. 使用ipconfig命令查看本机IP地址及设置DNS

单击“开始”→“Windows 系统”→“命令提示符”命令，打开“命令提示符”窗口。在窗口中输入命令 ipconfig，按 Enter 键，即显示出本地计算机的 IP 地址、子网掩码、默认网关等信息，如图 2-11 所示。

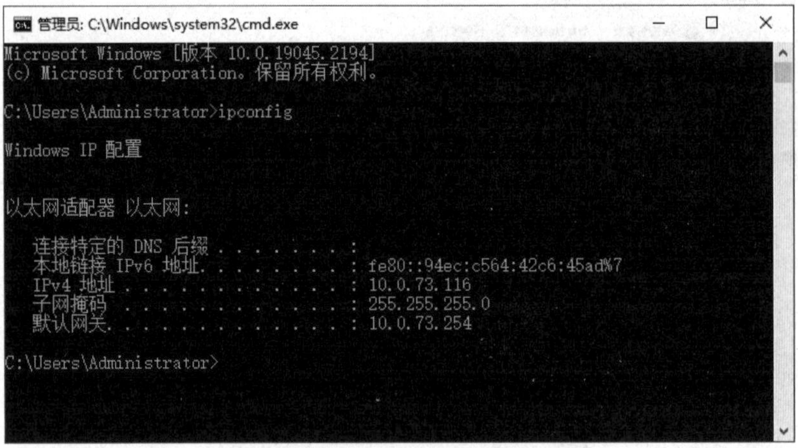

图2-11 IP地址等详细信息显示窗口

在“控制面板”窗口中单击“网络和共享中心”链接，打开“网络和共享中心”窗口，如图 2-12 所示。单击“以太网”链接，打开“以太网 状态”对话框，如图 2-13 所示。

在“以太网 状态”对话框中单击“属性”按钮，打开“以太网 属性”对话框，如图 2-14 所示。在“Internet 协议版本 4(TCP/IPv4)”处双击，打开“Internet 协议版本 4(TCP/IPv4)属性”对话框，在“首选 DNS 服务器”处输入 10.0.0.10 后，单击“确定”按钮，如图 2-15 所示。

图2-12 “网络和共享中心”窗口

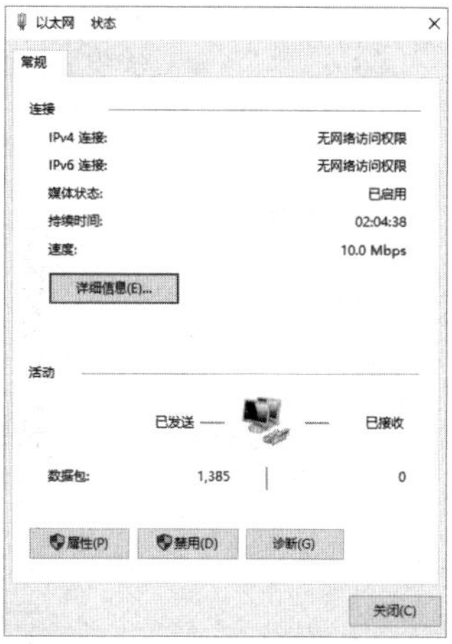

图2-13 “以太网 状态”对话框

图2-14 “以太网 属性”对话框

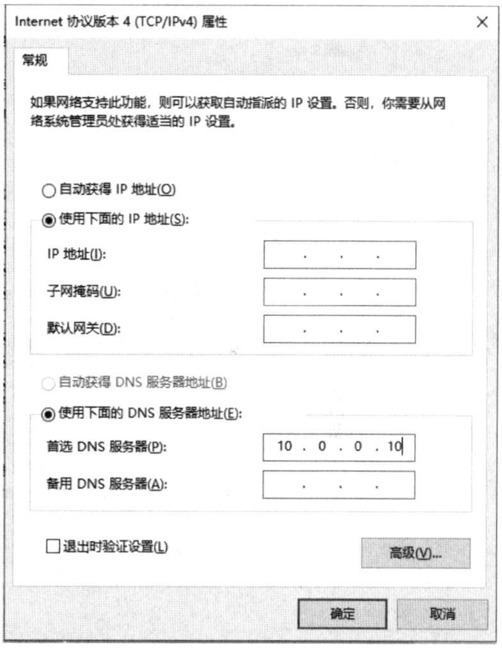

图2-15 “Internet协议版本4(TCP / IPv4)属性”对话框

7. 开启系统自带的防火墙

在“控制面板”窗口中单击“Windows Defender 防火墙”链接，打开“Windows Defender 防火墙”窗口，如图 2-16 所示。

在左侧单击“启用或关闭 Windows Defender 防火墙”链接，打开“自定义设置”窗口。在每种类型的网络设置中分别选择“启用 Windows Defender 防火墙”后，单击“确定”按钮，如图 2-17 所示。

图2-16 “Windows Defender防火墙”窗口

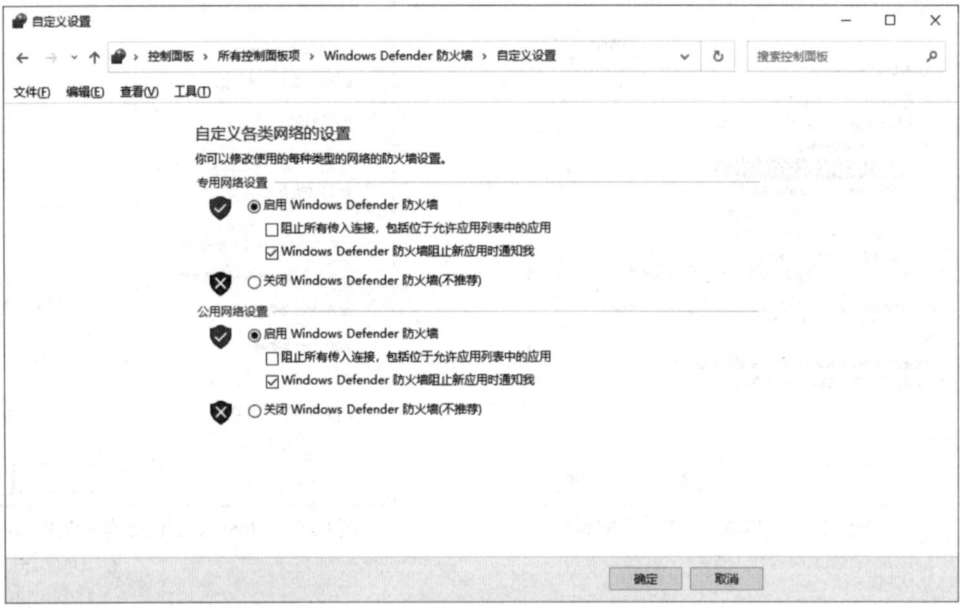

图2-17 防火墙“自定义设置”窗口

8. 创建用户并设置密码

选择桌面上的“此电脑”图标，右击并在弹出的快捷菜单中选择“管理”命令，打开“计算机管理”窗口，展开左侧的“本地用户和组”，单击“用户”选项，如图 2-18 所示。在窗口右侧的空白处右击，在弹出的快捷菜单中选择“新用户”命令，在弹出的“新用户”对话框中进行如图 2-19 所示设置后，单击“创建”按钮。

图2-18　“用户”列表

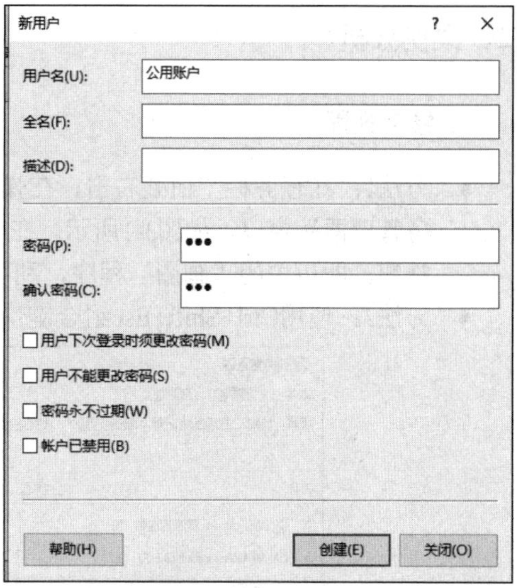

图2-19　创建新用户

案例三　Windows 10常用工具

王小明同学的爷爷想学习一点电脑基础知识，他的电脑上只安装了 Windows 10 操作系统，请你利用 Windows 10 系统自带的工具，给老年人讲一些比较实用的操作技能。

本案例主要练习 Windows 10 系统自带的程序和工具，熟练掌握任务管理、磁盘清理、图像处理、系统设置、数据计算及进制转换等基本操作。

一、案例设计

(1) “画图”程序突然无法关闭，请利用“任务管理器”强制结束已经打开的“画图”程序。

(2) 系统提示 C 盘空间不足，请利用磁盘清理程序对 C 盘进行清理操作。

(3) 请利用磁盘管理将“本地磁盘(C:)”改为“系统盘(C:)”，将“本地磁盘(D:)”改为“数据盘(D:)”，然后将 D 盘的驱动器号改为 H。

(4) 打开记事本程序，输入一段文字，并将文字设置为“自动换行”“宋体、加粗、三号”，保存在桌面上，文件名为“记事本.txt”。

(5) 打开写字板程序，输入一段文字。将标题字体格式设置为“微软雅黑、加粗、28 磅”，将段落对齐方式设置为“居中对齐”。将文档保存在桌面上，文件名为“写字板.rtf”。

(6) 对桌面进行截图操作，并通过“画图”程序，将截图保存为“桌面截图.bmp”文件。

(7) 将 Windows 10 中自带的计算器设置为“程序员”型，并将十进制整数 100 转换成二进制、八进制和十六进制整数。

(8) 通过 Windows 10 本地组策略，关闭移动存储的读、写权限。

二、案例分析

1. 结束进程

- 方法1：在任务栏空白处右击，在弹出的快捷菜单中选择“任务管理器”命令，打开“任务管理器”窗口，如图3-1所示。在窗口中选定“画图”选项，单击右下角的“结束任务”按钮，即可关闭“画图”程序，利用“画图”程序打开的所有文件也随之关闭。
- 方法2：使用Ctrl+Shift+Esc组合键快速打开“任务管理器”窗口。

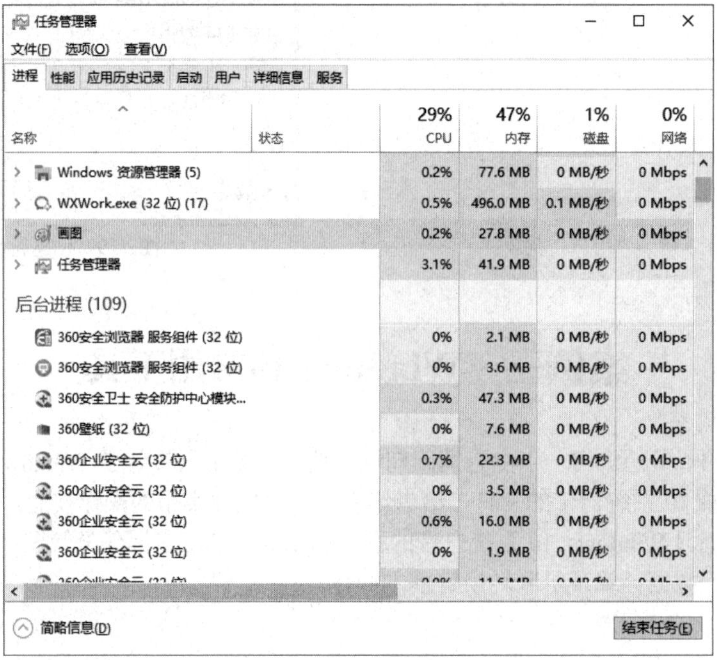

图3-1 “任务管理器”窗口

2. 磁盘清理

依次单击“开始”→“Windows 管理工具”→“磁盘清理”命令，在弹出的“磁盘清理：驱动器选择”对话框中选择(C:)选项，如图 3-2 所示。单击“确定”按钮后，弹出“磁盘清理”对话框，如图 3-3 所示。

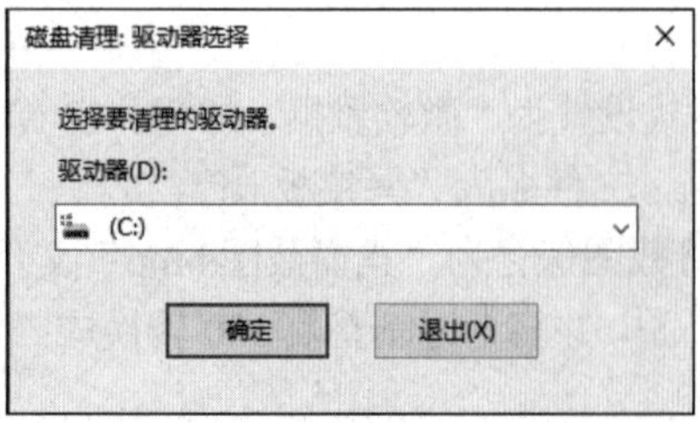

图3-2 驱动器选择对话框

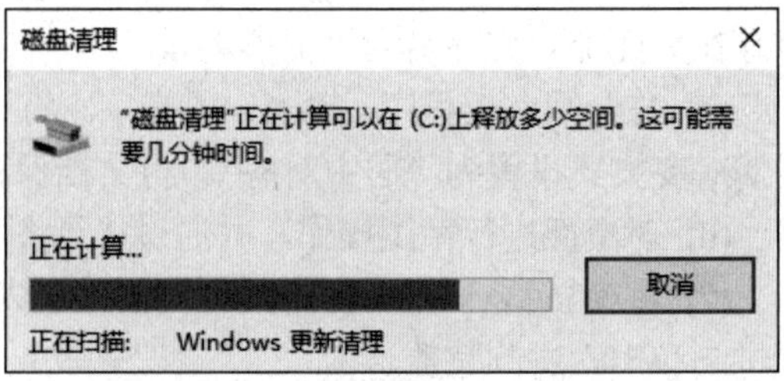

图3-3 “磁盘清理”对话框

在计算完成后弹出的“(C:)的磁盘清理”对话框中选择要删除的文件，如图 3-4 所示。单击“确定”按钮，完成清理工作。

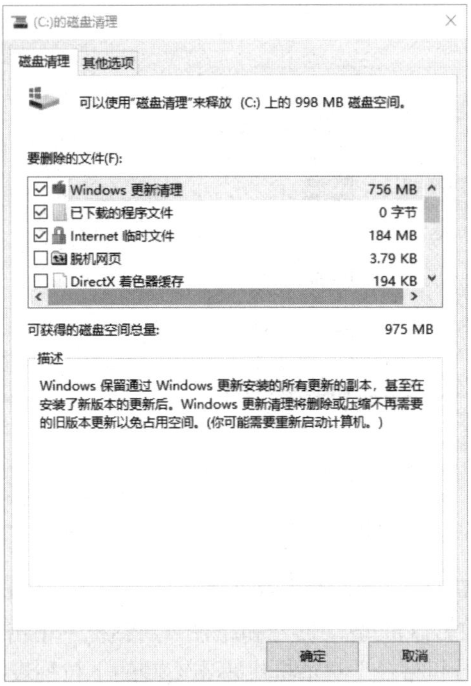

图3-4　选择要删除的文件

3. 磁盘管理

右击桌面上的“此电脑”图标，在弹出的快捷菜单中选择“管理”命令，在弹出的“计算机管理”窗口左侧单击“磁盘管理”链接，如图 3-5 所示。

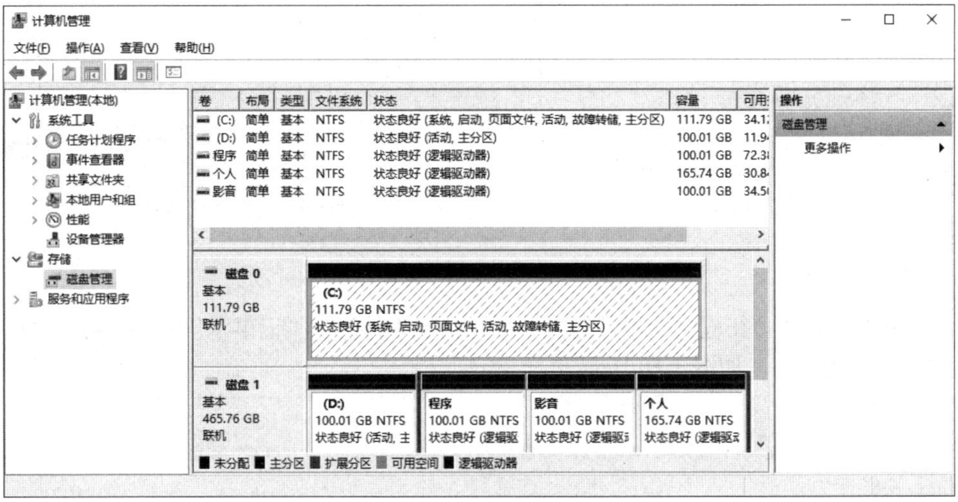

图3-5　“计算机管理”窗口

在窗口右侧找到“(C:)”卷，右击并在弹出的快捷菜单中选择“属性”命令，如图 3-6 所示。在弹出的“本地磁盘(C:)属性”对话框的文本框中输入“系统盘”后单击“确定”按钮，如图 3-7 所示。用同样的方法将“本地磁盘(D:)”设置为“数据盘”。

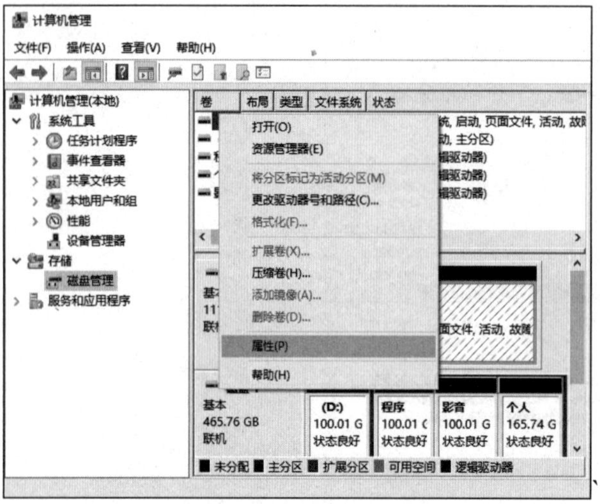

图3-6　在弹出的快捷菜单中选择“属性”命令

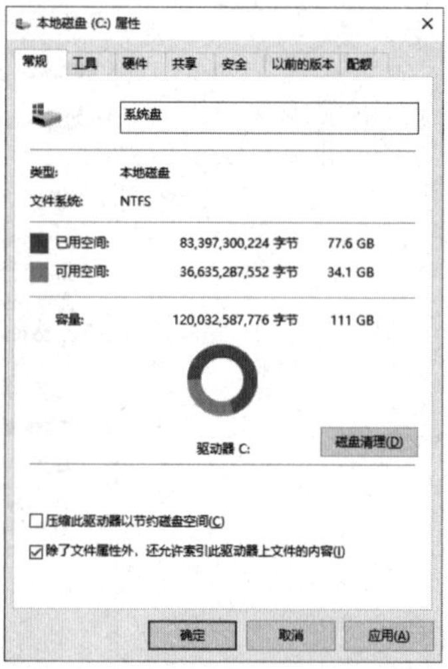

图3-7　“本地磁盘(C:)属性”对话框

在窗口右侧找到“数据盘(D:)”卷，右击并在弹出的快捷菜单中选择“更改驱动器号和路径”命令，在弹出的“更改 D:(数据盘)的驱动器号和路径”对话框中单击“更改”按钮，如图 3-8 所示。在弹出的“更改驱动器号和路径”对话框中单击右侧的下拉列表，选择 H 后单击“确定”按钮，如图 3-9 所示。

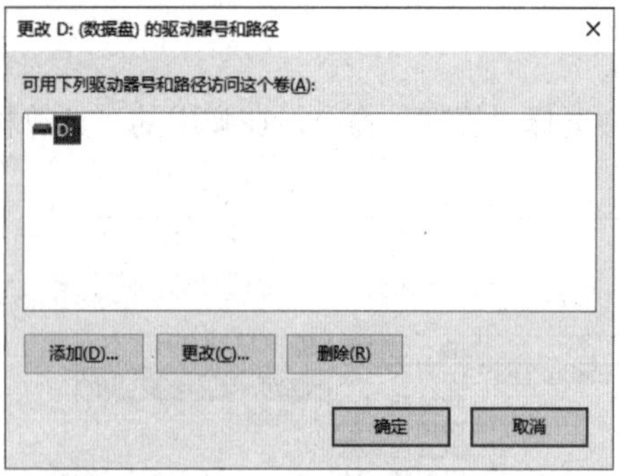

图3-8　更改驱动器号

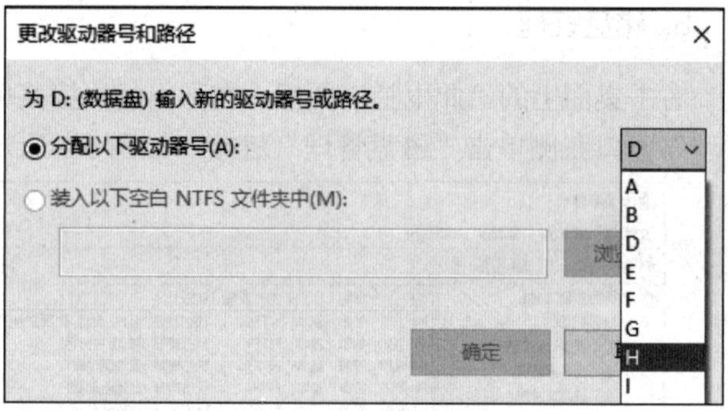

图3-9　选择驱动器号

4. 记事本

单击“开始”按钮，在程序列表中选择“Windows 附件”→“记事本”命令，打开“记事本”程序主窗口，输入文字，如图 3-10 所示。

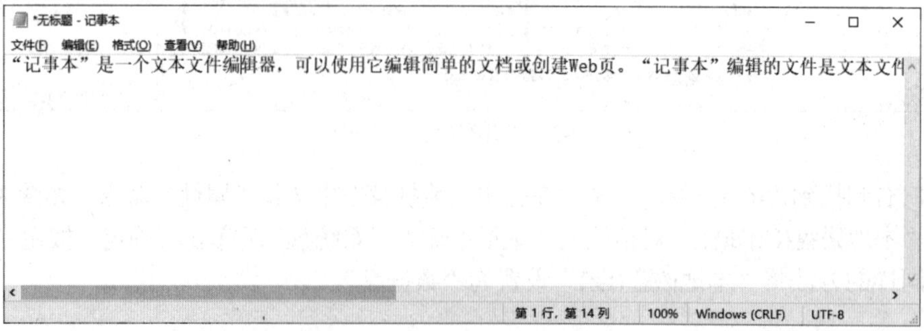

图3-10　“记事本”程序主窗口

单击“格式”菜单，设置“自动换行”，文字将会根据窗口宽度自动换行，如图 3-11 所示。

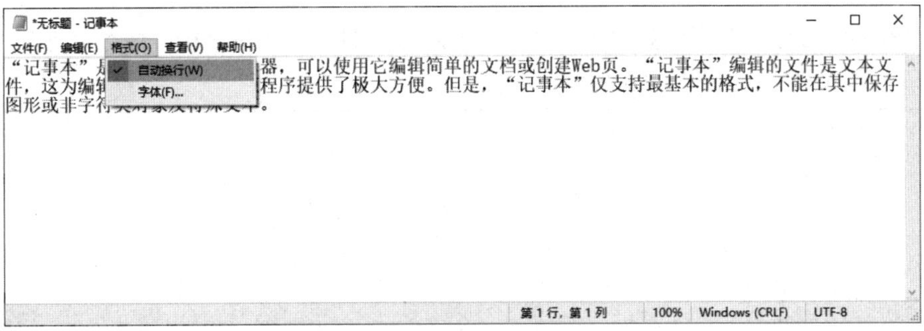

图3-11　设置“自动换行”

单击“格式”菜单，单击“字体”命令，在弹出的“字体”对话框中，按照要求设置字体格式为“宋体、加粗、三号”后单击“确定”按钮，如图 3-12 所示。

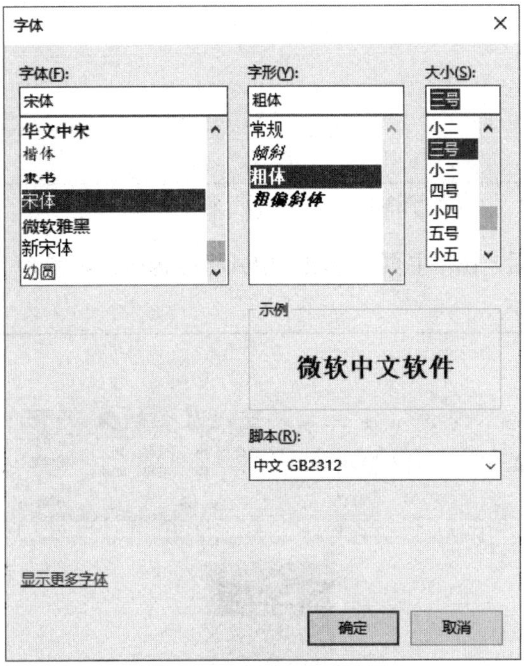

图3-12　“字体”对话框

单击“文件”→“另存为”命令，将文件保存在桌面上，命名为“记事本.txt”，如图 3-13 所示。

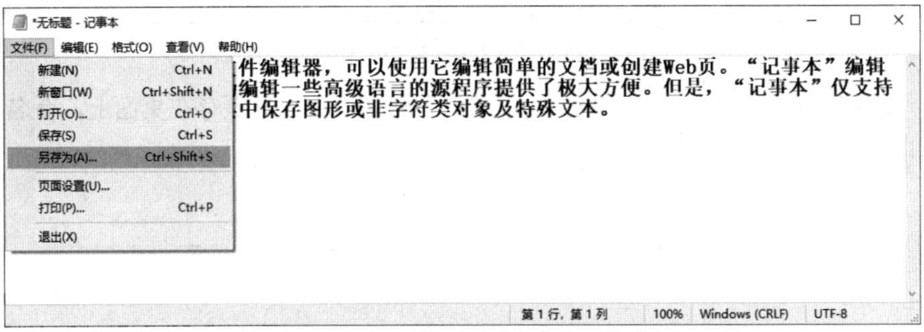

图3-13　“文件”→“另存为”命令

5. 写字板

单击“开始”按钮，在程序列表中选择“Windows 附件”→“写字板”命令，打开“写字板”程序主窗口，输入文字，如图 3-14 所示。

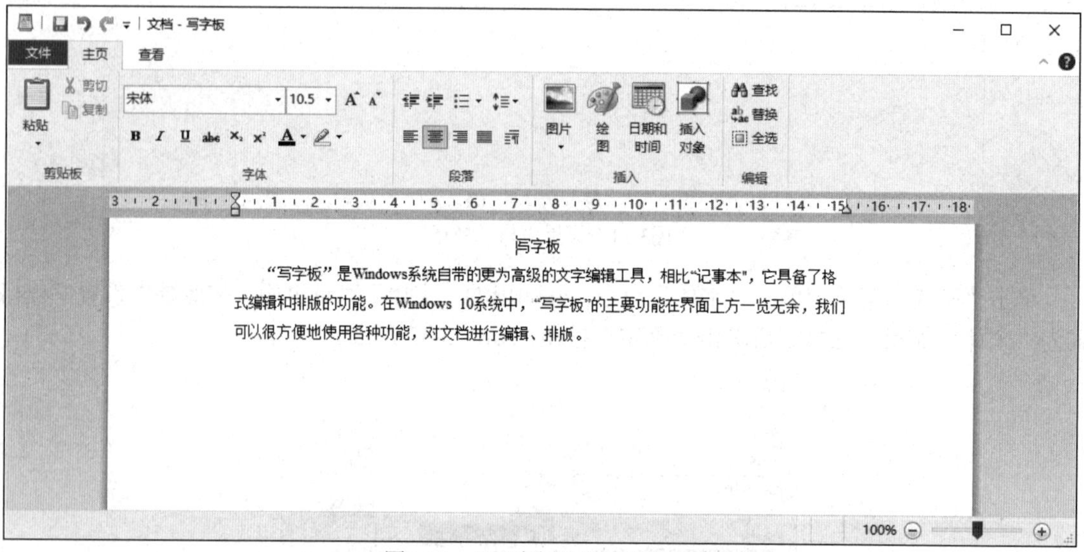

图3-14　“写字板”程序主窗口

选定标题“写字板”后，在“主页”选项卡中，将标题格式设置为“微软雅黑、加粗、28 磅、居中对齐”，如图 3-15 所示。

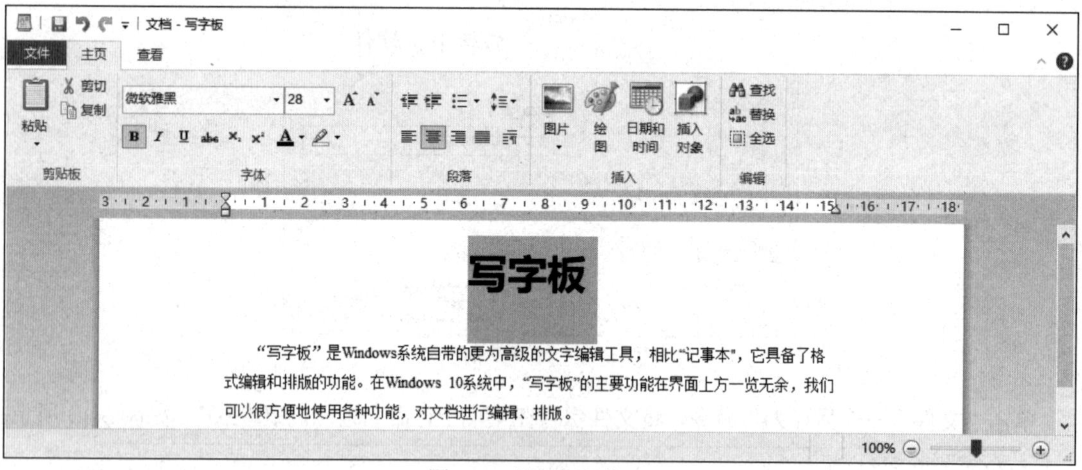

图3-15　设置标题格式

单击“文件”→“另存为”→“RTF 文本文档”命令，将文件保存在桌面上，命名为“写字板.rtf”，如图 3-16 所示。

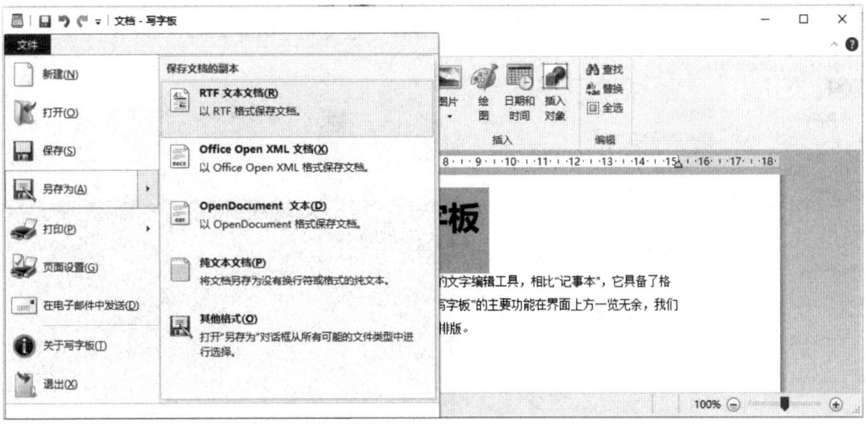

图3-16　“文件”→“另存为”→“RTF文本文档”命令

6. 截图工具与“画图”程序

将打开的所有程序和文件最小化后，依次单击“开始”→“Windows 附件”→“截图工具”命令，在弹出的“截图工具”窗口上单击“新建”按钮，就可以对桌面进行截图，如图 3-17 所示。

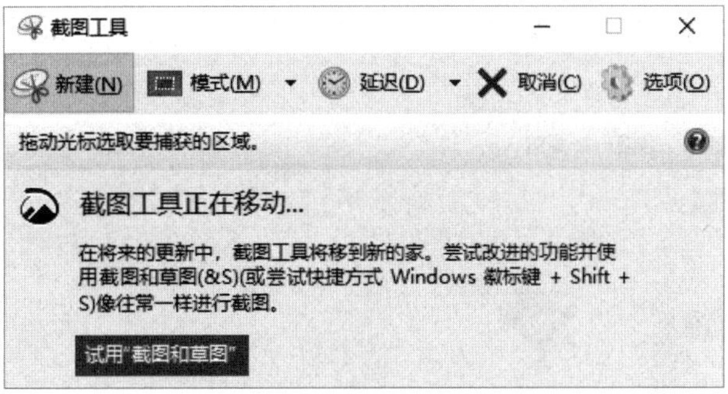

图3-17　“截图工具”窗口

依次单击“开始”→“Windows 附件”→“画图”命令，在打开的“画图”窗口中，使用 Ctrl+V 组合键进行“粘贴”操作，如图 3-18 所示。

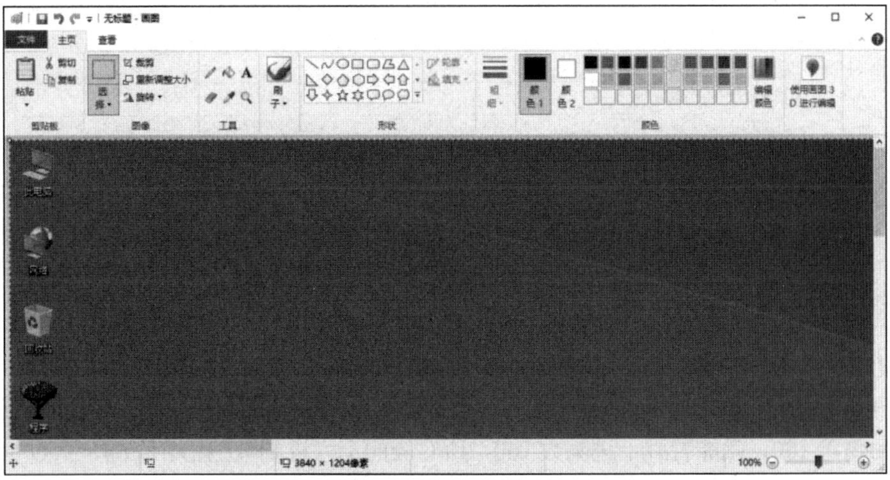

图3-18　“画图”窗口

依次单击“文件”→“另存为”→“BMP 图片”命令，如图 3-19 所示。

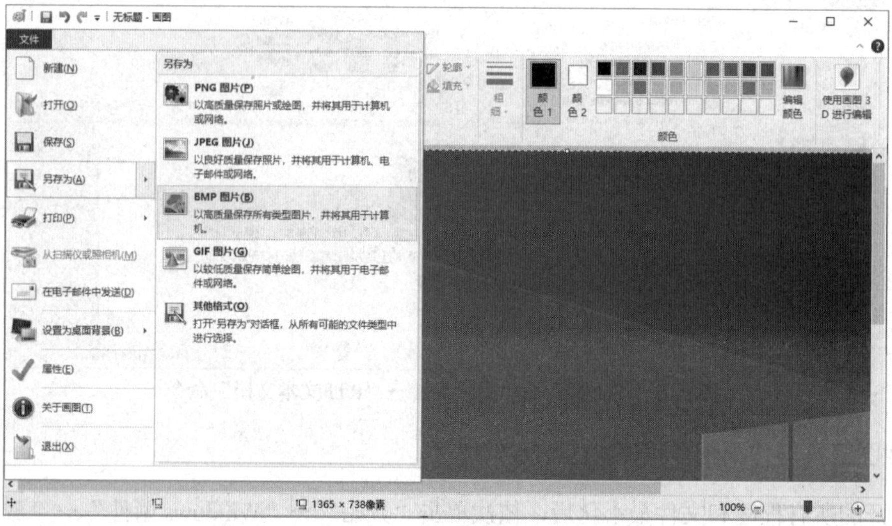

图3-19　“另存为”选项

在弹出的对话框中选择保存位置，输入文件名，单击“保存”按钮即可，如图 3-20 所示。

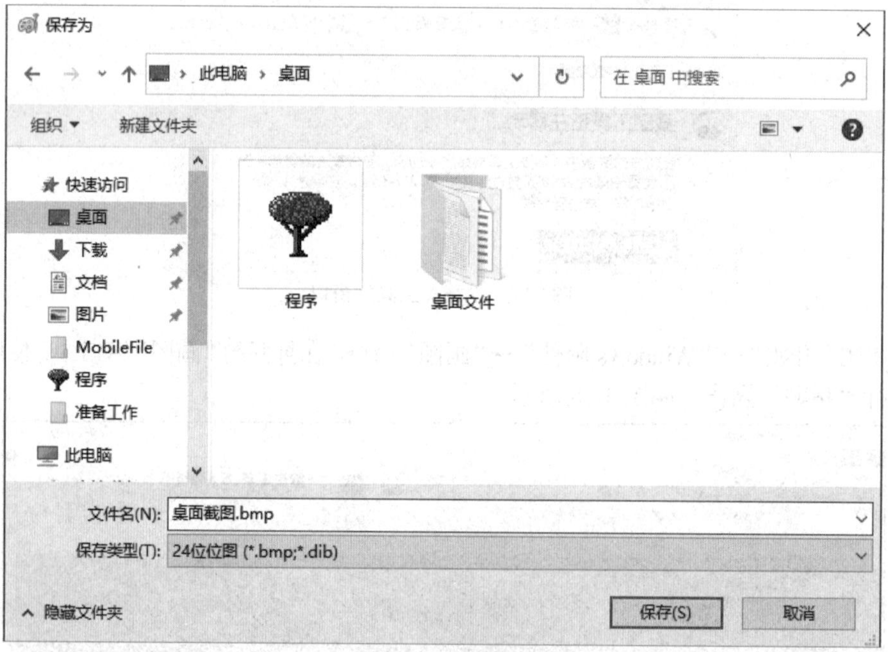

图3-20　保存文件

7. 计算器的设置与使用

单击“开始”→“计算器”命令，打开“计算器”程序主界面，如图 3-21 所示。单击左上角的“打开导航”按钮，选择“程序员”选项，打开如图 3-22 所示界面。单击“DEC(即十进制)”选项，然后输入 100，就能看到十进制数 100，所对应的十六进制数(HEX)是 64，八进制数(OCT)是 144，二进制数(BIN)是 01100100。

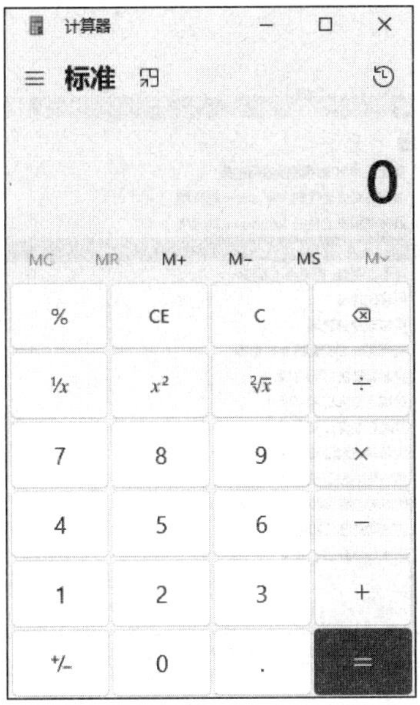

图3-21　“计算器”程序主界面

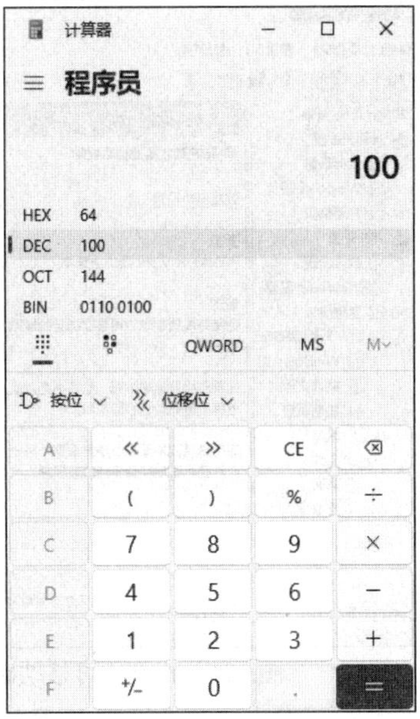

图3-22　“程序员”类型

8. 本地组策略操作

依次单击“开始”→“Windows 系统”→“运行”命令，打开“运行”对话框，并输入 gpedit.msc，如图 3-23 所示。

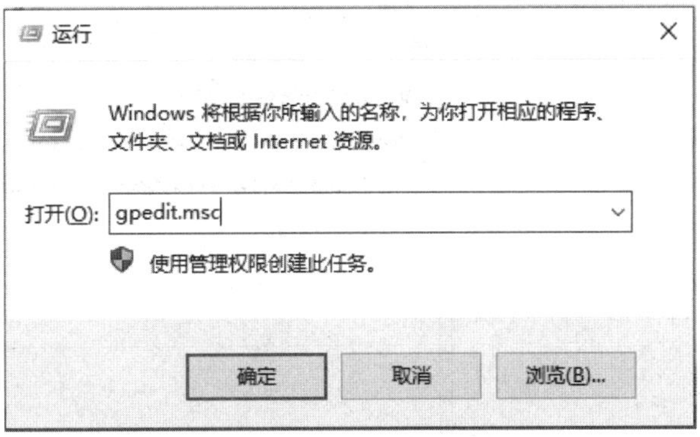

图3-23　“运行”对话框

单击“确定”按钮，打开“本地组策略编辑器”窗口，在左侧的“用户配置”组中，展开“管理模板”。单击“所有设置”选项，然后在右侧窗口拖动垂直滚动条，找到“可移动磁盘：拒绝读取权限”项，如图 3-24 所示。

双击“可移动磁盘：拒绝读取权限”项，在弹出的窗口中选择“已启用”，单击“确定”按钮，如图 3-25 所示。

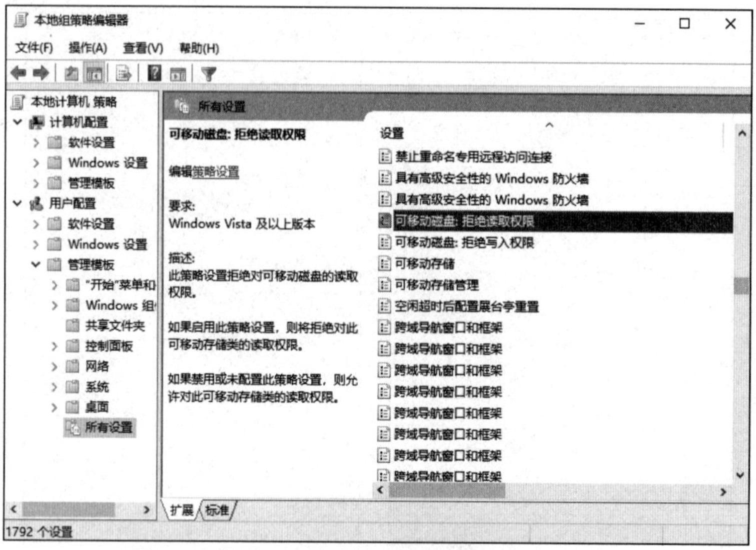

图3-24　找到“可移动磁盘：拒绝读取权限”设置

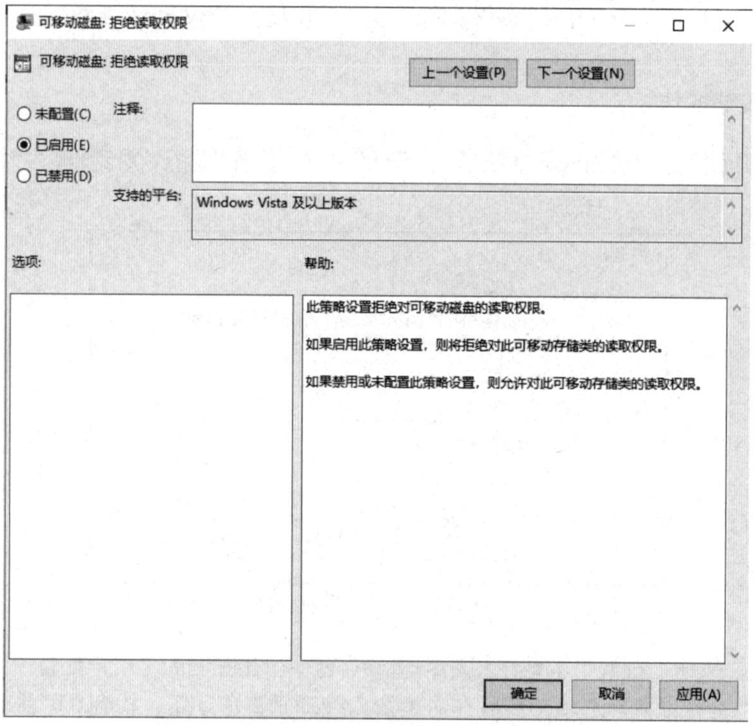

图3-25　启用“可移动磁盘：拒绝读取权限”

案例四　文件及文件夹的管理

韩雷同学平时对于计算机中的各种文件疏于整理，导致文件存放杂乱无章，现在学习了文件与文件夹的管理后，想对计算机中的文件和文件夹进行整理。

本案例主要练习在 Windows 10 系统中对文件和文件夹进行管理，熟练掌握对文件和文件夹进行新建、复制、移动、压缩、删除、设置属性、创建快捷方式等操作。

一、案例设计

打开“素材\案例 4”文件夹，按照要求完成以下操作。

(1) 在“案例 4”文件夹中，分别新建名为“Word 文件”“Excel 文件”“PPT 文件”的子文件夹。

(2) 根据文件类型，将“案例 4”文件夹中的不同文件移动到相应的文件夹中。

(3) 在“案例 4”文件夹中新建“备份”文件夹，将“Word 文件”“Excel 文件”“PPT 文件”3 个文件夹及文件夹中的文件复制到“备份”文件夹中。

(4) 将“备份”文件夹压缩成“备份.rar”文件，并将其设置为隐藏属性。

(5) 彻底删除“备份”文件夹。

(6) 为“案例 4”文件夹在桌面上创建一个快捷方式。

二、案例分析

1. 新建文件夹

找到“案例 4”文件夹后双击打开，在文件夹内的空白处右击，在弹出的快捷菜单中选择“新建”→“文件夹”命令，就可以看到新建的文件夹，将文件夹重命名为“Word 文件”；按照以上方法，依次新建“Excel 文件”“PPT 文件”。

2. 移动操作

在“案例 4”文件夹中按住 Ctrl 键，依次选定 Word 文件(文件扩展名为.doc 或.docx)，然后在选定的文件上右击，在弹出的快捷菜单中选择“剪切”命令(或者使用 Ctrl+X 组合键)。然后打开“Word 文件”文件夹，在空白处右击，选择“粘贴”命令(或者使用 Ctrl+V 组合键)，所有 Word 文件就完成了移动操作。

使用同样的方法完成 Excel 文件、PPT 文件的移动操作。

3. 复制操作

在“案例 4”文件夹中新建一个文件夹，将其命名为“备份”，按住 Ctrl 键，依次选定“Word 文件”“Excel 文件”“PPT 文件”3 个文件夹，然后在选定的文件夹上右击，在弹出的快捷菜单中选择“复制”命令(或者使用 Ctrl+C 组合键)。然后打开“备份”文件夹，在空白处右击，选择“粘贴”命令(或者使用 Ctrl+V 组合键)，所有文件夹及文件夹中的文件就完成了复制操作。

4. 压缩文件并设置文件属性

右击“备份”文件夹，在弹出的快捷菜单中选择“添加到‘备份.rar’(T)”命令，即可生成“备份.rar”文件，如图 4-1 所示。

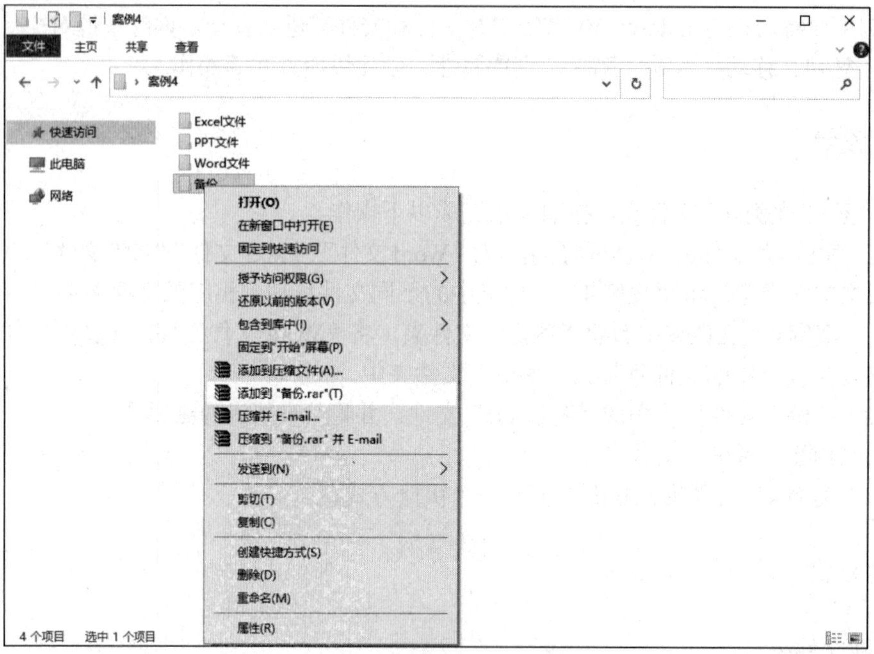

图4-1 添加到“备份.rar”

在“备份.rar”文件上右击，从弹出的快捷菜单中选择“属性”命令，在弹出的“备份.rar 属性”对话框中勾选“隐藏”属性，单击“确定”按钮，如图 4-2 所示。

图4-2 设置隐藏属性

5. 删除操作

在“备份”文件夹上右击，按住 Shift 键，从弹出的快捷菜单中选择“删除”命令，弹出“删除文件夹”提示框，如图 4-3 所示。单击“是”按钮，即可彻底删除“备份”文件夹。

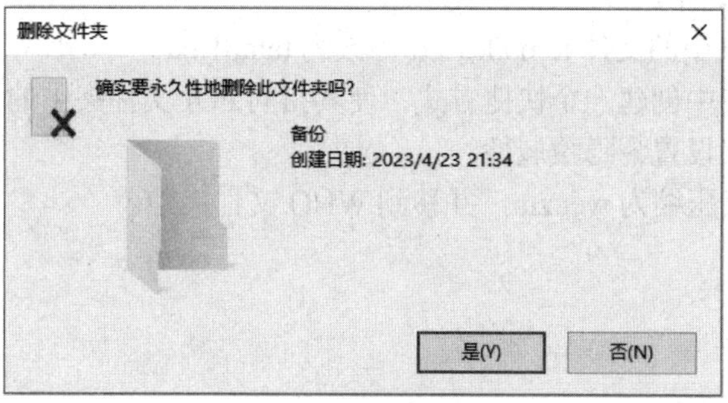

图4-3　彻底删除文件夹

6. 创建快捷方式

在“案例 4”文件夹上右击，从弹出的快捷菜单中选择“发送到”→“桌面快捷方式”命令，如图 4-4 所示，即可在桌面创建快捷方式。

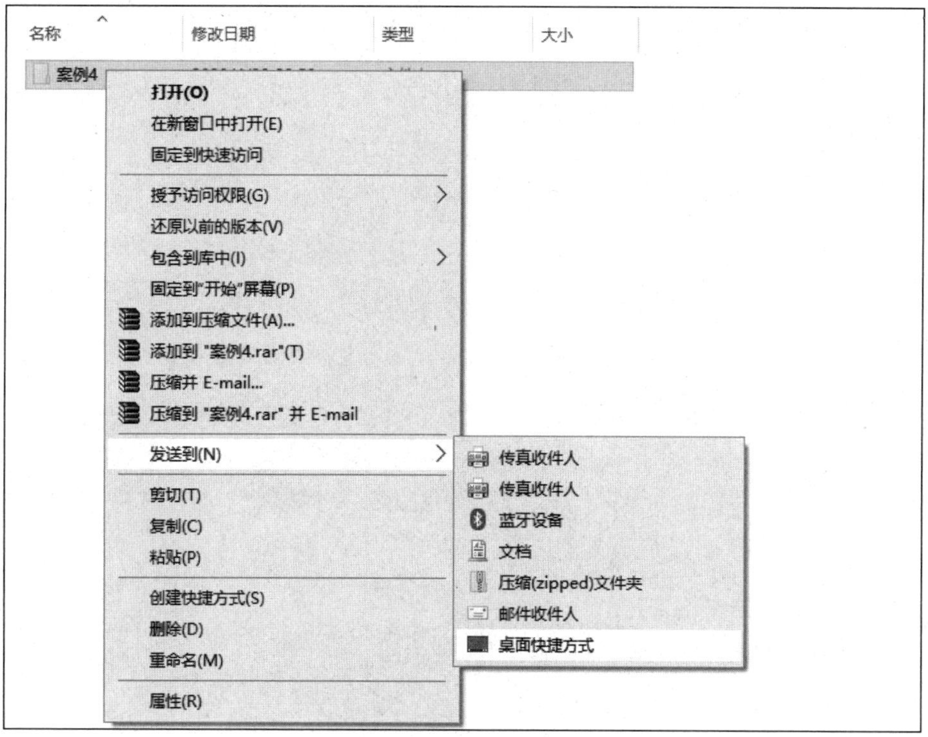

图4-4　创建桌面快捷方式

三、案例拓展

打开“素材\案例 4\案例拓展”文件夹，按照要求完成以下操作。

(1) 将文件 note1.txt 复制到 DEF 文件夹中。

(2) 将 QWE 文件夹中的 PRO2 文件夹删除。

(3) 在 WER 文件夹中新建一个 256 色位图文件，文件名为 screen.bmp，并将“计算器”程序的活动窗口存放于该文件中。

(4) 将 WHO 文件夹中的文件 temp001.txt 修改为 temp1.txt。

(5) 在 BNM 文件夹中创建一个快捷方式，使其指向 POI 文件夹中的 program.exe。

(6) 将 BNM 文件夹设置为隐藏属性。

(7) 将 WER 文件夹压缩为 wer.zip，并移到 WHO 文件夹中。

模块二

Word 文档处理

案例五　制作通知、公告

学校将于近期举行中医药文化节活动，学校宣传部需要起草并编辑一份活动通知下发到学校相关部门，请根据活动内容和具体要求使用 Word 2016 编辑一份活动通知。

本案例主要练习使用字处理软件 Word 2016 的文档编辑功能制作通知、公告和邀请函等公文。通过本案例的制作，可以熟悉通知、邀请函等公文的编辑方法，掌握基本文本的输入、段落的调整、文本的查找与替换、文档的拼写和语法检查及文件的保存等功能和技巧。本案例的制作效果如图 5-1 所示。

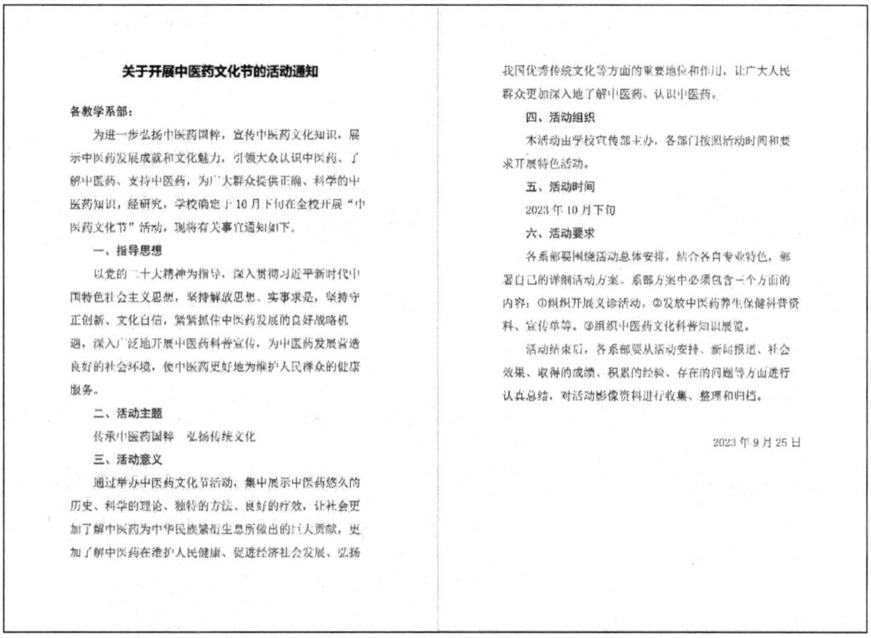

关于开展中医药文化节的活动通知

各教学系部：

为进一步弘扬中医药国粹，宣传中医药文化知识，展示中医药发展成就和文化魅力，引领大众认识中医药、了解中医药、支持中医药，为广大群众提供正确、科学的中医药知识，经研究，学校确定于10月下旬在全校开展“中医药文化节”活动，现将有关事宜通知如下。

一、指导思想

以党的二十大精神为指导，深入贯彻习近平新时代中国特色社会主义思想，坚持解放思想、实事求是，坚持守正创新、文化自信，紧紧抓住中医药发展的良好战略机遇，深入广泛地开展中医药科普宣传，为中医药发展营造良好的社会环境，使中医药更好地为维护人民群众的健康服务。

二、活动主题

传承中医药国粹　弘扬传统文化

三、活动意义

通过举办中医药文化节活动，集中展示中医药悠久的历史、科学的理论、独特的方法、良好的疗效，让社会更加了解中医药为中华民族繁衍生息所做出的巨大贡献，更加了解中医药在维护人民健康、促进经济社会发展、弘扬我国优秀传统文化等方面的重要地位和作用，让广大人民群众更加深入地了解中医药、认识中医药。

四、活动组织

本活动由学校宣传部主办，各部门按照活动时间和要求开展特色活动。

五、活动时间

2023 年 10 月下旬

六、活动要求

各系部要围绕活动总体安排，结合各自专业特色，部署自己的详细活动方案。系部方案中必须包含三个方面的内容：①组织开展义诊活动。②发放中医药养生保健科普资料、宣传单等。③组织中医药文化科普知识展览。

活动结束后，各系部要从活动安排、新闻报道、社会效果、收获的成绩、积累的经验、存在的问题等方面进行认真总结，对活动影像资料进行收集、整理和归档。

2023 年 9 月 25 日

图5-1　“中医药文化节通知”效果图

一、案例设计

打开“素材\案例5\中医药文化节.doc”文件，按照要求完成以下操作并保存。

(1) 将打开的文件以“中医药文化节通知.docx”为文件名保存到桌面上。

(2) 在“二、活动主题”段落后输入活动主题为“传承中医国粹　弘扬传统文化”，并使该文本独占一段。

(3) 删除文本“，让广大人民群众更加深入地了解中医药、认识中医”。

(4) 将文本“(一)组织开展义诊活动。(二)发放中医药养生保健科普资料、宣传单等。(三)组织中医药文化科普知识展览。”移动到文本“三个方面的内容：”的后面。

(5) 将“(一)”“(二)”和“(三)”更换为符号中的①②③。

(6) 使用Word 2016的“查找和替换”功能，将文档中所有的“中医”更换为“中医药”。

(7) 将标题“关于开展中医药文化节的活动通知”的字体设置为“微软雅黑”，字号为“小二”，字形为“加粗”，字体颜色为“黑色，文字1”。

(8) 在文档末尾处输入当前日期，并设置段落对齐方式为“右对齐”。

(9) 将文档中以“一”“二”“三”“四”“五”“六”开头的段落文本的字体更改为“黑体”，其他不变。

(10) 利用Word 2016的拼写和语法检查命令，更正文档中的拼写错误。

(11) 将文档另存为PDF格式，文件名称为“中医药文化节通知终稿.pdf”，并保存到桌面上。

二、案例分析

(1) 双击打开“素材\案例5\中医药文化节.doc”文件，进入Word 2016文档编辑界面。单击“文件”选项卡中的“另存为”命令，在弹出的“另存为”对话框中，选择保存文件的类型为“Word文档(*.docx)”，输入文件名“中医药文化节通知”(如图5-2所示)，单击“保存”按钮。

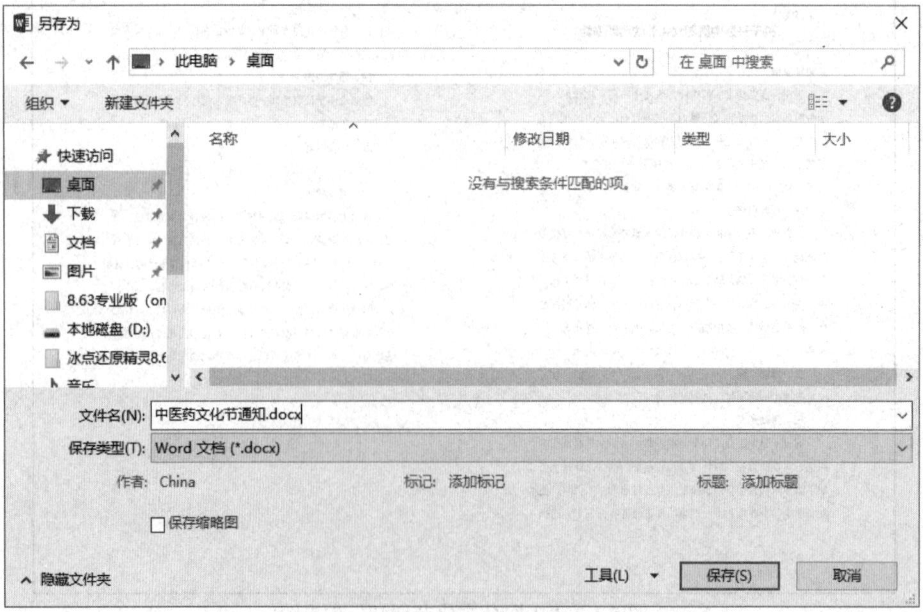

图5-2　“另存为”对话框

(2) 将光标定位在“二、活动主题”段落后，使用 Ctrl+Shift 组合键切换到自己习惯的输入法(如智能 ABC、搜狗输入法)，在段落中输入文字“传承中医国粹　弘扬传统文化”。

(3) 按住鼠标左键选中“，让广大人民群众更加深入地了解中医、认识中医”，按下 Delete 键或 Backspace 键删除文字。

(4) 移动文本。

- 方法1：按住鼠标左键选中文本“(一)组织开展义诊活动。(二)发放中医药养生保健科普资料、宣传单等。(三)组织中医药文化科普知识展览。”，然后按住鼠标拖拽到“三个方面的内容：”后面。
- 方法2：在选中文本后，右击并在弹出的快捷菜单中选择“剪切”命令。然后将光标定位到本段的最后，右击并在弹出的快捷菜单中选择“粘贴”命令。
- 方法3：在选中文本后，使用Ctrl+X组合键，然后将光标定位到本段的最后，使用Ctrl+V组合键。

(5) 更换符号。

第 1 步：选中文本“(一)”，单击“插入”选项卡的“符号”组中的“符号”按钮Ω，在弹出的下拉菜单中选择“其他符号”选项，弹出“符号”对话框。在字体选择框中找到并选择 Wingdings，在下方找到并选择①(如图 5-3 所示)，然后单击“插入”按钮。

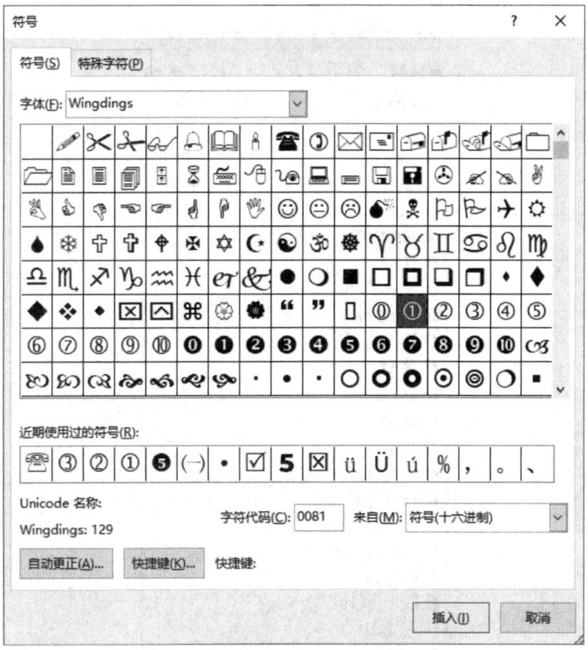

图5-3　“符号”对话框

第 2 步：选中文本“(二)”，参考第 1 步操作，插入②。

第 3 步：选中文本“(三)”，参考前两步操作，插入③。

(6) 单击“开始”选项卡的“编辑”组中的“替换”按钮替换，弹出“查找和替换”对话框。在该对话框的“替换”选项卡的“查找内容”文本框中输入文本“中医”，在“替换为”文本框中输入文本“中医药”(如图 5-4 所示)，单击“全部替换”按钮，完成文本和格式的替换。单击对话框上的“关闭”按钮，退出“查找和替换”对话框。

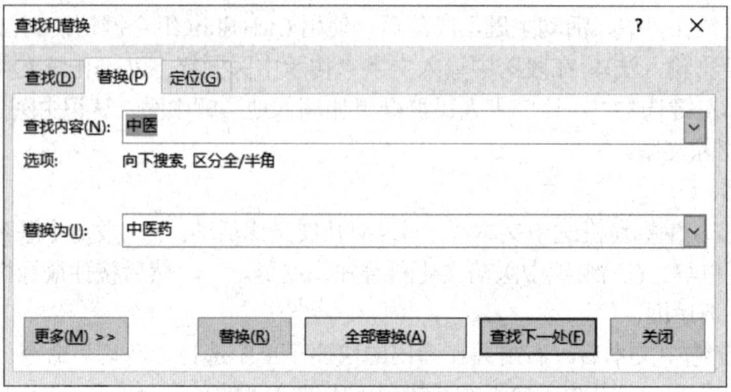

图5-4　“查找和替换”对话框

(7) 在 Word 2016 中设置文字的字体格式通常有以下两种方法。

方法1：使用选项卡中的命令进行字体设置

第 1 步：用鼠标选中标题文字，在“开始”选项卡的“字体”组中，单击“字体”右侧的下拉箭头，在弹出的如图 5-5 所示的字体列表中选择“微软雅黑”字体；单击“字号”右侧的下拉箭头，在弹出的字号列表中选择“小二”。

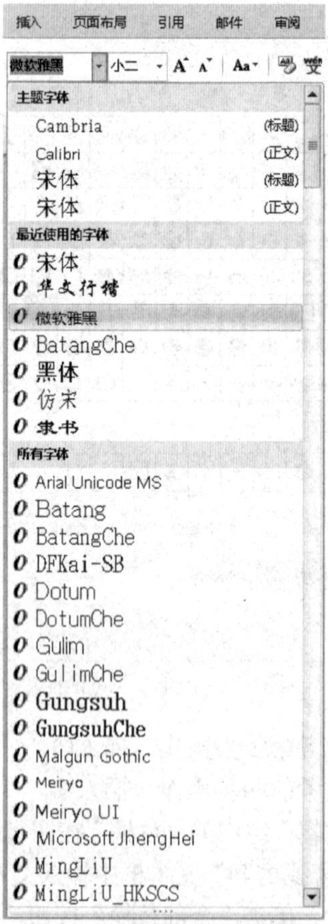

图5-5　“字体设置”下拉列表

第 2 步： 在“开始”选项卡的“字体”组中，单击“加粗”按钮**B**，也可以使用 Ctrl+B 组合键。

第 3 步： 在“开始”选项卡的“字体”组中，单击“字体颜色”按钮A·右侧的下拉箭头，在弹出的如图 5-6 所示的下拉列表中选择“黑色，文字 1”。

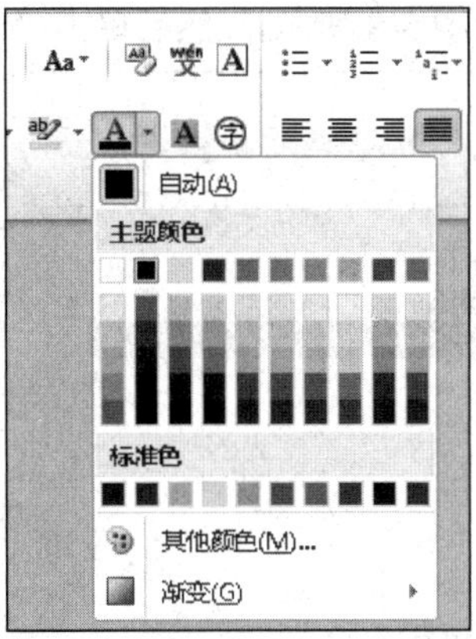

图5-6　“字体颜色设置”界面

方法2：通过“字体”对话框进行字体设置

用鼠标选中标题文字，在“开始”选项卡的“字体”组中单击右下角的对话框启动器按钮，弹出“字体”对话框，如图 5-7 所示；也可以右击，在弹出的快捷菜单中选择“字体”命令，弹出“字体”对话框。在“字体”对话框中分别设置中文字体为“微软雅黑”、字形为“加粗”、字号为“小二”、字体颜色为“黑色，文字 1”。设置完成后单击“确定”按钮，关闭“字体”对话框。

图5-7　“字体”对话框

(8) 输入当前日期并设置段落对齐方式。

第 1 步： 将光标定位在文档结尾处，切换输入法，输入当前日期(如 2023 年 9 月 15 日)；也可以单击“插入”选项卡的“文本”组中的“日期和时间”按钮，在弹出的“日期和时间”对话框中，选择合适的格式(如图 5-8 所示)，然后单击“确定”按钮。

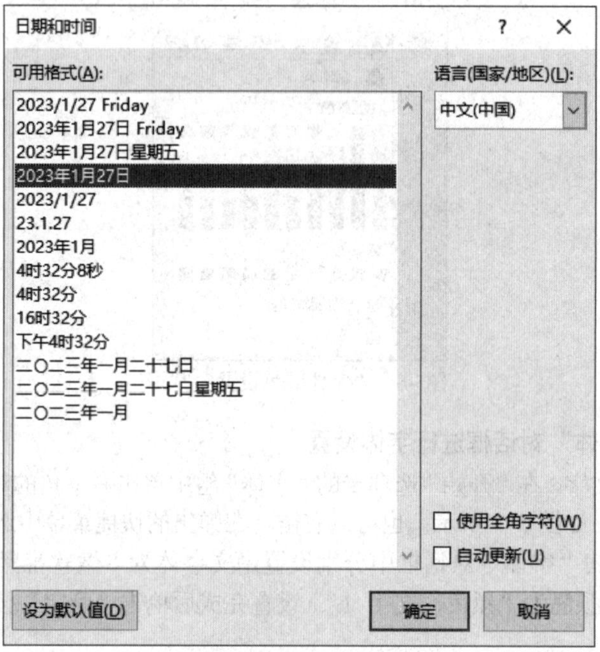

图5-8 “日期和时间”对话框

第 2 步： 单击“开始”选项卡的“段落”组中的“右对齐”按钮。

(9) 更改特定段落文本的字体。

- 方法1：将光标定位到“一、指导思想”段落中，单击“开始”选项卡的“编辑”组中的“选择”按钮，在弹出的下拉菜单中单击“选择格式相似的文本”命令。选中6个段落中的文本，然后在“开始”选项卡的“字体”组中选择字体为“黑体”。
- 方法2：用鼠标选中“一、指导思想”段落，然后按下Ctrl键，依次选择其他5个段落后，在“开始”选项卡的“字体”组中选择字体为“黑体”。
- 方法3：用鼠标选中“一、指导思想”段落，在“开始”选项卡的“字体”组中选择字体为“黑体”。双击“开始”选项卡的“剪贴板”组中的“格式刷”，鼠标指针变为小刷子形状，然后依次选中其他5个段落。格式复制后，单击Esc键取消格式刷。

(10) 单击“审阅”选项卡的“校对”组中的“拼写和语法”按钮，也可按 F7 键。在文档右侧弹出“拼写和语法”窗格(如图 5-9 所示)，显示出文档中的拼写和语法错误，并建议将“布署”更改为“部署”，单击“更改”按钮，完成更改。

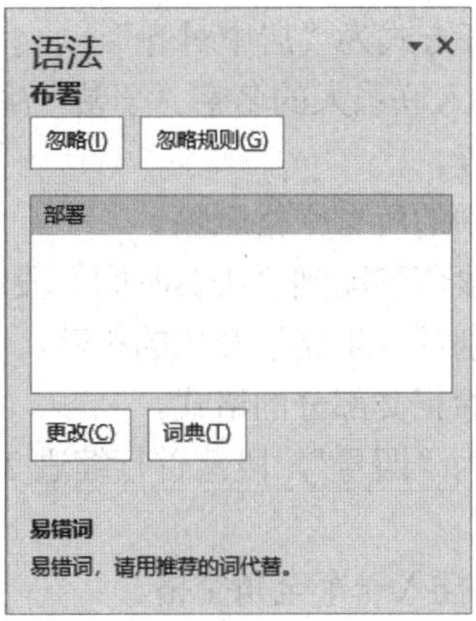

图5-9 “拼写和语法”检查窗格

(11) 单击“文件”选项卡中的“另存为”命令，弹出“另存为”对话框。在“保存类型”下拉列表中选择 PDF 格式，如图 5-10 所示。在“文件名”框中输入“中医药文化节通知终稿”，单击“保存”按钮。

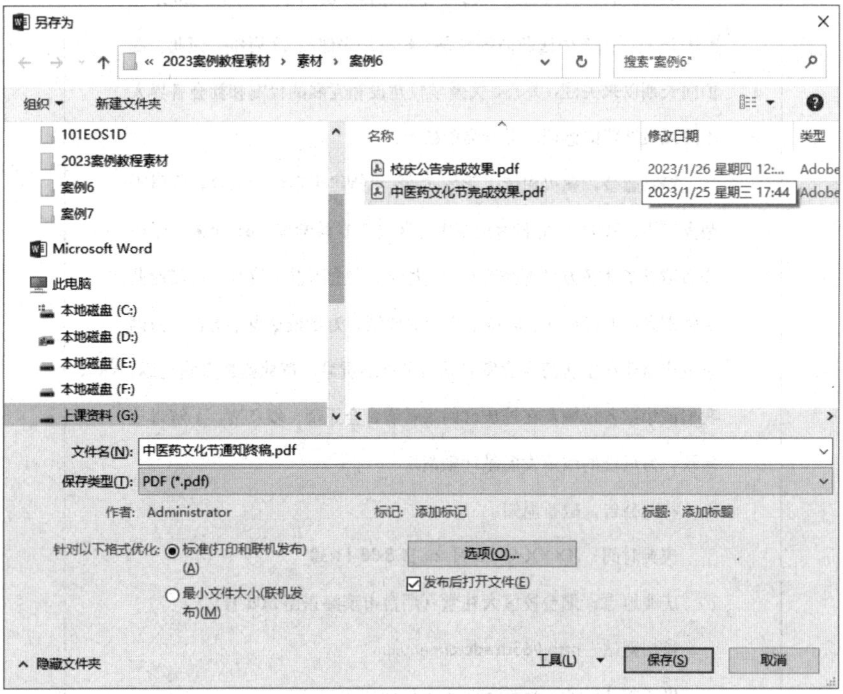

图5-10 “另存为”对话框

三、案例拓展1

2023 年是学校建校 65 周年，学校准备举行一系列庆祝活动，拟邀请优秀校友参加。请根据学校基本情况，用 Word 2016 编辑一份校庆活动公告。

打开“素材\案例 5\校庆公告.docx”文件，参照图 5-11 所示的效果，按照下列要求完成操作。

(1) 将标题文字设置字体为“微软雅黑”，字号设置为“三号”，字形设置为“加粗”，字体颜色设置为“深红”，并设置段落对齐方式为“居中对齐”。

(2) 在文字“联系人:”后面输入联系人的名字“李喦”(练习生僻字输入方法)。

(3) 从“庆典地点”处另起一段。

(4) 利用查找替换功能将文档中的所有空格删除。

(5) 将以“特此公告”开始的段落移动到“庆典时间”段落前。

(6) 删除以“金秋相约，畅谈别后人生路”开始的段落。

(7) 利用“清除格式”按钮清除正文部分的格式。

(8) 将正文部分设置字体大小为“四号”，段落首行缩进 2 个字符。

(9) 将正文主题设置为“徽章”。

(10) 在“联系人”后冒号之前插入一个全角空格。

(11) 将最后两行段落对齐方式设置为“右对齐”。

(12) 将文档另存为“校庆活动公告.pdf”。

山东中医药高等专科学校校庆活动公告

时光流转，日月嬗递。65 年薪火相传，65 年桃李芬芳。2023 年 9 月 26 日，山东中医药高等专科学校将迎来建校 65 周年。谨此，我们向长期以来关注、关心、关爱学校建设和发展的校友和社会各界人士致以最诚挚的感谢和最崇高的敬意。

筚路蓝缕，薪火相传。学校 1958 年始建于烟台金沟寨，发展于梨乡莱阳，2004 年更名为山东中医药高等专科学校。65 年来，学校先后培养了 8 多万名优秀校友。广大校友在全国卫生战线上兢兢业业，自强不息、艰苦奋斗，取得了优异的成绩，为母校赢得了美誉，为国家卫生事业和中医药事业发展做出了重要贡献。值此盛典来临之际，我们诚挚邀各位校友在校庆日回来看看，会恩师，叙友情，了解母校新貌，为母校的改革发展献计献策！

特此公告，敬祈周知。

庆典时间：XXXX 年 xx 月 xx 日 8:00-11:30

庆典地点：烟台校区大礼堂（烟台市滨海东路 508 号）。

校庆网站：http://65th.sdctcm.edu.cn

电子邮件：xiaoqing@sdctcm.edu.cn

联系电话：0535-5136795

联系人　：李喦

山东中医药高等专科学校校庆筹备工作办公室

2023 年 07 月 1 日

图5-11　“校庆活动公告”效果图

四、案例拓展2

学校团委为宣传中国共产党第二十次全国代表大会会议精神，准备在学校共青团团员中开展一次征文比赛。作为团委宣传干事，请你根据拟定的草稿使用 Word 2016 对通知进行编辑、审阅和排版，并将编辑后的文档保存成 PDF 文档，发送给各系部共青团组织。

请打开“素材\案例 5\二十大征文通知.docx”文件，参照图 5-12 所示的效果，按照下列要求完成征文的编辑。

(1) 利用“查找和替换”功能删除文档中的所有空行。

(2) 将以“一”“二”“三”“四”“五”“六”“七”开始的标题段落设置为“标题 1”样式。

(3) 将前三段标题文本设置为“标题”样式。

(4) 将其他正文文本设置为“正文 1”样式。

(5) 在最后一行插入当前系统日期，日期格式为中文大写的日期格式，如“二〇二三年二月三日”。

(6) 将最后两行落款的段落对齐方式设置为“右对齐”。

(7) 在文本“截止时间”“投稿邮箱”“咨询电话”后面分别插入“其他符号”选项 Wingdings 字体中的🕓🖃☎符号。

(8) 使用拼写和语法检查命令，检查文档中的语法或拼写错误，并按照建议进行更正。

(9) 检查并删除文档属性、个人信息和隐藏文字，然后保存文档，并将文档标记为“最终状态”。

(10) 将文档另存为“二十大征文通知终稿.pdf”，并设置打开密码为 zyy123456+。

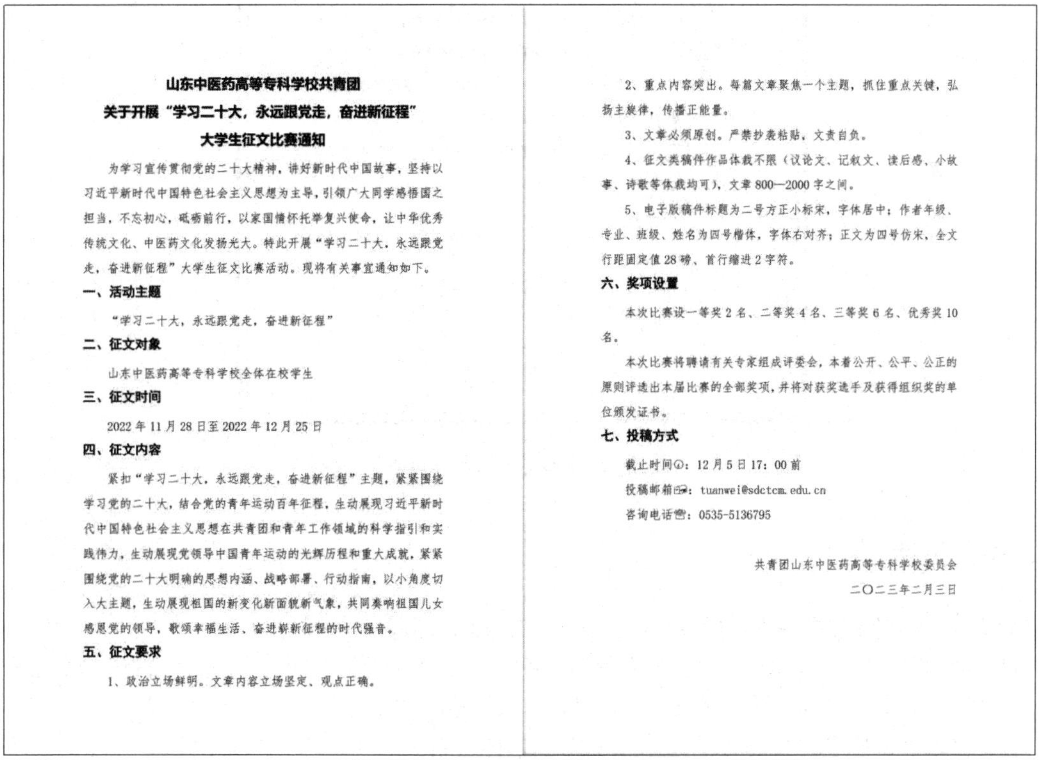

山东中医药高等专科学校共青团
关于开展“学习二十大，永远跟党走，奋进新征程”
大学生征文比赛通知

为学习宣传贯彻党的二十大精神，讲好新时代中国故事，坚持以习近平新时代中国特色社会主义思想为主导，引领广大同学感悟国之担当，不忘初心，砥砺前行，以家国情怀托举复兴使命，让中华优秀传统文化、中医药文化发扬光大。特此开展“学习二十大，永远跟党走，奋进新征程”大学生征文比赛活动。现将有关事宜通知如下。

一、活动主题

“学习二十大，永远跟党走，奋进新征程”

二、征文对象

山东中医药高等专科学校全体在校学生

三、征文时间

2022 年 11 月 28 日至 2022 年 12 月 25 日

四、征文内容

紧扣“学习二十大，永远跟党走，奋进新征程”主题，紧紧围绕学习党的二十大，结合党的青年运动百年征程，生动展现习近平新时代中国特色社会主义思想在共青团和青年工作领域的科学指引和实践伟力，生动展现党领导中国青年运动的光辉历程和重大成就，紧紧围绕党的二十大明确的思想内涵、战略部署、行动指南，以小角度切入大主题，生动展现祖国的新变化新面貌新气象，共同奏响祖国儿女感恩党的领导，歌颂幸福生活、奋进崭新征程的时代强音。

五、征文要求

1、政治立场鲜明。文章内容立场坚定、观点正确。

2、重点内容突出。每篇文章聚焦一个主题，抓住重点关键，弘扬主旋律，传播正能量。

3、文章必须原创。严禁抄袭粘贴，文责自负。

4、征文类稿件作品体裁不限（议论文、记叙文、读后感、小故事、诗歌等体裁均可），文章 800—2000 字之间。

5、电子版稿件标题为二号方正小标宋，字体居中；作者年级、专业、班级、姓名为四号楷体，字体右对齐；正文为四号仿宋，全文行距固定值 28 磅、首行缩进 2 字符。

六、奖项设置

本次比赛设一等奖 2 名、二等奖 4 名、三等奖 6 名、优秀奖 10 名。

本次比赛将聘请有关专家组成评委会，本着公开、公平、公正的原则评选出本届比赛的全部奖项，并将对获奖选手及获得组织奖的单位颁发证书。

七、投稿方式

截止时间🕓：12 月 5 日 17：00 前

投稿邮箱🖃：tuanwei@sdctcm.edu.cn

咨询电话☎：0535-5136795

共青团山东中医药高等专科学校委员会

二〇二三年二月三日

图5-12 “二十大征文通知”效果图

案例六　制作海报、简报

学校计算机协会计划邀请徐长卿教授为同学们做一场“元宇宙与医疗健康”的学术讲座，为使更多的同学参加，计算机协会需要为本场报告制作一份简单的宣传海报张贴在学校宣传栏。请协助计算机协会宣传干事用 Word 2016 制作一份宣传海报，要求版面醒目、简洁、美观。

通过本案例的练习，可熟练掌握字体和段落格式的设置方法、格式刷和样式的使用方法，以及边框和底纹的设置方法及页面的设置技巧等。本案例的制作效果如图 6-1 所示。

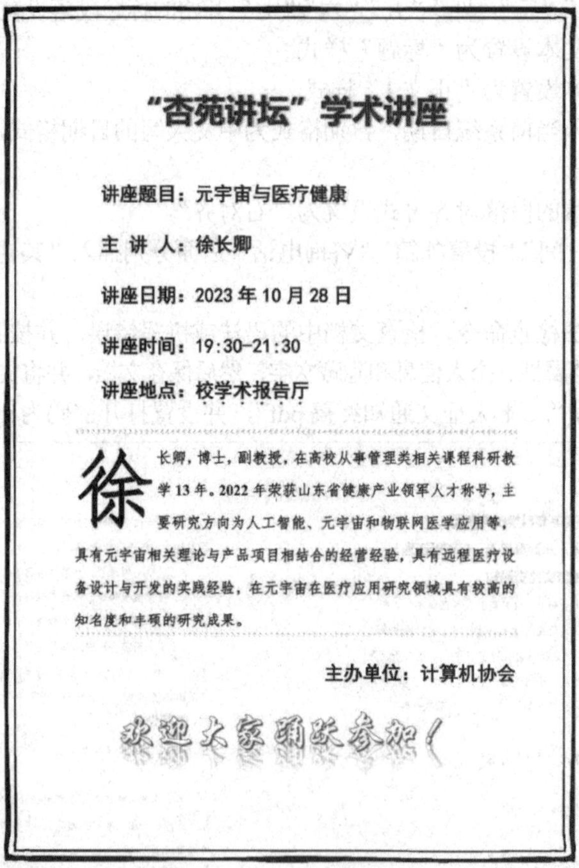

图6-1　“学术讲座”效果图

一、案例设计

打开“素材\案例 6\学术讲座.docx”文件，按照要求完成以下操作。

(1) 将标题文字字体设置为“微软雅黑”，字号设置为 30 磅，字形设置为“加粗”，颜色设置为“深红”，文本效果为“阴影-外部-向右偏移”，段落对齐方式设置为“居中对齐”。

(2) 将以“讲座题目”开始的段落中文字的字体设置为“黑体”，字号设置为“小二”，字形设置为 “加粗”，字体颜色设置为“深蓝”。为该段设置段落特殊效果为“首行缩进”，缩进值设置为“2 字符”，段落左侧和右侧缩进设置为“1 字符”，段前和段后间距均设置为“1 行”，段落行距设置为“2 倍行距”。

(3) 显示文档中的隐藏文字，并取消文字的隐藏属性。

(4) 将以“徐长卿”开始的段落中文字的中文字体设置为“仿宋”，西文字体设置为 Times New Roman，字形设置为“加粗”，字号设置为“四号”，字体颜色设置为“深蓝”。设置段落行距为“30 磅”，设置左侧缩进“2 字符”，设置右侧缩进“1 字符”。

(5) 利用“格式刷”工具将以“讲座题目”开始的段落格式复制到以“主讲人”“讲座日期”“讲座时间”“讲座地点”“主办单位”开始的段落中。

(6) 将以“讲座题目”“主讲人”“讲座日期”“讲座时间”“讲座地点”“主办单位”开始的段落中冒号后面文字的颜色设置为“黑色，文字 1，淡色 15%”。

(7) 将以“徐长卿”开始的段落设置段落边框类型为“自定义”边框，样式为双波浪线，只设置段落的上边框和下边框，并应用于“段落”。

(8) 在以“徐长卿”开始的段落中设置首字下沉，设置下沉行数为 3 行。

(9) 给文字“校学术报告厅”加上着重号。

(10) 将以“主办单位”开始的段落移动到“欢迎大家踊跃参加”段落前面，并设置段落对齐方式为“右对齐”。

(11) 将文本“欢迎大家踊跃参加！”的字体设置为“华文行楷”，字形设置为“加粗”，字号设置为“小初”，文本效果设置为“填充-白色，轮廓-着色 2，清晰阴影-着色 2”，映像效果设置为“全映像，接触”，并将段落对齐方式设置为“居中对齐”。

(12) 为文档添加页面边框，类型为“方框”，颜色为“深蓝”，参照效果图选择合适的艺术型样式。

(13) 保存并关闭文档。

二、案例分析

(1) Word 2016 中字体的设置有通过选项卡和“字体”对话框两种方法，这里采用通过“字体”对话框的方法进行字体设置。

第 1 步：先选中标题文字，右击并在弹出的快捷菜单中选择“字体”命令打开“字体”对话框，也可以单击“开始”选项卡中“字体”组右下角的对话框启动器按钮，打开“字体”对话框。在“字体”对话框中分别设置中文字体为“微软雅黑”、字形为“加粗”、字号为“30 磅”、字体颜色为“深红”。

第 2 步：继续选中标题文字，单击“开始”选项卡的“字体”组中的“文本效果”按钮，在弹出的下拉列表中依次选择“阴影”→“外部”→“向右偏移”命令，如图 6-2 所示。

第 3 步：在“开始”选项卡的“段落”组中，单击“居中对齐”按钮。

(2) 在以“讲座题目”开始的段落的左侧单击鼠标，选中段落中的文字，也可以按住鼠标左键拖动鼠标选中文本。

第 1 步：右击并在弹出的快捷菜单中选择“字体”命令，在打开的“字体”对话框中分别设置字体为“黑体”、字号为“小二”、颜色为“深蓝”、字形为“加粗”，如图 6-3 所示。

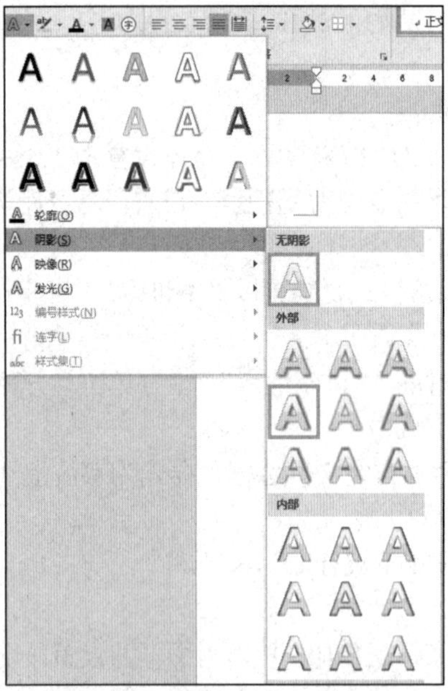

图6-2 “文本效果”设置列表

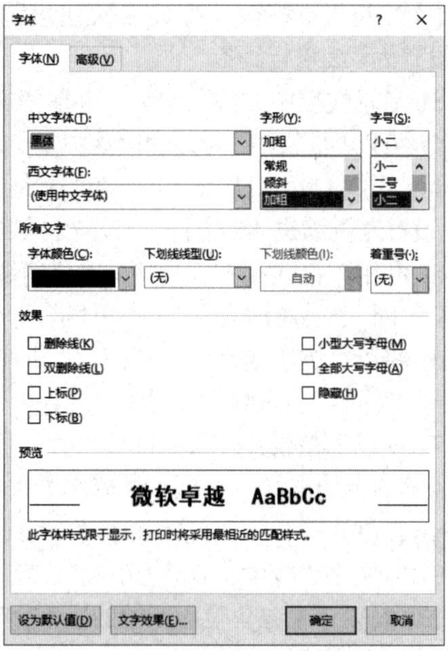

图6-3 “字体”对话框

第 2 步：右击并在弹出的快捷菜单中选择“段落”命令，打开“段落”对话框；也可以单击“开始”选项卡的“段落”组右下角的对话框启动器按钮，打开“段落”对话框。在“段落”对话框中设置特殊格式为“首行缩进”，缩进值为“2 字符”；设置左侧缩进“1 字符”，右侧缩进“1 字符”，段前间距为“1 行”，段后间距为“1 行”，行距设置为“2 倍行距”，如图 6-4 所示。

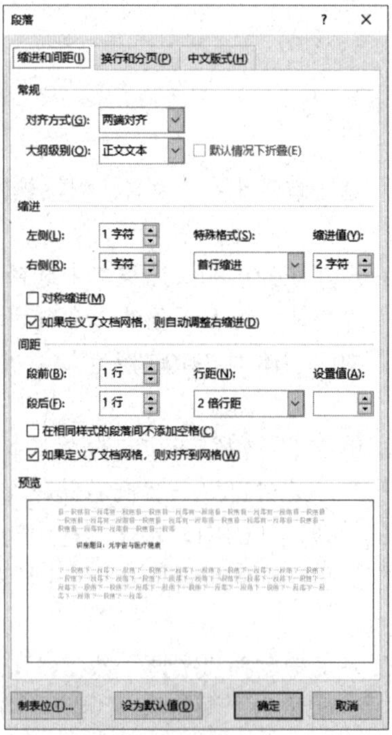

图6-4 “段落”对话框

(3) 显示隐藏文字并取消文字的隐藏属性。

- 方法1：在“开始”选项卡的“段落”组中，单击“显示/隐藏编辑标记”按钮，显示出隐藏的文本。用鼠标选中该文本，右击并选择“字体”命令，在弹出的“字体”对话框中，取消字体的隐藏属性，单击“确定”按钮。
- 方法2：使用Ctrl+A组合键选择全部文本，右击并选择“字体”命令，在弹出的“字体”对话框中，取消字体的隐藏属性，单击“确定”按钮。

(4) 修改以“徐长卿”开始的段落中的文字样式和段落样式。

第 1 步：将鼠标指针移动到以“徐长卿”开始的段落的左侧，双击鼠标，选中整段文字。右击并在弹出的快捷菜单中选择“字体”命令，打开“字体”对话框。在“字体”对话框中设置中文字体为“仿宋”、西文字体为 Times New Roman、字形为“加粗”、字号为“四号”、字体颜色为“深蓝”，单击“确定”按钮。

第 2 步：右击并在弹出的快捷菜单中选择“段落”命令，打开“段落”对话框。在“段落”对话框中设置左侧缩进为“2 字符”，设置右侧缩进为“1 字符”，在行距的下拉选项中选中“固定值”，在后面的文本框中输入 30 磅，单击“确定”按钮。

(5) 将鼠标指针移动到以“讲座题目”开始的段落的左侧，单击鼠标，选中段落。双击“开始”选项卡的“剪贴板”组中的“格式刷”按钮格式刷，移动鼠标分别单击以“主讲人”“讲座日期”“讲座时间”“讲座地点”“主办单位”开始的段落。完成格式的复制后，按 Esc 键取消格式复制状态，也可用鼠标单击“格式刷”按钮结束格式复制状态。

(6) 修改几个特定段落的文字颜色。

- 方法1：按住Ctrl键，用鼠标连续选择各段中冒号后的文字。然后单击“开始”选项卡的“字体”组中的“字体颜色”按钮右侧的下拉箭头，在弹出的下拉列表中选择“黑色，文字1，淡色15%”，单击任意区域结束选择。
- 方法2：按住Alt键，用鼠标选择冒号后的矩形区域文字，然后设置字体的颜色为“黑色，文字1，淡色15%”。

(7) 设置段落边框和底纹的步骤如下。

第 1 步：将光标定位在以“徐长卿”开始的段落中任意位置，单击“开始”选项卡的“段落”组中的“边框和底纹”按钮右侧的下拉箭头，在弹出的下拉列表中选择“边框和底纹”命令，弹出“边框和底纹”对话框；也可以在“设计”选项卡的“页面背景”组中单击“页面边框”按钮。

第 2 步：在“边框和底纹”对话框的“边框”选项卡中设置边框为“自定义”，在样式中选择“双波浪线”，设置应用于“段落”。在预览区域单击“上方”和“下方“按钮，出现上框线和下框线效果，如图 6-5 所示，单击“确定”按钮关闭对话框。

(8) 将鼠标定位在以“徐长卿”开始的段落中任意位置，单击“插入”选项卡的“文本”组中的“首字下沉”按钮，在弹出的下拉列表中选择“首字下沉选项”，弹出“首字下沉”对话框。在该对话框中设置位置为“下沉”，下沉行数为 3 行，如图 6-6 所示。

(9) 选中文字“校学术报告厅”，右击并在弹出的快捷菜单中选择“字体”命令，打开“字体”对话框，在该对话框中设置着重号为“.”。

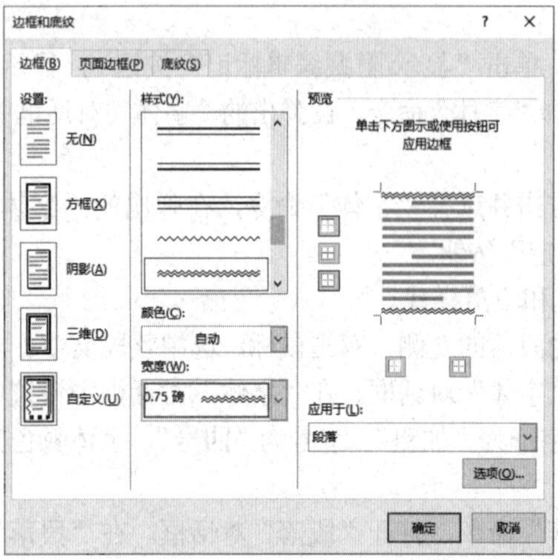

图6-5 “边框和底纹”对话框

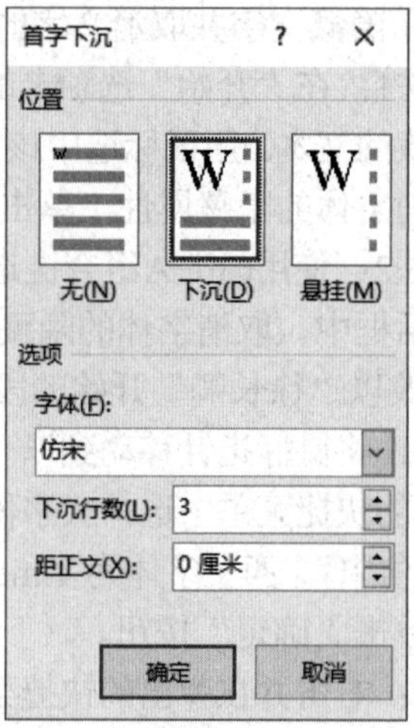

图6-6 “首字下沉”对话框

(10) 移动段落并设置段落右对齐。

- 方法1：选中“主办单位”段落，拖动鼠标左键至文本“欢迎大家踊跃参加”的前面，确保其独占一段。单击“开始”选项卡的“段落”组中的“右对齐”按钮。
- 方法2：选中“主办单位”段落，右击并在弹出的快捷菜单中选择“剪切”命令。将光标定位在文本“欢迎”的前面，右击并在弹出的快捷菜单中选择“粘贴”命令，然后单击“开始”选项卡的“段落”组中的“右对齐”按钮。
- 方法3：选中“主办单位”段落，按下Ctrl+X组合键，将光标定位在文本“欢迎”的前面，按下Ctrl+V组合键。然后将光标定位在该段落中，按下Ctrl+R组合键，完成段落的右对齐设置。

(11) 选中文字“欢迎大家踊跃参加!”，在“开始”选项卡的“字体”组中设置字体为“华文行楷”、字号为“小初”、字形为“加粗”。单击“文本效果和版式”按钮，在弹出的下拉列表中选择“填充-白色，轮廓-着色 2，清晰阴影-着色 2”，如图 6-7 所示。然后映像效果设置为“全映像，接触”，最后设置段落对齐方式为“居中”。

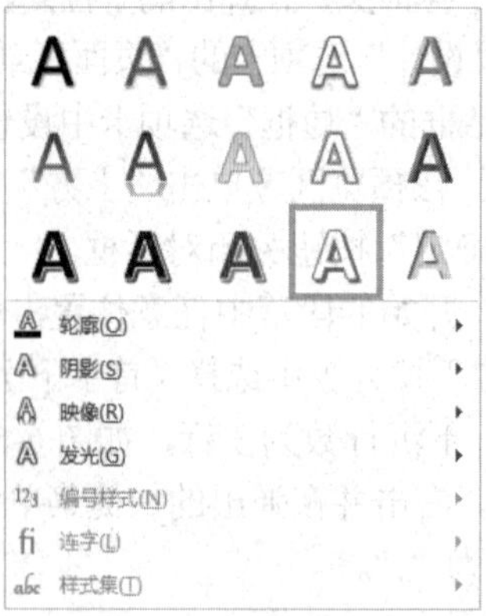

图6-7 “文本效果和版式”列表

(12) 在“设计”选项卡的“页面背景”组中单击“页面边框”按钮，弹出“边框和底纹”对话框。在“边框和底纹”对话框中设置类型为“方框”，颜色为“深蓝”，如图 6-8 所示。选择艺术边框的类型，最后设置应用于“整篇文档”，单击“确定”按钮完成设置。

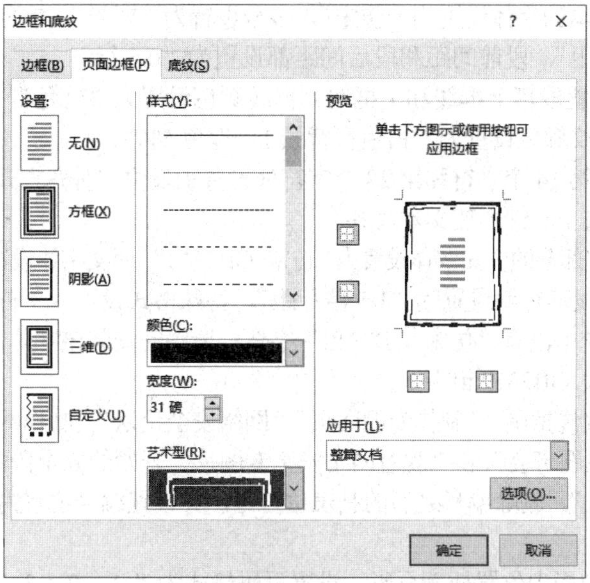

图6-8　“边框和底纹”对话框

(13) Word 2016 保存文档的方法有多种，可用以下方法进行文档保存。

- 方法1：单击左上角“快速访问工具栏”中的“保存”按钮。
- 方法2：单击“文件”选项卡中的“保存”命令。
- 方法3：使用Ctrl+S组合键。

三、案例拓展1

从 2014 年开始，国家每年九月要举行“网络安全宣传周”活动。按照惯例，学校在宣传周活动结束之后要制作一份活动简报报送各部门传阅并由档案室进行存档。教育信息技术中心负责老师已经把简报内容写好，请你按照简报的基本格式和要求，帮助老师完成本年度的“网络安全宣传周”活动简报。

打开“素材\案例 6\网络安全宣传周活动简报.docx”文件，参考如图 6-9 所示的效果，按照以下要求进行简报的编辑和设置。

(1) 将文档页面的纸张大小设置为 A4，纸张方向设置为“纵向”，上下左右页边距分别设置为“2.5 厘米”“2.5 厘米”“3 厘米”“3 厘米”，并设置每页有 45 行，每行有 40 个字符。

(2) 清除所有文本的格式。

(3) 将第一段文本“国家网络安全宣传周活动”的字体设置为“黑体”，字体大小设置为“28 磅”，字体颜色设置为“深红”，字形设置为“加粗”，段落对齐方式设置为“居中对齐”。

(4) 将第二段文本“简报”的字体设置为“黑体”，字体大小设置为“小初”，字体颜色设置为“深红”，字形设置为“加粗”。段落对齐方式设置为“居中对齐”，调整字符宽度为“3 字符”。

(5) 将第三段以“教育技术信息中心”开始的文字的中文字体设置为“宋体”，字号设置为“四号”，字形设置为“加粗”。在本段的第 40 个字符处设置制表位，对齐方式为“右对齐”，并在日期前按下 Tab 键，使日期右对齐。

(6) 在日期后插入一条横线，并将横线颜色设置为“红色”，横线高度设置为“2 磅”。

(7) 将最后两段文本的字体设置为“仿宋”，字号设置为“四号”，字形设置为“加粗”。段落行距设置为“1.5 倍行距”，段前间距和段后间距都设置为“0.5 行”。

(8) 为最后两段设置段落上框线和下框线，框线颜色设置为“红色”，框线宽度设置为“1.5 磅”。将最后两段的底纹颜色设置为“白色，背景 1，深色 5%”。

(9) 在最后两段的第 14 个字符和第 28 个字符处设置制表位，对齐方式为“左对齐”。参考效果图，在合适的位置按 Tab 键，使文本对齐。

(10) 将简报的正文部分的中文字体设置为“仿宋_GB2312”，西文字体设置为 Times New Roman，字号设置为“四号”。段落行距设置为“1.5 倍行距”，特殊格式设置为“首行缩进”，缩进值设置为“2 字符”。如果系统中没有“仿宋_GB2312”字体，请手动安装该字体，字体安装文件为“素材\Word 综合拓展\仿宋_GB2312.ttf”。

(11) 给以“营造宣传氛围”“制作专题网页”“网络安全论坛”“制作网络安全专题刊版”“组织召开网络安全知识主题班会”和“观看网络安全专题片”开始的 6 个段落设置段落编号，设置编号格式为“1., 2., 3....”。删除编号之后的制表位符号，并设置编号位置为“0.71 厘米”，设置文本缩进为“0 厘米”。

(12) 在文档的底部居中位置插入页码，设置页码格式为“-1-, -2-, -3-, ...”。

(13) 保存文档并标记为最终状态。

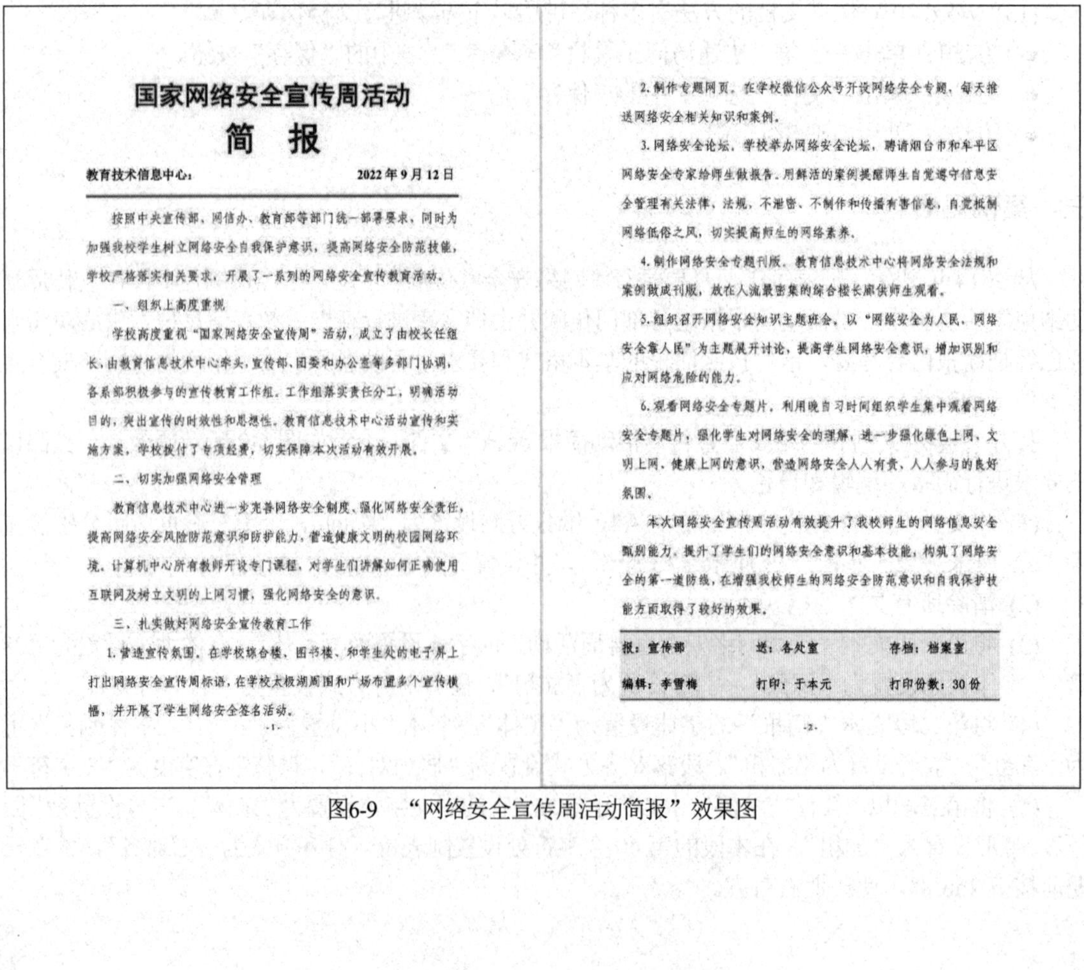

国家网络安全宣传周活动

简　报

教育技术信息中心：　　2022 年 9 月 12 日

按照中央宣传部、网信办、教育部等部门统一部署要求，同时为加强我校学生树立网络安全自我保护意识，提高网络安全防范技能，学校严格落实相关要求，开展了一系列的网络安全宣传教育活动。

一、组织上高度重视

学校高度重视“国家网络安全宣传周”活动，成立了由校长任组长，由教育信息技术中心牵头，宣传部、团委和办公室等多部门协调，各系部积极参与的宣传教育工作组。工作组落实责任分工，明确活动目的，突出宣传的时效性和思想性。教育信息技术中心活动宣传和实施方案，学校拨付了专项经费，切实保障本次活动有效开展。

二、切实加强网络安全管理

教育信息技术中心进一步完善网络安全制度、强化网络安全责任，提高网络安全风险防范意识和防护能力，营造健康文明的校园网络环境。计算机中心所有教师开设专门课程，对学生们讲解如何正确使用互联网及树立文明的上网习惯，强化网络安全的意识。

三、扎实做好网络安全宣传教育工作

1. 营造宣传氛围。在学校综合楼、图书楼、和学生处的电子屏上打出网络安全宣传周标语，在学校太极湖周围和广场布置多个宣传横幅，并开展了学生网络安全签名活动。

-1-

2. 制作专题网页。在学校微信公众号开设网络安全专题，每天推送网络安全相关知识和案例。

3. 网络安全论坛。学校举办网络安全论坛，聘请烟台市和牟平区网络安全专家给师生做报告。用鲜活的案例提醒师生自觉遵守信息安全管理有关法律、法规，不泄密、不制作和传播有害信息，自觉抵制网络低俗之风，切实提高师生的网络素养。

4. 制作网络安全专题刊版。教育信息技术中心将网络安全法规和案例做成刊版，放在人流最密集的综合楼长廊供师生观看。

5. 组织召开网络安全知识主题班会。以“网络安全为人民，网络安全靠人民”为主题展开讨论，提高学生网络安全意识，增加识别和应对网络危险的能力。

6. 观看网络安全专题片。利用晚自习时间组织学生集中观看网络安全专题片，强化学生对网络安全的理解，进一步强化绿色上网、文明上网、健康上网的意识，营造网络安全人人有责、人人参与的良好氛围。

本次网络安全宣传周活动有效提升了我校师生的网络信息安全甄别能力，提升了学生们的网络安全意识和基本技能，构筑了网络安全的第一道防线，在增强我校师生的网络安全防范意识和自我保护技能方面取得了较好的效果。

报：宣传部	送：各处室	存档：档案室
编辑：李雪梅	打印：于本元	打印份数：30 份

-2-

图6-9　“网络安全宣传周活动简报”效果图

四、案例拓展2

学校中医系在寒假期间给社会实践部的同学布置了一个中医药市场调查分析的社会实践任务。王力同学作为主要负责人在开学后要上交一份社会调查报告，他已经写好了初稿，请你利用Word 2016 软件帮助王力同学编辑一份简单美观的调查报告。

打开“素材\案例 6\中医药市场调查报告.docx”文件，参考图 6-10 所示的效果，按照以下要求进行编辑和设置。

(1) 将文档页面的纸张大小设置为 A4，纸张方向设置为“纵向”，上下左右页边距分别设置为“2.5 厘米”“2.5 厘米”“3 厘米”“3 厘米”，页眉页脚距边界距离设置为“1.5 厘米”和“1.5 厘米”。

(2) 将文档中所有的软回车符(手动换行符)更换为硬回车符(段落标记符)。

(3) 将第一段文本“中医药市场调查报告”的字体设置为“微软雅黑”，字体大小设置为“二号”，字体颜色设置为“黑色，文字 1”，字形设置为“加粗”，字符间距设置为“加宽”，磅值设置为“3 磅”。段落对齐方式设置为“居中对齐”，段前间距设置为“12 磅”，段后间距设置为“3 磅”。

(4) 将第二段文本“中医系 2022 级九班　王　力”的字体设置为“微软雅黑”，字体大小设置为“四号”。段落对齐方式设置为“居中对齐”，段前间距设置为“0 行”，段后间距设置为“0.5 行”。

(5) 将以“一”“二”“三”“四”“五”开始的段落设置为“标题 1”样式，将以“1.”“2.”“3.”“4.”开始的段落设置为“标题 2”样式。

(6) 将第一段标题的格式保存成名称为“调查报告标题”的样式。

(7) 修改“标题 1”样式。样式的字体设置为“黑体”，字号设置为“三号”，字形设置为“加粗”。样式的段落行距设置为“1.5 倍行距”，段前间距和段后间距都设置为“10 磅”，分页设置为“与下段同页”。样式的底纹颜色设置为“绿色，个性色 6，淡色 60%”，并设置段落下框线，框线颜色设置为“蓝色”，框线宽度设置为“0.75 磅”。

(8) 修改“标题 2”样式。样式的字体设置为“宋体”，字号设置为“小三”，字形设置为“加粗”。样式的段落行距设置为“单倍行距”，段前间距和段后间距都设置为“5 磅”，分页设置为“与下段同页”。

(9) 将文档的正文的中文字体设置为“仿宋”，西文字体设置为 Times New Roman，字号设置为“四号”。段落行距设置为“28 磅”。

(10) 删除正文中以 a、b、c 开始的编号，并将这些段落设置为“自定义项目符号”，项目符号的图片选择素材中的“项目符号图片.png”文件。

(11) 将“1、优势”“2、劣势”“3、威胁”“4、机会”区域中的所有文本分为两栏，中间显示“分隔线”。

(12) 文档添加页眉，页眉文字为“山东中医药高等专科学校 大学生调查报告”；页脚处添加页码，页码格式为“页面底端-普通数字 2”。

(13) 文档中插入自定义水印，水印文字为“内部资料”。

(14) 在文档的结尾插入系统日期，并设置为右对齐。

(15) 保存文档。

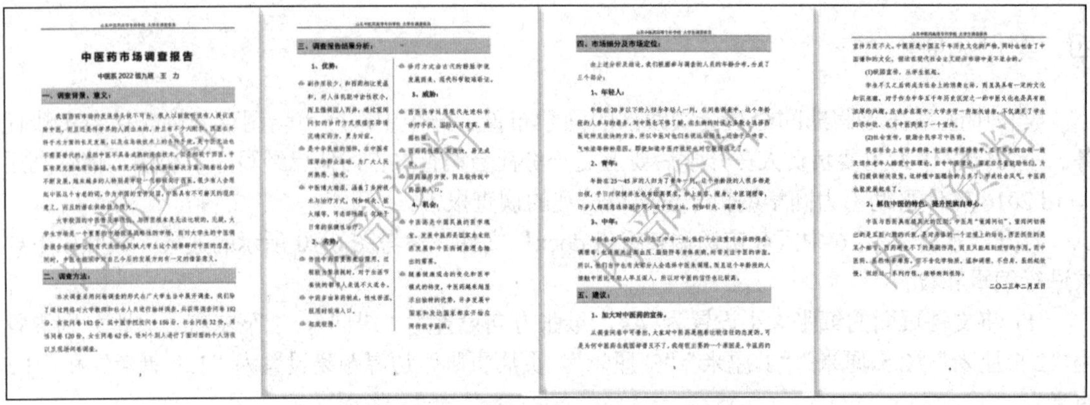
中医药市场调查报告

中医系 2022 级九班 王 力

一、调查背景、意义：

二、调查方法：

三、调查报告结果分析：

四、市场细分及市场定位：

五、建议：

二〇二三年二月五日

图6-10 “中医药市场调查报告”效果图

案例七　制作成绩表、个人简历表

学校中医系每年都会对在校学生进行综合素养考核，并在寒假时将学生的综合素养考核情况发送给学生和家长。中医系学生会学习部的刘星同学负责综合素养考核表的设计和打印，请你用 Word 2016 帮助他完成中医系 2023 年度医学生综合素养考核表的设计。

本案例主要通过 Word 2016 的表格编辑功能熟练制作和修饰表格，使其美观、便于阅读。通过本案例的练习，能熟练掌握表格的绘制方法、表格的设计与布局、表格的属性设置、表格单元格的合并与拆分、表格的边框与底纹设置等技巧。下面以制作医学生综合素养考核表为例进行表格的操作，本案例的制作效果如图 7-1 所示。

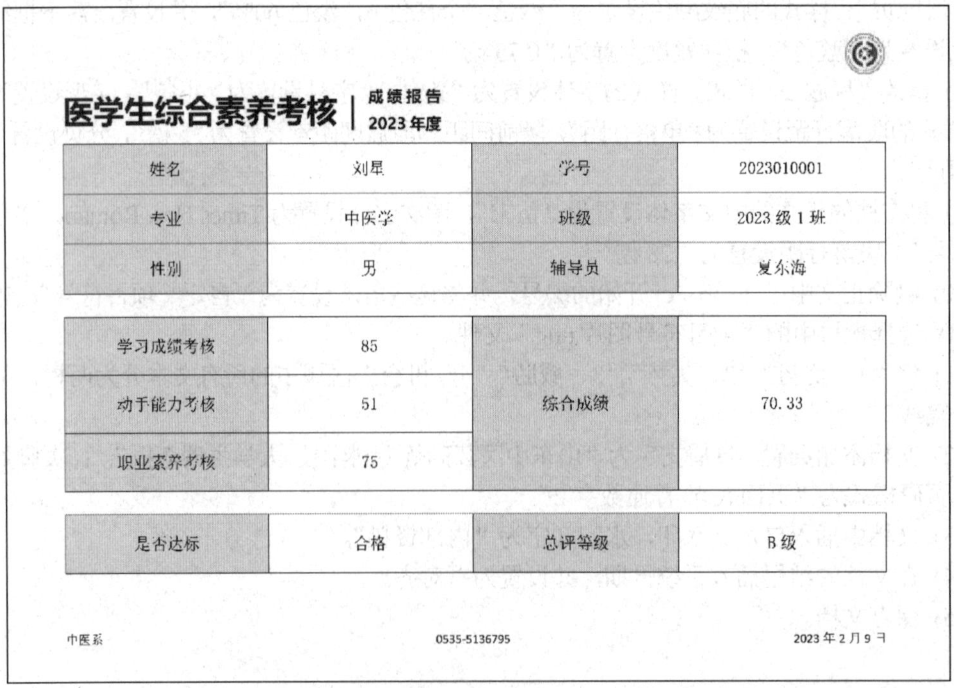
医学生综合素养考核 | 成绩报告 2023 年度

姓名	刘星	学号	2023010001
专业	中医学	班级	2023 级 1 班
性别	男	辅导员	夏东海

学习成绩考核	85	综合成绩	70.33
动手能力考核	51		
职业素养考核	75		

是否达标	合格	总评等级	B 级

中医系　　0535-5136795　　2023 年 2 月 9 日

图7-1 “大学生综合素养考核表”效果图

一、案例设计

打开“素材\案例 7\大学生综合素养考核表.docx”文件，按照要求完成以下操作。

(1) 将文档页面的纸张大小设置为 B5(JIS)，纸张方向设置为“横向”，上下左右页边距都设置为“2.5 厘米”。

(2) 将文字“医学生综合素养考核 | 成绩报告 2023 年度”字体设置为“微软雅黑”，字号设置为“二号”，字体颜色设置为“深红”，字形设置为“加粗”。

(3) 将文字“成绩报告 2023 年度”设置为“双行合一”的排版效果。

(4) 在文字“医学生综合素养考核”下方制作一个 7 行 4 列的表格，将下方的文字填入对应的单元格中，并设置表格中的字体为“宋体”，字号为“小四”。

(5) 设置表格宽度为 100%，并将行高设置为“1.2 厘米” ，列宽设置为 25%。

(6) 将表格中所有单元格内容的对齐方式设置为水平和垂直方向都居中。

(7) 将表格第 1 列和第 3 列单元格的底纹设置为“蓝色，个性色 1，淡色 80%”。

(8) 在表格第 3 行后面插入 1 个空白行，设置该行行高为“0.7 厘米”，取消显示该行所有单元格的底纹和垂直方向的框线。

(9) 计算综合成绩并填入“综合成绩”后面的单元格内，综合成绩为“学习成绩考核”“动手能力考核”和“职业素养考核”的平均分。

(10) 参考效果图，合并“综合成绩”及下方的两个单元格。

(11) 将表格最后一行拆分为 1 个独立表格。

(12) 给文档插入“空白(三栏)”型页脚，在左侧输入“中医系”，在中间输入 0535-5136795，在右侧插入中文格式的系统日期。

(13) 在文档页眉处插入校徽图片，设置段落对齐方式为“右对齐”，并取消下方的横线。

(14) 保存文档。

二、案例分析

(1) 文档的页面设置有两种方法。

- 方法1：单击“布局”选项卡的“页面设置”组右下角的对话框启动器按钮，弹出“页面设置”对话框。在“纸张”选项卡的“纸张大小”下拉列表中选择B5(JIS)，在“页边距”选项卡的“纸张方向”下选择“横向”，上下左右页边距都设置为“2.5厘米”，如图7-2所示。
- 方法2：单击“布局”选项卡的“页面设置”组中的“纸张大小”按钮，在弹出的下拉列表中选择B5(JIS)；单击“纸张方向”按钮，在弹出的下拉列表中选择“横向”；单击“页边距”按钮，在弹出的下拉列表中选择“自定义边距”，打开“页面设置”对话框，参考方法1设置上下左右页边距都为“2.5厘米”。

(2) 用鼠标选中文字“医学生综合素养考核 | 成绩报告 2023 年度”，右击并在弹出的快捷菜单中选择“字体”命令，弹出“字体”对话框。在“字体”对话框中，将字体设置为“微软雅黑”，字体大小设置为“二号”，字体颜色设置为“深红”，字形设置为“加粗”。

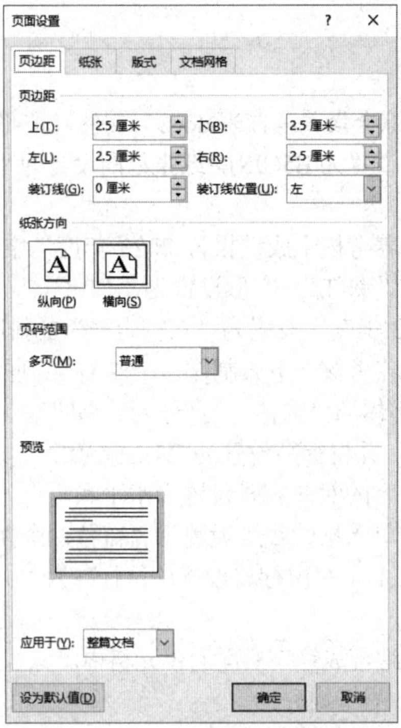

图7-2 “页面设置”对话框

提示：

字体设置也可以使用“开始”选项卡的“字体”组中的命令分步完成，为提升工作效率，建议大家使用“字体”对话框进行设置。

(3) 用鼠标选中文字“成绩报告 2023 年度”，单击“开始”选项卡的“段落”组中的“中文版式”按钮，在弹出的下拉列表中选择“双行合一”。打开“双行合一”对话框，如图 7-3 所示，单击“确定”按钮关闭对话框。

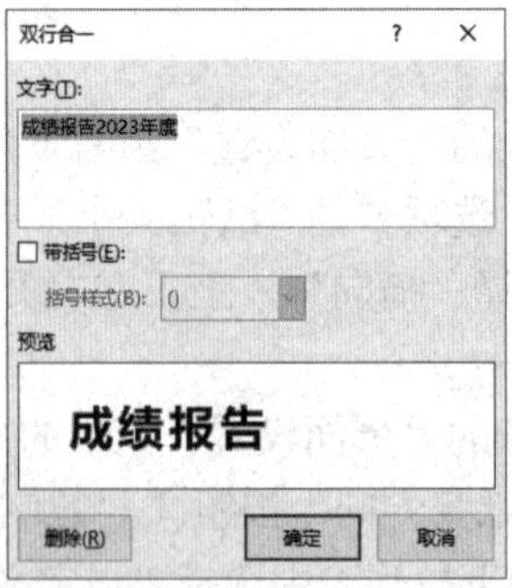

图7-3 “双行合一”对话框

(4) 在 Word 2016 中创建表格通常有以下多种方法。

- 方法1：使用“插入表格”对话框来制作表格。
- 方法2：将具有固定样式的文本转换成表格。
- 方法3：当输入的表格行数和列数较少时(小于10×8的表格)，可以用鼠标选中下拉列表上面的单元格数，快速生成表格。

- 方法4：通过“绘制表格”命令，按照自己意图进行表格绘制。
- 方法5：把Excel中的表格复制到Word 2016中，实现表格的创建。

在本案例的操作中重点介绍方法 1 和方法 2。

方法1：使用“插入表格”对话框来制作表格

第 1 步：单击“插入”选项卡的“表格”组中的“表格”按钮，弹出如图 7-4 所示的下拉列表，在下拉列表中选择“插入表格”。打开“插入表格”对话框，在对话框中输入行数值 7 和列数值 4，如图 7-5 所示，单击“确定”按钮关闭对话框。

图7-4　“插入表格”下拉列表

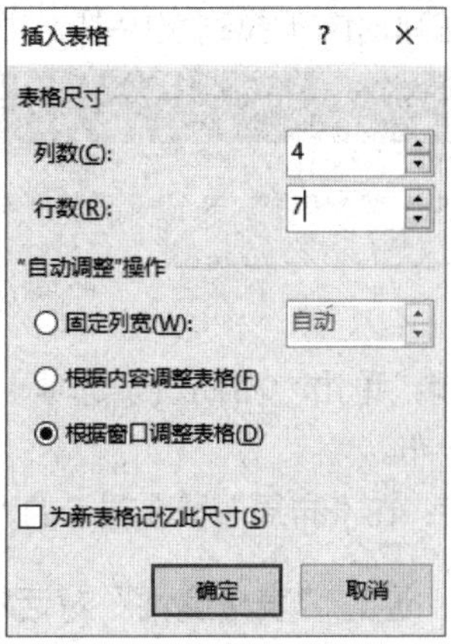

图7-5　“插入表格”对话框

第 2 步：将下方的文本依次移动到对应的单元格内，然后删除多余的段落标记和制表位等。

第 3 步：单击表格左上角的“表格选择”按钮，选中整个表格。在“开始”选项卡的“字体”组中，将字体设置为“宋体”，字体大小设置为“小四”。

方法2：将具有固定样式的文本直接转换成表格

第 1 步：用鼠标选中从“姓名”到“B 级”的所有文本，单击“插入”选项卡的“表格”组中的“表格”按钮，在弹出的下拉列表中单击“文本转换成表格”命令。弹出“将文字转换成表格”对话框，在对话框中选择文字分隔位置为“制表位”，如图 7-6 所示。单击“确定”按钮，完成表格转换，删除多余的段落标记。

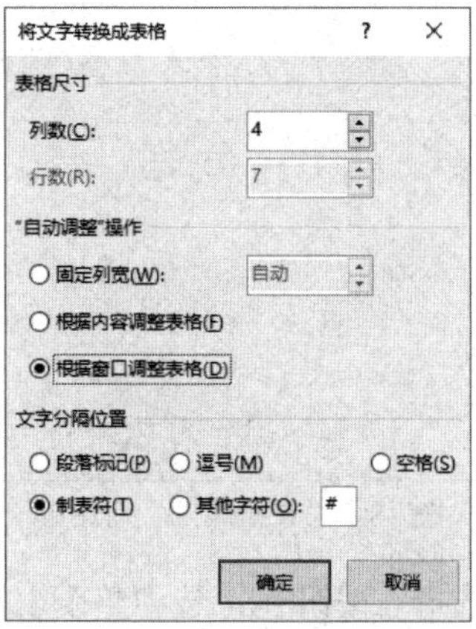

图7-6　“将文字转换成表格”对话框

第 2 步：单击表格左上角的表格选择按钮，选中整个表格。在“开始”选项卡的“字体”组中，将字体设置为“宋体”，字体大小设置为“小四”。

(5) 表格的行高(列宽)可以在“表格工具”的“布局”选项卡的“单元格大小”组中设置，也可以通过“表格属性”对话框进行设置，具体根据自己习惯灵活掌握。

方法1：通过“表格工具”的“布局”选项卡进行设置

第 1 步：单击表格左上角的“表格选择”按钮，选中整个表格。在功能区会出现“表格工具”上下文选项卡，如图 7-7 所示。单击“布局”子选项卡的“单元格大小”组中的“自动调整”按钮，在弹出的下拉列表中单击“根据窗口自动调整表格”命令。

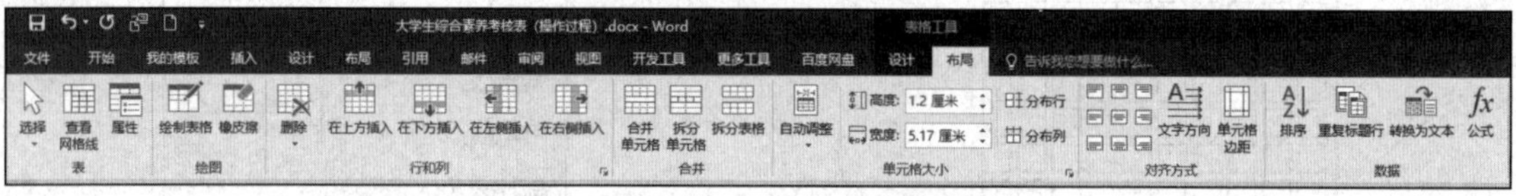

图7-7 “表格工具”上下文选项卡

第 2 步：单击“布局”子选项卡的“单元格大小”组中的“分布列”按钮，实现各列列宽平均分布。

第 3 步：在“布局”子选项卡的“单元格大小”组的“高度”文本框中设置高度为“1.2 厘米”。

方法2：通过“表格属性”对话框进行设置

第 1 步：单击表格左上角的“表格选择”按钮，选中整个表格。右击并在弹出的快捷菜单中单击“表格属性”命令，弹出“表格属性”对话框。

第 2 步：在“表格”子选项卡中设置表格宽度为 100%，在“行”子选项卡中设置行高为“1.2 厘米”，在“列”子选项卡中设置列宽为 25%，如图 7-8 所示。单击“确定”按钮退出表格设置。

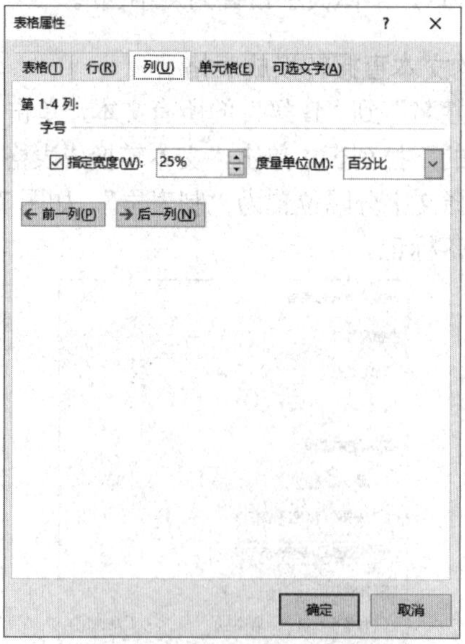

图7-8 “表格属性”对话框

(6) 单击表格左上角的“表格选择”按钮，选中整个表格。在“表格工具”上下文选项卡的“布局”子选项卡的“对齐方式”组中，单击水平和垂直方向都居中的按钮，使所有单元格中文本在水平方向和垂直方向都居中。

(7) 将鼠标移动到第 1 列的上方，单击选中第 1 列，按下 Ctrl 键继续选中第 3 列。在“表格工具”上下文选项卡的“设计”子选项卡的“表格样式”组中单击“底纹”按钮，在弹出的下拉列表中选择底纹颜色为“蓝色，个性色 1，淡色 80%”，如图 7-9 所示。

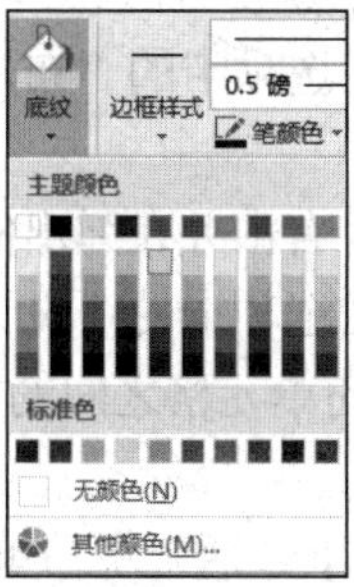

图7-9　“表格底纹”设置界面

(8) 在表格第 3 行后面插入 1 个空白行，并作相应设置。

第 1 步：插入空行。在表格中插入行(列)的方法有多种，本案例可选用以下任意一种。

- 方法1：将光标定位在第3行的任意单元格内，单击“布局”子选项卡的“行和列”组中的“在下方插入”按钮。
- 方法2：将光标定位在第3行的任意单元格内，右击并在弹出的快捷菜单中选择“插入”命令，在展开的子列表中选择在“在下方插入行”命令。
- 方法3：将光标定位在第3行最后的段落标记处，按下Enter键，表格会自动增加1行。
- 方法4：将鼠标移动到行线左侧，在行线上会出现一个“+”号，单击这个符号可增加1行。

第 2 步：插入新行后，选中该行所有的单元格。在“表格工具”上下文选项卡的“设计”子选项卡的“表格样式”组中单击“底纹”按钮，在弹出的下拉列表中单击“无颜色”命令。

第 3 步：单击“表格工具”上下文选项卡的“设计”子选项卡的“边框”组中的“边框”按钮，在弹出的下拉列表中单击“边框和底纹”命令，启动“边框和底纹”对话框；也可以单击该组右下角的对话框启动器按钮启动“边框和底纹”对话框。在对话框的预览窗中单击取消垂直方向的框线。

第 4 步：在“表格工具”上下文选项卡的“布局”子选项卡的“单元格大小”组的“高度”文本框中设置高度为“0.7 厘米”。

(9) 将光标定位在“综合成绩”后面的单元格内，单击“表格工具”上下文选项卡的“布局”子选项卡的“数据”组中的“公式”按钮，打开“公式”对话框。在公式中输入“=average(b5,b6,b7)”，如图 7-10 所示，单击“确定”按钮完成公式输入。

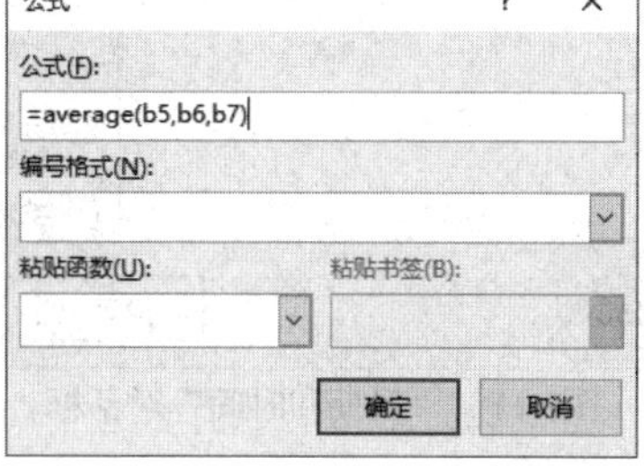

图7-10　“公式”对话框

提示：

表格中的公式可以直接输入，也可以在输入“=”后，通过“粘贴函数”来选择更多的函数，通过“编号格式”设置计算结果的显示格式。

(10) 在表格中合并单元格通常有以下 3 种方法。

- 方法1：通过“表格工具”上下文选项卡的“布局”子选项卡的“合并”组中的“合并单元格”按钮实现单元格的合并。
- 方法2：选中要合并的单元格后，右击并在弹出的快捷菜单中选择“合并单元格”命令。
- 方法3：通过“表格工具”上下文选项卡的“设计”子选项卡的“绘图边框”组中的“表格擦除器”按钮，擦除要合并的单元格之间的行线(列线)。

本案例采用方法 1 进行操作。

第 1 步：用鼠标选中“综合成绩”及下方两个空白单元格，单击“布局”子选项卡的“合并”组中的“合并单元格”按钮。

第 2 步：用同样的方法，合并第 4 列的 3 个单元格。

(11) 拆分表格通常有两种方法。

- 方法1：将光标定位在最后一行的任意单元格内，单击“表格工具”上下文选项卡的“布局”子选项卡的“合并”组中的“拆分表格”按钮，将最后一行拆分为独立的表格。
- 方法2：将光标定位在最后一行的任意单元格内，按Ctrl+Shift+Enter组合键。

(12) 单击“插入”选项卡的“页眉页脚”组中的“页脚”按钮，在弹出的下拉列表中选择“空白(三栏)”样式，进入页脚编辑状态。在页脚左侧输入“中医系”，在中间输入 0535-5136795，在右侧单击“插入”选项卡的“文本”组中的“日期和时间”按钮，打开“日期和时间”对话框。在“日期和时间”对话框中选择语言为“中文(中国)”，格式选择为“××××年×月×日”，如图 7-11 所示，单击“确定”按钮关闭对话框。

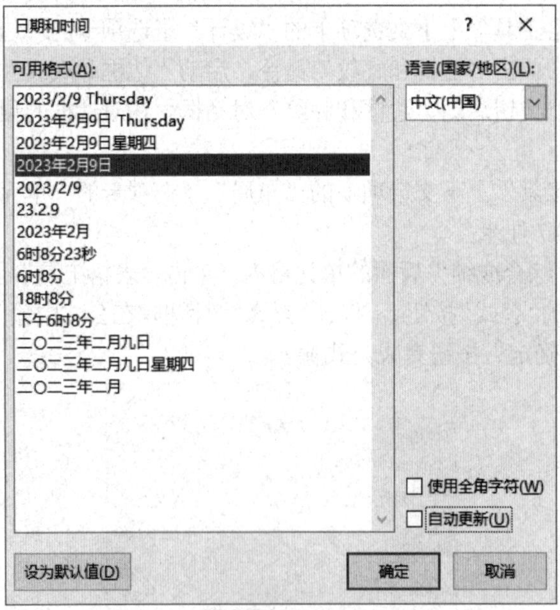

图7-11　“日期和时间”对话框

(13) 设置页眉。

第 1 步： 单击“插入”选项卡的“页眉和页脚”组中的“页眉”按钮，在弹出的下拉列表中选择“空白”样式，进入页眉编辑状态。

第 2 步： 单击“插入”选项卡的“插图”组中的“图片”按钮，打开“插入图片”对话框，在素材目录中找到“校徽透明.png”，单击“插入”按钮，将图片插入页眉处。

第 3 步： 单击“开始”选项卡的“段落”组中的“右对齐”按钮，使图片右对齐。

第 4 步： 单击“开始”选项卡的“段落”组中的“边框”按钮，在弹出的下拉列表中选择“边框和底纹”命令，打开“边框和底纹”对话框。在该对话框中设置边框为“无”，选择应用于“段落”，单击“确定”按钮关闭对话框，取消页眉下横线。

第 5 步： 单击“页眉和页脚工具”上下文选项卡中的“关闭页眉和页脚”按钮，退出页眉页脚编辑状态。

(14) 单击快捷菜单中的“保存”按钮或使用 Ctrl+S 组合键保存编辑好的文档。

三、案例拓展1

小刘明年就要毕业了，为了让求职单位更好地了解自己的情况，他需要将自己的个人情况制作成求职简历表。请你利用 Word 2016 帮助他完成求职简历的设计与编辑。

打开“素材\案例 7\求职简历.docx”文件，参考图 7-12 的效果，按照以下要求进行编辑操作。

(1) 将文本“求职简历”字体设置为“微软雅黑”，字号设置为“三号”，文本效果设置为“填充：蓝色，着色 1：阴影”，字体颜色设置为“绿色，个性色 6，深色 50%”，设置字符间距加宽“3 磅”。对齐方式设置为“居中”。

(2) 在标题文字下方插入 6 行 5 列的表格，表格宽度根据窗口自动调整。

(3) 将表格所有行的行高设置为“0.9 厘米”。

(4) 将表格第 5 列的最上面 4 个单元格合并为 1 个单元格，将表格第 5 行后 4 个单元格合并为 1 个单元格，将表格第 6 行后 4 个单元格合并为 1 个单元格。

(5) 在表格下方再插入 12 行 1 列的表格，表格宽度根据窗口自动调整。将该表格的奇数行行高设置为“0.9 厘米”，偶数行行高设置为“2 厘米”。

(6) 将新插入表格的奇数行底纹颜色设置为“绿色，个性色 6，淡色 80%”。

(7) 将两个表格合并为 1 个表格。

(8) 将最后一个单元格拆分为 2 行 4 列的单元格。

(9) 参考图 7-12，在单元格内输入对应的文字，将“学习经历”“社会实践经历”“荣誉获奖”、“自我评价”“求职意向”“联系方式”设置为“黑体”。将表格中所有单元格文本的对齐方式设置为水平和垂直方向都居中。

(10) 将表格外边框样式设置为“双实线”，框线颜色设置为“绿色，个性色 6，深色 50%”。将表格内框线样式设置为“虚线”，框线颜色设置为“绿色，个性色 6，深色 50%”。

(11) 将页面的垂直对齐方式设置为“居中”，适当调整页面的上下页边距，确保表格在一个页面中。

(12) 保存文档。

求职简历

姓　名		性　别		照片
民　族		出生年月		
政治面貌		婚姻状况		
信息水平		语言水平		
毕业院校				
爱好特长				
学习经历				
社会实践经历				
荣誉获奖				
自我评价				
求职意向				
联系方式				
联系电话		电子邮箱		
联系地址		邮政编码		

图7-12　“求职简历”效果图

四、案例拓展2

学校每年都要为即将毕业的学生制作毕业生就业推荐表，请你参考图 7-13 所示的效果，按照以下要求，为本学校的学生设计一份就业推荐表。表格中需要的文字都保存在“素材\案例 7\就业推荐表素材.docx”文件中。

(1) 创建一个名为“就业推荐表.docx”的 Word 文档，并保存在桌面上。

(2) 在第一行输入表格的标题“山东中医药高等专科学校毕业生就业推荐表”，并将字体设置为“黑体”，字号设置为“三号”，段落对齐方式设置为“居中对齐”。另起一段输入文本“院(系)：协议书编号：”，将该文本字体设置为“宋体”，字号设置为“小四”，并在文本“院(系)：”之后输入一个制表符(Tab 键)。

(3) 从第三段开始插入(或绘制)一个 12 行 7 列的表格，并将第 9、10 行行高设置为“5 厘米”，第 12 行行高设置为“4 厘米”，其他行行高设置为“0.8 厘米”。

(4) 在表格后面输入文本“注：学生成绩单由学校教务处统一打印并签章，其他证明及自荐材料另附。”。

(5) 设置文档的纸张大小为 A4，上下左右边距分别设置为“2 厘米”“2 厘米”“2.5 厘米”“2.5 厘米”，设置页眉页脚距边界距离均为“1.5 厘米”。设置页面垂直对齐方式为“居中”，确保文档内容保持在一个页面中。

(6) 参照图 7-13 所示效果，合并或拆分相应的单元格，并在调整后的单元格内输入对应的文字。

(7) 参照图 7-13 所示效果，给单元格里的文字设置相应的字体，并设置相应的字体颜色。

(8) 参照图 7-13 所示效果，给单元格设置合适的对齐方式。

(9) 给以“院(系)”开头的第二段文字设置制表位，制表符从第“30 字符”开始，对齐方式为“左对齐”。

(10) 将表格的标题属性设置为“就业推荐表”。

(11) 设置表格最后一行单元格文本与单元格边界的上下左右距离分别为“0.5 厘米”“0.5 厘米”“0.5 厘米”“1 厘米”。

(12) 保存文档后，再将该文档另存为文件名为“就业推荐表.dotx”的模板文件。

山东中医药高等专科学校毕业生就业推荐表

院（系）：　　　　　　　　　　　　　　　协议书编号：

<table>
<tr><td>姓名</td><td></td><td>性别</td><td></td><td>出生年月</td><td></td><td rowspan="5">照片</td></tr>
<tr><td>民族</td><td></td><td>籍贯</td><td></td><td>政治面貌</td><td></td></tr>
<tr><td>身体状况</td><td></td><td>外语能力</td><td></td><td>信息能力</td><td></td></tr>
<tr><td>入学时间</td><td></td><td>毕业时间</td><td></td><td>学历</td><td></td></tr>
<tr><td>专业名称</td><td colspan="3"></td><td>学制</td><td></td></tr>
<tr><td>家庭地址</td><td colspan="4"></td><td>邮政编码</td><td></td></tr>
<tr><td>电子邮箱</td><td colspan="4"></td><td>联系电话</td><td></td></tr>
<tr><td>爱好特长</td><td colspan="6"></td></tr>
<tr><td>在校任职及社会实践情况</td><td colspan="6"></td></tr>
<tr><td>荣誉及获奖情况</td><td colspan="6"></td></tr>
<tr><td colspan="3">院系意见</td><td colspan="4">学校意见</td></tr>
<tr><td colspan="3">院（系）盖章
年　月　日</td><td colspan="4">学校盖章
年　月　日</td></tr>
</table>

注：学生成绩单由学校教务处统一打印并签章，其他证明及自荐材料另附。

图7-13　“就业推荐表”效果图

案例八　制作宣传简章

山东省中医药文化博物馆为全国中医药文化宣传教育基地、山东省中医药文化宣传教育基地、山东省科普教育基地。为了让更多人了解、宣传和参观中医药文化博物馆，也为了让更多人了解和熟悉博大精深的中医药文化，博物馆准备印制一批宣传彩页。请你根据博物馆提供的素材和资料，利用 Word 2016 制作一份山东省中医药文化博物馆简介，本案例的制作效果如图 8-1 所示。

本案例主要练习在 Word 2016 中插入图片、SmartArt 图形和艺术字，以及设置图形文字环绕方式、页面背景等技术和技巧，重点练习和掌握 Word 2016 图文混排技术。

山东省中医药文化博物馆

山东省中医药文化博物馆总建筑面积五千五百余平方米。博物馆馆舍分两部分，东侧部分三层，西侧部分四层，中间以门厅连接，形如两片树叶，形体呈现流线型，形成简洁明快的现代建筑风格。

展馆主要由中医药史馆、中医药专题馆、中药标本馆、人体生命科学馆、山东中医药高等专科学校校史系列馆五个馆组成，并设中医药超市和鉴定中心。目前馆藏2000 余件（套）文物、1000 余本（套）古籍、百余幅字画、百余种奇特大中药标本、上万种中药标本、1000 余件（套）人体标本、200 余件校史文物及相关研究资料。

中医药史馆，以时间为序，将历史发展分为七个时期，反映中国医药学发展的基本脉络与完整过程。中医药专题馆展馆，分为中医理论、针灸推拿、中医养生、中药起原、中药炮制、中药方剂、中药制剂、中医药文化、中医药知识互动体验区等 9 个部分，从不同的方面展示中医药的特色文化。

中药标本馆，展示中药标本五千余件（种），分为茎木类、皮类、根及根茎类、果实种子类、花叶类、全草类、动物类、矿物类、藻菌类、道地药材及饮片、其他类等版块，汇集了川、广、云、贵等全国各地的道地药材、名贵药材、民间草药及部分进口药材。

人体生命科学馆，分为塑化、断层、铸型、大体、骨骼、胚胎等 6 个区展示，直观而全面地展示了人体各大系统的立体形态。

博物馆是一所集教学与科研、观赏与科普教育为一体，面向社会、服务大众的中医药文化博物馆，将精深广博的传统中医药文化与现代中医药发展成果结合，从不同的方面展示中医药的文化内涵，是弘扬医学文化、繁荣祖国医药事业、培养医学人才、普济医药知识和进行学术交流的重要窗口。

中医药文化博物馆的参观路线：

中医药史馆　中医专题馆　中药标本馆　校史陈列馆　人体生命科学馆

博物馆开馆时间安排：

日期	开馆时间
星期二至星期五	9:00-16:00
星期六至星期天	8:300
星期一	闭馆休整

博物馆官方网站：https://museum.sdctcm.edu.cn/

图8-1　“山东省中医药文化博物馆”效果图

一、案例设计

打开“素材\案例 8\山东省中医药文化博物馆.docx”文件，参考图 8-1 所示效果，按照下列要求完成操作。

(1) 将文档的页面纸张大小设置为 A3，纸张方向设置为“横向”，上下左右页边距分别设置为“3 厘米”“2.5 厘米”“2.5 厘米”“2.5 厘米”。

(2) 将文档中除标题外的正文部分文本分为两栏显示，显示中间的分隔线，并将两栏之间的间隔设置为“3 字符”。

(3) 将正文的中文字体设置为“宋体”，西文字体设置为 Times New Roman，字号设置为“四号”。段落格式设置为“首行缩进”，缩进值为“2 字符”，行距设置为“1.3 倍行距”。

(4) 将标题文字“山东省中医药文化博物馆”变为艺术字形式，艺术字的字体设置为“微软雅黑”，字号设置为“小初”，字形设置为“加粗”。艺术字样式设置为“填充-橙色，着色 2，轮廓-着色 2”，并给艺术字添加样式为“内部右上角”的阴影文本效果。将艺术字的水平对齐方式设置为相对于页面居中对齐，垂直对齐方式设置为距上边距下侧“1 厘米”。

(5) 在正文第一段后另起一段。在新段中插入图片“博物馆外景.jpg”，图片宽度设置为“15 厘米”，图片高度设置为“6 厘米”。图片样式设置为“简单框架，白色”，图片段落对齐方式设置为“居中对齐”。

(6) 在以“中医药史馆”开始的段落中插入图片“中医药史馆.png”，将图片的高度设置为“5 厘米”，宽度设置为“8 厘米”。图片的环绕方式设置为“紧密型环绕”，图片样式设置为“透视阴影，白色”。参考效果图，移动图片至段落右侧的合适位置。

(7) 在以“中药标本馆”开始的段落中插入图片“中药标本馆.jpg”，保持图片大小的纵横比，将图片的宽度设置为“5 厘米”，图片的环绕方式设置为“四周型”。将图片样式设置为“金属椭圆”，图片效果设置为“半映像，接触”。参考效果图，移动图片至段落右侧的合适位置。

(8) 将博物馆的参观路线制作成 SmartArt 图形，使其独占一段。设置 SmartArt 图形布局为“基本日程表”，设置 SmartArt 样式为“三维-嵌入型”，更改颜色为“彩色范围-个性色 2 至 3”。将 SmartArt 图形高度设置为“3 厘米”，宽度设置为“15 厘米”，并将段落对齐方式设置为“居中对齐”。最后删除原来的参观路线文本。

(9) 将博物馆的开馆时间安排转换成 4 行 2 列的表格，将表格的宽度设置为窗口的 80%，所有行高设置为“1 厘米”，表格样式设置为“网格表 4-着色 2”。将表格中的字体大小设置为“小四”，并设置所有单元格对齐方式为水平和垂直方向都居中。由此设置整个表格相对页面居中。

(10) 将文本“中医药文化博物馆的参观路线：”“博物馆开馆时间安排：”和“博物馆官方网站：”加粗显示。为官方网址插入对应的超链接，单击超链接可打开该网站。

(11) 在文档的开头处插入名为“博物馆 logo.png”的图片，删除图片背景，使用裁剪工具修改图片，保留 logo 图案。调整 logo 图像大小，图像高度设置为“1.5 厘米”。设置 logo 图像文字环绕方式为“浮于文字上方”，移动图片至页面左上角，并设置 logo 图片与艺术字标题保持“垂直居中”对齐。在文档的最后插入名为“博物馆二维码.png”的图片，使二维码图片的高度和宽度均为“2 厘米”，将图片文字环绕方式设置为“浮于文字上方”，并移动到页面右下角合适位置。

(12) 将文档背景的填充纹理设置为“羊皮纸”效果，将文档的页面边框设置为“阴影”型。

(13) 检查并微调文档所有图文元素，确保所有内容在一个页面中。保存文档，并另存为一个名为“山东省中医药文化博物馆宣传彩页.pdf”的文件。

二、案例分析

(1) 打开文档，单击“布局”选项卡的“页面设置”组中右下角的对话框启动器按钮 ，打开“页面设置”对话框。在“纸张”选项卡中选择纸张类型为 A3；在“页边距”选项卡中，将纸张方向设置为“横向”，上页边距设置为“3 厘米”，其他页边距设置为“2.5 厘米”，如图 8-2 所示，单击“确定”按钮退出页眉设置。

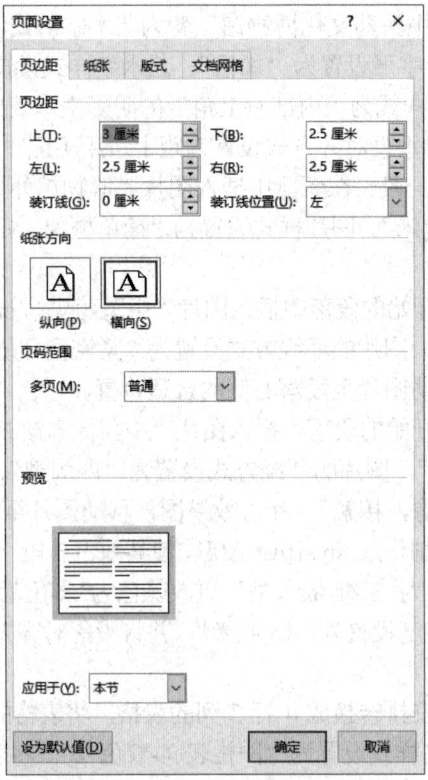

图8-2　“页面设置”对话框

(2) 将正文部分分为两栏显示。

第 1 步：用鼠标选中正文部分文本。

第 2 步：单击“布局”选项卡的“页面设置”组中的“分栏”按钮，在弹出的下拉菜单中选择“更多分栏”命令，打开“分栏”对话框。在对话框中设置栏数为 2，勾选“分隔线”复选框，在“间距”文本框中输入“3 字符”，如图 8-3 所示，单击“确定”按钮退出。

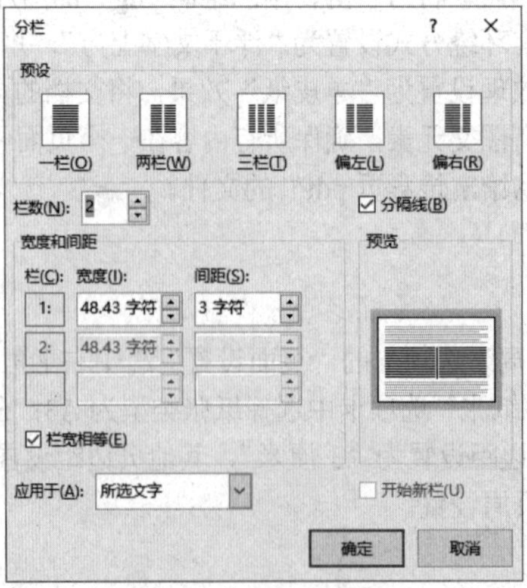

图8-3　“分栏”对话框

(3) 设置正文字体和段落格式有多种方法，前面已多次讲过，本案例操作选用“字体”和“段落”对话框进行设置。

第 1 步：用鼠标选中分栏后的正文文本。

第 2 步：右击并在弹出的快捷菜单中选择“字体”命令，打开“字体”对话框。在对话框中设置中文字体为“宋体”，设置西文字体为 Times New Roman，设置字号为“四号”，单击“确定”按钮退出。

第 3 步：右击并在弹出的快捷菜单中选择“段落”命令，打开“段落”对话框。在对话框中设置特殊格式为“首行缩进”，设置缩进值为“2 字符”，设置行距为“多倍行距”，设置值为“1.3 倍行距”，单击“确定”按钮退出。

(4) 在 Word 2016 中将文字变为艺术字通常有将文本转换艺术字和直接插入艺术字两种方法。

方法1：将文本转换成艺术字

第 1 步：用鼠标选中标题“山东省中医药文化博物馆”，单击“插入”选项卡的“文本”组中的“艺术字”按钮，在弹出的艺术字样式列表中选择“填充-橙色，着色 2，轮廓-着色 2”。

第 2 步：选中艺术字，在“开始”选项卡的“字体”组中设置字体为“微软雅黑”，设置字号为“小初”，设置字形为“加粗”。

第 3 步：选中艺术字，在“绘图工具”上下文选项卡的“艺术字样式”组中，单击“文本效果”按钮，在弹出的下拉列表中选择“阴影-内部右上角”。

第 4 步：选中艺术字，右击并在弹出的快捷菜单中选择“其他布局选项”命令，打开“布局”对话框。在“位置”选项卡中设置水平对齐方式为相对于“页面”居中对齐，在垂直方向设置绝对位置距“上边距”下侧为“1 厘米”，如图 8-4 所示，单击“确定”按钮退出。

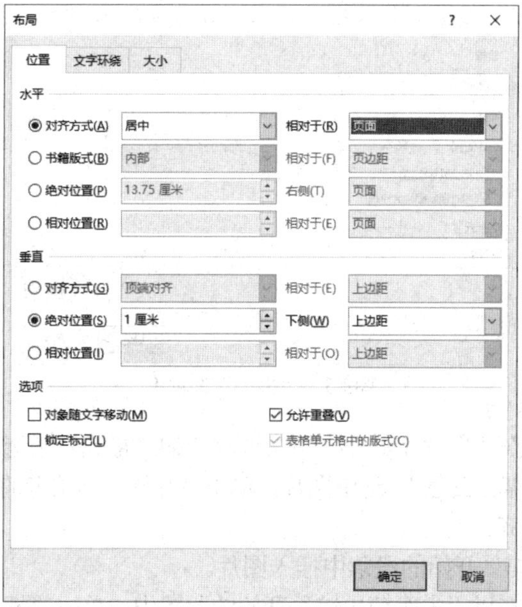

图8-4 “位置”选项卡

方法2：直接插入艺术字

第 1 步：单击“插入”选项卡的“文本”组中的“艺术字”按钮，在弹出的艺术字样式列表中选择“填充-橙色，着色 2，轮廓-着色 2”，在文档中出现艺术字文本框。

第 2 步： 在艺术字文本框中输入文本“山东省中医药文化博物馆”。在“开始”选项卡的“字体”组中设置字体为“微软雅黑”，设置字号为“小初”，设置字形为“加粗”。

第 3 步： 选中艺术字，在“绘图工具”上下文选项卡的“艺术字样式”组中，单击“文本效果”按钮，在弹出的下拉列表中选择“阴影-内部右上角”。

第 4 步： 选中艺术字，右击并在弹出的快捷菜单中选择“其他布局选项”命令，打开“布局”对话框。在“位置”选项卡中设置水平对齐方式为相对于“页面”居中对齐，在垂直方向设置绝对位置距“上边距”下侧为“1 厘米”，如图 8-4 所示，单击“确定”按钮退出。

第 5 步： 删除文档中原来的标题文本“山东省中医药文化博物馆”。

(5) 另起一段并插入图片。

第 1 步： 在正文的第一段后按 Enter 键另起一段。把光标定位在新段中，单击“插入”选项卡的“插图”组中的“图片”按钮，打开“插入图片”对话框。在对话框中选择“素材\案例 8\博物馆外景.jpg”，单击“确定”按钮，将图片插入文档中。

第 2 步： 选中图片，右击并在弹出的快捷菜单中选择“大小和位置”命令，打开“布局”对话框。在“大小”选项卡中取消“锁定纵横比”复选框，设置图片高度为“6 厘米”，设置图片宽度为“15 厘米”，如图 8-5 所示。

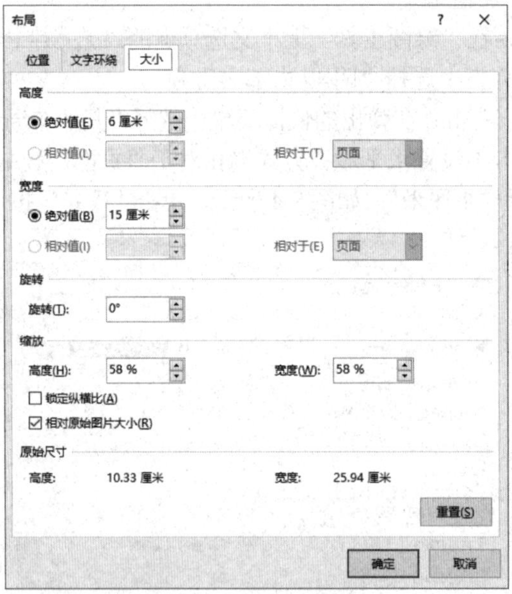

图8-5　“大小”选项卡

第 3 步： 选中图片，在“图片工具”上下文选项卡的“格式”子选项卡的“图片样式”组中设置图片样式为“简单框架，白色”。选中图片，单击“开始”选项卡的“段落”组中的“居中对齐”按钮，使图片居中对齐。

(6) 在以“中医药史馆”开始的段落中插入图片。

第 1 步： 把光标定位在以“中医药史馆”开始的段落中，单击“插入”选项卡的“插图”组中的“图片”按钮，打开“插入图片”对话框。在对话框中选择“素材\案例 8\中医药史馆.png”，单击“确定”按钮，将图片插入文档中。

第 2 步： 选中图片，右击并在弹出的快捷菜单中选择“大小和位置”命令，打开“布局”对话框。在“大小”选项卡中取消“锁定纵横比”复选框，设置图片高度为“5 厘米”，设置图片宽度为“8 厘米”。在“文字环绕”选项卡中设置文字环绕方式为“紧密型”。

第 3 步：选中图片，在“图片工具”上下文选项卡的“格式”子选项卡的“图片样式”组中设置图片样式为“透视阴影，白色”。

第 4 步：选中图片，参考图 8-1，拖动图片到该段落右侧的合适位置。

(7) 在以“中药标本馆”开始的段落中插入图片。

第 1 步：把光标定位在以“中药标本馆”开始的段落中，单击“插入”选项卡的“插图”组中的“图片”按钮 ，打开“插入图片”对话框。在对话框中选择“素材\案例 8\中药标本馆.jpg”，单击“确定”按钮，将图片插入文档中。

第 2 步：选中图片，右击并在弹出的快捷菜单中选择“大小和位置”命令，打开“布局”对话框。在“大小”选项卡中保持锁定纵横比，设置图片宽度为“5 厘米”。在“文字环绕”选项卡中设置文字环绕方式为“四周型”。

第 3 步：选中图片，在“图片工具”上下文选项卡的“格式”子选项卡的“图片样式”组中设置图片样式为“金属椭圆”。

第 4 步：选中图片，在“图片工具”上下文选项卡的“格式”子选项卡的“图片样式”组中单击“图片效果”按钮，在弹出的下拉列表中依次选择“映像”→“半映像，接触”选项。

第 5 步：选中图片，参考图 8-1，拖动图片到该段落右上角的合适位置。

(8) 将博物馆的参观路线制作成 SmatArt 图形。

第 1 步：在以“中医药文化博物馆的参观路线是：”开始的段落后按 Enter 键，另起一段。

第 2 步：单击“插入”选项卡的“插图”组中的 SmartArt 按钮，在打开的“选择 SmartArt 图形”对话框中选择“基本日程表”样式，如图 8-6 所示，单击“确定”按钮完成图形插入。

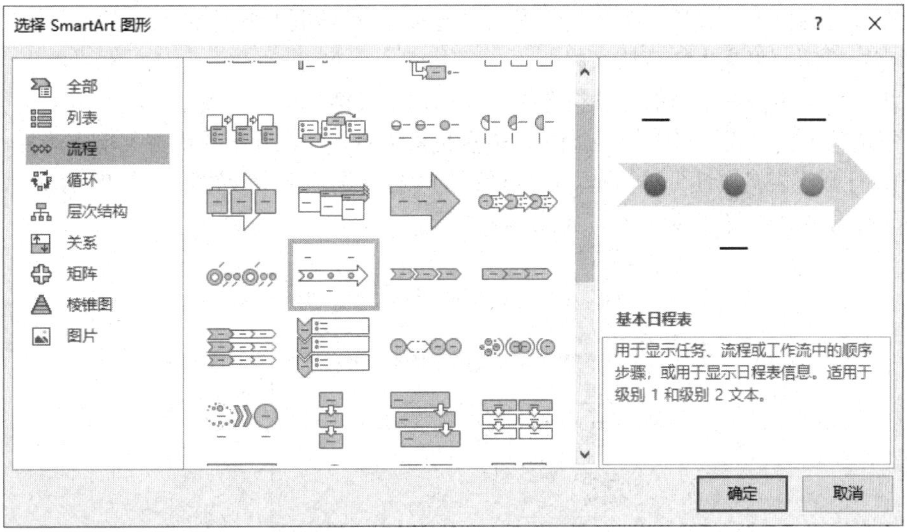

图8-6 “选择SmartArt图形”对话框

第 3 步：单击 SmartArt 图形左侧箭头展开“文本窗格”，在“文本窗格”中输入参观流程，如图 8-7 所示。文本也可以直接在图形中输入。

第 4 步：选中 SmartArt 图形，在“SmartArt 工具”上下文选项卡的“设计”子选项卡的“SmartArt 样式”组中，设置图形样式为三维组中的“嵌入”型。单击“更改颜色”按钮，在弹出的下拉列表中选择彩色组中的“彩色范围-个性色 2 至 3”，如图 8-8 所示。

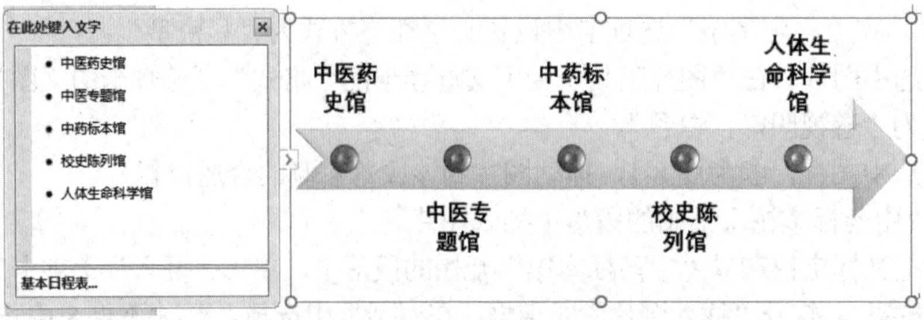

图8-7　SmartArt图形文本窗格

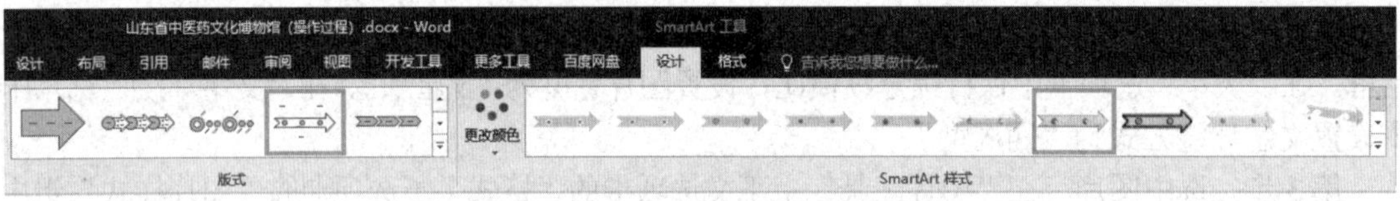

图8-8　SmartArt图形样式设计工具

第 5 步： 选中 SmartArt 图形，右击并在弹出的快捷菜单中选择“其他布局选项”命令，打开“布局”对话框。在“大小”选项卡中，设置高度为“3 厘米”，设置宽度为“15 厘米”。

第 6 步： 单击“开始”选项卡的“段落”组中的“居中对齐”按钮。

第 7 步： 选中原来的参观路线文本，按 Delete 键或 Backspace 键删除。

(9) 将博物馆的开馆时间安排转换成表格。

第 1 步： 选中博物馆开馆时间安排下方的 4 段文本，单击“插入”选项卡的“表格”组中的“表格”按钮，在弹出的下拉列表中选择“文本转换成表格”命令，打开“将文字转换成表格”对话框。在该对话框中，选择文字分隔位置为“逗号”，对话框上方的表格尺寸显示为 2 列 4 行。单击“确定”按钮，将文本转变成表格。

第 2 步： 单击表格左上角的“表格选择”按钮选中表格，单击“表格工具”上下文选项卡的“布局”子选项卡的“表”组中的“属性”按钮(也可以右击，在弹出的快捷菜单中选择“表格属性”命令)，打开“表格属性”对话框。在对话框的“行”选项卡中设置行高为“1 厘米”，在“表格”选项卡中设置表格宽度为 80%，如图 8-9 所示。

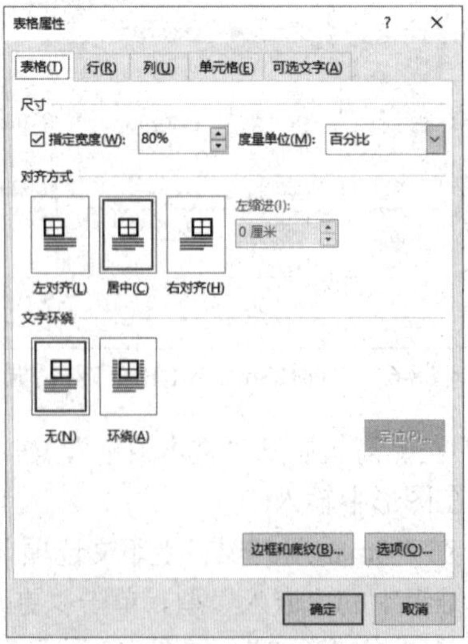

图8-9　“表格属性”对话框

第 3 步： 选中表格，在“表格工具”上下文选项卡的“设计”子选项卡的“表格样式”组中设置表格样式为“网络表 4-着色 2”，如图 8-10 所示。

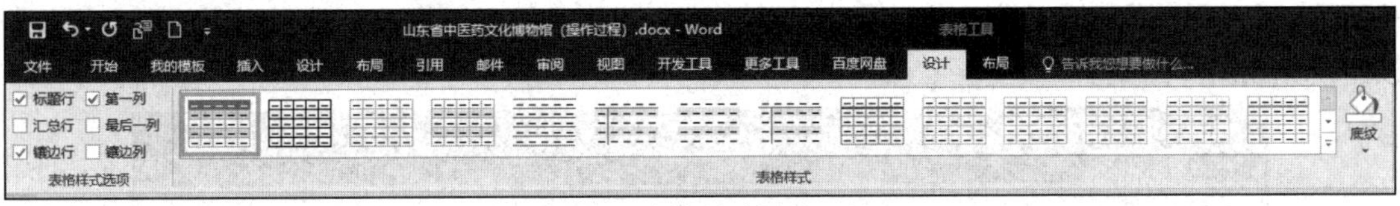

图8-10 表格样式设计工具

第 4 步： 选中表格，在“开始”选项卡的“字体”组中设置字号为“小四”。

第 5 步： 选中表格，在“表格工具”上下文选项卡的“布局”子选项卡的“对齐方式”组中设置水平和垂直方向都居中的对齐方式；也可以通过右击，在弹出的快捷菜单的“单元格对齐方式”子列表中选择水平和垂直方向都居中的对齐方式。

(10) 将几个文本加粗显示，并为官方网址插入对应的超链接。

第 1 步： 按 Ctrl 键，连续选择文本“中医药文化博物馆的参观路线是：”“博物馆开馆时间安排：”和“博物馆官方网站：”，在“开始”选项卡的“字体”组中单击“加粗”按钮。

第 2 步： 选择文本 https://museum.sdctcm.edu.cn/，单击“插入”选项卡的“链接”组中的“超链接”按钮，打开“插入超链接”对话框。在对话框中输入超链接的网址，如图 8-11 所示，单击“确定”按钮完成超链接的插入。

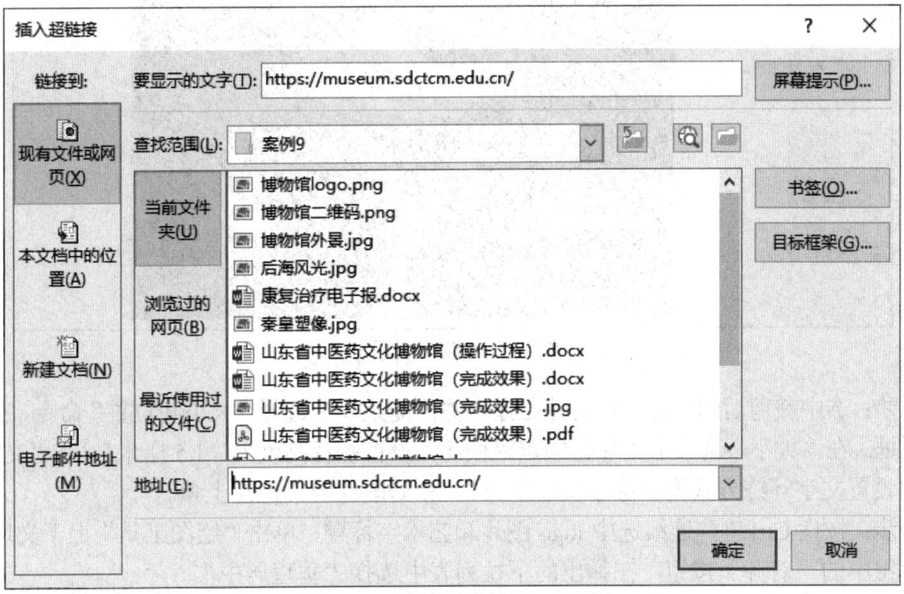

图8-11 “插入超链接”对话框

(11) 插入 logo 图片并设置图片效果。

第 1 步： 将光标定位在文档开头处，单击“插入”选项卡的“插图”组中的“图片”按钮，打开“插入图片”对话框。在对话框中选择“素材\案例 8\博物馆 logo.png”，单击“确定”按钮，将图片插入文档中。

第 2 步： 选中图片，单击“图片工具”上下文选项卡的“调整“组中的“删除背景”按钮，进入背景删除状态。参考图 8-12，适当调整要保留和要删除的标记，确保 logo 图形处于保留范围，单击“保留更改”按钮完成背景删除。

第 3 步：选中删除背景后的图片，单击“图片工具”上下文选项卡的“大小”组中的“裁剪”按钮，进入图片的裁剪状态。拖动 4 个边的边线，调整保留 logo 图形，然后再次单击“裁剪”按钮，完成图片的裁剪。

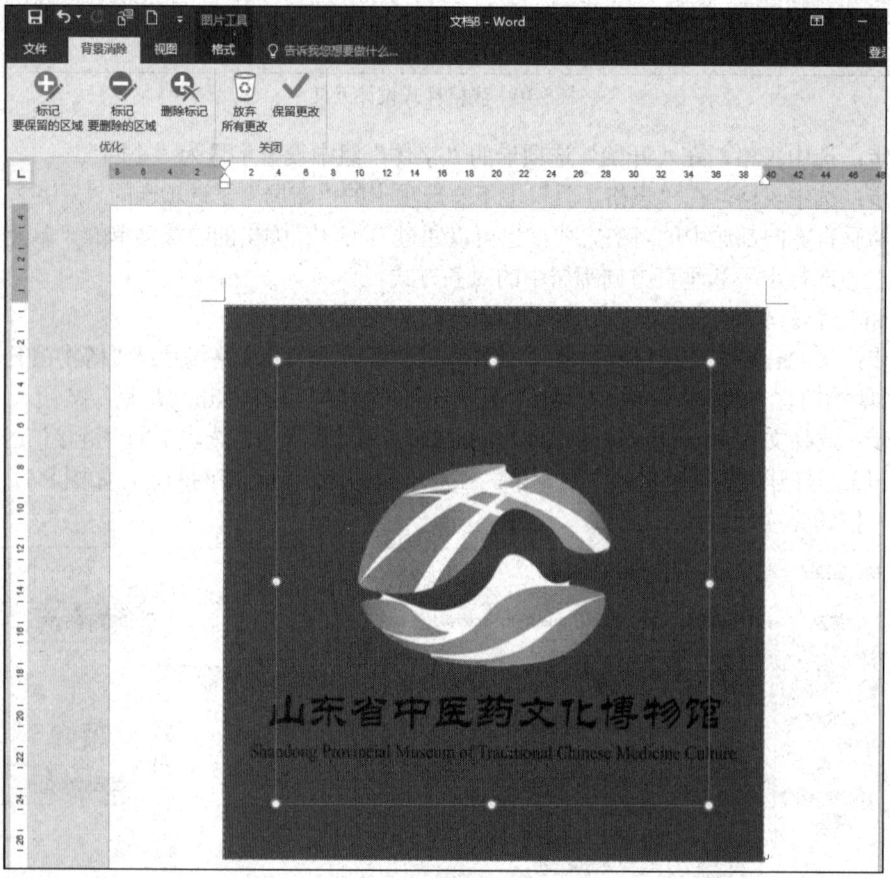

图8-12　删除图片背景

第 4 步：选中裁剪后的图片，右击并在弹出的快捷菜单中选择“大小和位置”命令，打开“布局”对话框。在“大小”选项卡中保持锁定纵横比，设置图片高度为“1.5 厘米”。在“文字环绕”选项卡中设置文字环绕方式为“浮于文字上方”，移动图片至文档左上角。

第 5 步：按住 Ctrl 键，连续选中 logo 图片和艺术字标题，单击“绘图工具”上下文选项卡的“排列”组中的“对齐”按钮，在弹出的下拉列表中选择“垂直居中”。

第 6 步：将光标定位在文档的结尾处，单击“插入”选项卡的“插图”组中的“图片”按钮，打开“插入图片”对话框。在对话框中选择“素材\案例 8\博物馆二维码.png”，单击“确定”按钮，将图片插入文档中。

第 7 步：选中二维码图片，右击并在弹出的快捷菜单中选择“大小和位置”命令，打开“布局”对话框。在“大小”选项卡中设置图片高度和宽度均为“2 厘米”。在“文字环绕”选项卡中设置文字环绕方式为“浮于文字上方”，移动图片至文档右下角的合适位置，确保文档处于一页范围。

(12) 设置文档背景和页面边框。

第 1 步：单击“设计”选项卡的“页面背景”组中的“页面颜色”按钮，在弹出的列表中选择“填充效果”命令，打开“填充效果”对话框。在该对话框的“纹理”选项卡中设置文档的背景纹理为“羊皮纸”效果，如图 8-13 所示，单击“确定”按钮退出纹理设置。

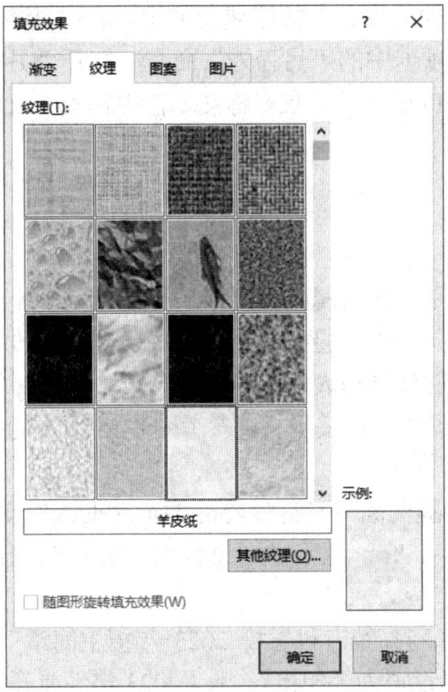

图8-13 “填充效果”对话框

第 2 步：单击“设计”选项卡的“页面背景”组中的“页面边框”按钮，打开“边框和底纹”对话框。在该对话框的“页面边框”选项卡中设置页面边框为“阴影”，如图 8-14 所示，单击“确定”按钮退出页面边框设置。

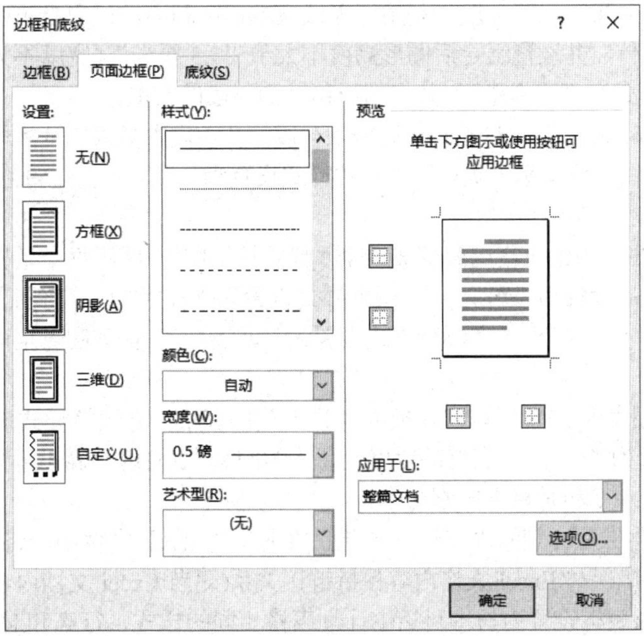

图8-14 “边框和底纹”对话框

(13) 微调所有元素并将文档另存为 PDF 格式。

第 1 步：检查文档是否在一个页面中。如果不在一个页面中，适当调整图片的位置和大小。

第 2 步：单击快捷菜单中的“保存”按钮或者使用 Ctrl+S 组合键保存文档。

第 3 步：单击“文件”选项卡中的“另存为”命令，打开“另存为”对话框。在该对话框的“保存类型”下拉列表中选择 PDF 格式，在名称文本框中输入“山东省中医药文化博物馆宣传彩页”，单击“保存”按钮。

三、案例拓展1

山东中医药高等专科学校是一所省属全日制普通高等专科学校，为国家中医药管理局重点建设院校、全国职业院校数字校园建设实验校、全国中医药文化宣传教育基地、国家中医药管理局中药炮制技术传承基地、山东省技能型人才培养特色名校。学校每年高考前都要向社会发布新一年的招生计划，请你根据学校提供的相关资料，参考图 8-15 所示的效果图，帮助学校招生部门设计一份招生简章。

打开“素材\案例 8\山东中医药高等专科学校招生简章.docx”文件，按照下列要求进行操作。

(1) 将文档纸张大小设置为 A4，纸张方向设置为“纵向”，上下左右页边距均设置为“2.5 厘米”。

(2) 将标题文本“山东中医药高等专科学校 2023 年招生简章”的字体设置为“微软雅黑”，字体大小设置为“二号”，字形设置为“加粗”。从“2023 年”前开始分为两段显示，并将段落对齐方式设置为“居中对齐”。将标题文字效果设置为“填充-蓝色，着色 1，轮廓-背景 1，清晰阴影-着色 1”，并更改字体颜色为“深红”。

(3) 将正文字体设置为“宋体”，字号设置为“四号”；段落格式设置为“首行缩进”，缩进值为“2 字符”，行距设置为“单倍行距”。

(4) 参考图 8-15 效果，在第一段后利用图形或文本框绘制学校历史沿革图。将绘制好的图形对齐后组合成一个整体，并设置组合后图形高度不大于“5.5 厘米”，宽度不大于“6.5 厘米”。设置图形的文字环绕方式为“四周型”，并将图形移动到该段的右侧。

(5) 在以“建校 65 年来”开始的段落后插入一段。在该段中插入图片“学校风光.jpg”，适当裁剪图片大小，使该图片位于第 1 页内。将图片样式设置为“棱台亚光，白色”，段落对齐方式设置为“居中对齐”。

(6) 将正文中学生人数的表格内容变成一个“簇状柱形图”，展示每个系男女生人数和总人数的对比情况。图表布局设置为“布局 1”，图表样式设置为“样式 11”。将图表的宽度设置为“10 厘米”，高度设置为“5 厘米”，文字环绕方式设置为“四周型”，移动图表至段落右侧，并删除原来的表格内容。

(7) 将本科招生计划后的 3 行内容转换成 3 行 5 列的表格。将表格样式设置为“网格表 4-着色 2”，表格字号设置为“五号”，表格的宽度设置为 100%，表格的行高设置为“0.5 厘米”，单元格的对齐方式设置为水平和垂直方向都居中。

(8) 普通专科招生专业计划的内容位于“专业招生计划.xlsx”文件中，将该 Excel 表格的前 5 列内容导入文档中，确保与 Excel 表格内容保持链接关系(即当 Excel 文档内容更新后，该文档打开时同步更新)。将该表格设置为与本科招生计划表格相同的样式、行高和对齐方式等。

(9) 给文档添加图片背景，图片背景名称为“背景.png”。

(10) 在文档的最下方插入样式为“填充-橙色，着色 2，轮廓-着色 2”的艺术字，艺术字文本为“欢迎大家报考我校！”。艺术字字体设置为“华文行楷”，字号设置为“一号”，字形设置为“加粗”。为艺术字添加“左上角透视”的阴影文本效果，并移动艺术字到第 2 页页面右下角位置。

(11) 保存文档，同时另存文档为同名的 PDF 格式文档。

图8-15 “学校招生简章”效果图

四、案例拓展2

新冠感染转入治疗和康复的新阶段后，学校康复治疗校刊编辑部正在筹备新一期《康复治疗》电子报，重点介绍重症患者的康复治疗相关知识。请你依据编辑部现有的文字和图片素材，参考图 8-16 所示效果，利用 Word 2016 完成《康复治疗》电子报的编排。

打开“素材\案例 8\康复治疗电子报.docx”文件，按以下要求完成操作。

(1) 将文档的纸张大小设置为 A3，纸张方向设置为“横向”，上下左右页边距分别设置为“3 厘米”“3 厘米”“2 厘米”和“2 厘米”。

(2) 将文档分为两栏，栏间距设置为“2 字符”。

(3) 将标题“康复治疗”的字体设置为“楷体”，大小设置为 95 磅，字形设置为“加粗”，字体颜色设置为“深红”。为该段设置段落下框线，将框线宽度设置为“2.25 磅”，框线颜色设置为“深红”。

(4) 在标题右侧添加“绘制文本框”并在文本框中输入“2023 年 5 月 11 日星期四”，分三行显示，并设置在文本框内“居中对齐”。将文本框内字体设置为“黑体”，字号设置为“四号”，字形设置为“加粗”。将文本框框的颜色设置为“黑色，文字 1”，框线的宽度设置为“2.25 磅”，文本框的形状填充设置为“无填充颜色”，将文本框的宽和高均设置为“3.5 厘米”，并调整文本框位置至标题右侧。

(5) 将文档中的其他正文字体设置为“宋体”，字号设置为“四号”；段落格式设置为“首行缩进”，缩进值设置为“2 字符”，行距设置为“1.5 行”。

(6) 将文字“新冠引起的重症肺炎的康复治疗”及下一段文字变为文本框。将文本框内文字的段落行距设置为“26 磅”，设置该文本框为“无框线”。将文本框环绕方式设置为“浮于文字上方”，并将该文本框移动到右侧一栏。

(7) 将文字“肺功能康复训练和评分系统”及下三段文字变为文本框。将文本框内文字的段落行距设置为“26 磅”，将该文本框的框线设置为“短划线”，框线宽度设置为“1.5 磅”。将文本框环绕方式设置为“浮于文字上方”，并将该文本框移动到右侧一栏。

(8) 在“新冠病毒消息速递”上面插入横线，将横线的宽度设置为 80%，高度设置为“1.5 磅”，对齐方式设置为“居中对齐”。

(9) 参考图 8-16，将文档中的第一个图片样式设置为“柔化边缘矩形”，图片的宽度设置为“6.7 厘米”，图片的高度设置为“4.5 厘米”，将图片的环绕方式设置为“四周型”，并移动图片至横线上方右侧的合适位置。将文档中第二个图片的样式设置为“柔化边缘椭圆”，图片的宽度设置为“7.5 厘米”，图片的高度设置为“6.5 厘米”，将图片的环绕方式设置为“紧密型”，并移动图片至横线下方左侧的合适位置。调整图片位置，确保文本内容居中在左侧一栏。将第三张图片样式设置为“映像圆角矩形”，图片的宽度设置为“8.5 厘米”，图片的高度设置为“4.2 厘米”，将图片的环绕方式设置为“浮于文字上方”，并移动图片至右侧一栏。

(10) 在“国家卫生健康委员会发布公告”后面插入脚注，脚注内容为 http://www.nhc.gov.cn/。

(11) 将文字“什么是康复治疗？”的字体设置为“微软雅黑”，字号设置为“三号”，字形设置为“加粗”，对齐方式设置为“居中对齐”。为文字“新冠病毒消息速递”“新冠引起的重症肺炎的康复治疗”和“肺功能康复训练和评分系统”应用同样的格式。

(12) 在版面右侧一栏的上方插入一个文本框并输入“康复技术交流”，将字体设置为“宋体”，字号设置为“四号”。设置文本框为“无填充”颜色，并在文本框下方插入一条水平直线，设置线宽为“2.25 磅”，颜色为“黑色，文字 1”，调整位置至右侧一栏上方。

(13) 在文档的最后插入艺术字，艺术字文本为“传承中医知识，保护人民健康！”，并分为两行显示。将艺术字的样式设置为“填充红色，着色 2，轮廓-着色 2”，艺术字的字体设置为“隶书”，字号设置为“二号”。移动艺术字至右侧一栏的右下角处。

(14) 参考图 8-16，调整右侧一栏的图片和文本框的相对位置，使第三张图片和无框线的文本框在水平方向居中对齐，使显示边框的文本框与艺术字在水平方向居中对齐。

(15) 在页脚处输入“主办：学校康复协会 责任编辑：焉旭光”，并将段落对齐方式设置为“右对齐”。

(16) 设置文档的填充纹理为“再生纸”。

(17) 保存文档，再另存一份同名的 PDF 文档。

康复技术交流

康复治疗

2023 年
5 月 11 日
星期四

什么是康复治疗?

康复治疗（rehabilitation treatmen,rehabilitation care）是康复医学的重要内容，是使病、伤、残者身心健康与功能恢复的重要手段，也是病、伤残综合治疗的一个组成部分。康复治疗常与药物疗法、手术疗法等临床治疗综合进行。

我国拥有 14 亿多人口和 6 千万之多的残疾人。我国现有康复治疗师不足 6000 人，每 10 万人口仅分摊不足 0.4 名。在西方发达国家康复医师与康复治疗师的比例要求达到 1：5 到 1：10。

新冠病毒消息速递：

2022 年 12 月 26 日，国家卫生健康委员会发布公告[1]，将新型冠状病毒肺炎更名为新型冠状病毒感染。经国务院批准，自 2023 年 1 月 8 日起，解除对新型冠状病毒感染采取的《中华人民共和国传染病防治法》规定的甲类传染病预防、控制措施；新型冠状病毒感染不再纳入《中华人民共和国国境卫生检疫法》规定的检疫传染病管理。

[1] http://www.nhc.gov.cn/

新冠引起的重症肺炎的康复治疗

关于重症肺炎的康复，应尽早进行干预，在早期，肺康复的重点是肺复张。此时，对于患者的体位和护理非常重要，其中，俯卧位通气是促进肺复张，改善氧饱和度的一项重要护理康复方案。俯卧位通气即通过翻身将患者置于俯卧位状态进行机械通气。通过俯卧位通气，可以促进背侧肺泡复张，改善通气血流比值，通过重力作用，可以将气管内分泌物得到充分的引流，并减少了心脏、纵膈等脏器组织对肺部的压迫，从而增加通气量，改善氧合，降低死亡率。此时，我们还需要进一步的肺功能康复训练，以促进肺功能的完全康复。同时，俯卧位同样适用于轻症或者非机械通气的重症患者，每天建议俯卧位时间不少于 10-12 小时。

肺功能康复训练和评分系统

肺功能训练仪可以逐渐提高肺活量设置来锻炼患者的肺通气功能，并可通过肺功能评分系统来评估患者肺功能的康复水平。通过序贯的肺康复训练治疗，可以明显提高重症肺炎患者的治愈率，并减少病情的复发，有效改善患者的通气功能和生活质量。

另外，中药、穴位贴敷和针灸等中医治疗对于肺康复也有很好的辅助效果，我院使用的桑菊饮、银翘散、麻杏石甘汤等中药方在广大轻中重症患者的康复中发挥了重要作用。

当然，对于重症肺炎的治疗康复，在重症康复当中，除了肺功能康复之外，其他的胃肠功能、心功能、肢体运动功能以及精神心理康复等同样非常重要，我们通过综合治疗和康复为重症患者的健康保驾护航！

传承中医知识，
保护人民健康！

图8-16 “康复治疗电子报”效果图

案例九 批量制作邀请函、请柬

为促进大学生的就业，学校将召开毕业生就业双选会，需要给用人单位发送一批邀请函。学校就业指导中心已经草拟了一份邀请函，用人单位的信息存储在名为“招聘会通讯录.xlsx”的 Excel 工作簿中。请协助就业指导中心的负责老师利用邮件合并功能给每一个参会单位打印一份邀请函，邀请函效果图如图 9-1 所示。

邮件合并功能是批量制作邀请函、请柬等公文的利器。本案例重点练习邮件合并功能设置步骤和设置技巧等。

图9-1 “双选会邀请函”效果图(部分)

一、案例设计

打开“素材\案例 9\招聘会邀请函\招聘会邀请函.docx”文件，按下列要求完成操作。

(1) 将邀请函的纸张大小设置为 A4，上下左右页边距分别设置为“8 厘米”“2 厘米”“2 厘米”和“2 厘米”。

(2) 将开头文字“尊敬的:”的字体设置为“黑体”，字号设置为“三号”，字形设置为“加粗”，段落对齐方式设置为“左对齐”。

(3) 将“山东中医药高等专科学校就业指导中心”和“2023 年 5 月 8 日”字体设置为“宋体”，字号设置为“四号”，字形设置为“加粗”，段落对齐方式设置为“右对齐”。将“2023 年 5 月 8 日”段落右侧缩进设置为“2 字符”。

(4) 将邀请函正文部分字体设置为“黑体”，字号设置为“四号”。段落特殊格式设置为“首行缩进”，缩进值设置为“2 字符”。

(5) 将“电话”“邮箱”“网址”三段的左侧缩进设置为“2 字符”。

(6) 在文档中插入“招聘会邀请函背景.jpg”图片文件，设置图片的文字环绕方式为“衬于文字下方”，调整图片大小使之充满整个文档页面。

(7) 将该文档作为主文档与“招聘会通讯录.xlsx”文件进行邮件合并。在主文档中插入联系人姓名和称谓，如果性别为“男”则显示为“先生”，如果性别为“女”则显示为“女士”。删除收件人列表中的空白行，将邀请函合并到一个文档中，每页只能包含一个邀请人。

(8) 保存主文档，并将合并生成的文件保存为“邀请函合并.docx”。

二、案例分析

(1) 打开文档，单击“页面布局”选项卡的“页面设置”组右下角的对话框启动器按钮，打开“页面设置”对话框。在“纸张”选项卡中选择纸张类型为 A4。在“页边距”选项卡中，设置上下左右页边距分别为“8 厘米”“2 厘米”“2 厘米”和“2 厘米”。

(2) 用鼠标选中“尊敬的:”，在“开始”选项卡的“字体”组中设置字体为“黑体”，字号设置为“三号”，字形设置为“加粗”，段落对齐方式设置为“左对齐”。

(3) 用鼠标选中文档中最后两行文本，在“开始”选项卡的“字体”组中设置字体为“宋体”，字号设置为“四号”，字形设置为“加粗”。单击“段落”组中的“右对齐”按钮，使最后两行文本靠右对齐。用鼠标选中最后一行的日期文本，右击并在弹出的快捷菜单中选择“段落”命令，打开“段落”对话框，在对话框中将右侧缩进设置为“2 字符”。

(4) 用鼠标选中正文文本。在“开始”选项卡的“字体”组中将字体设置为“黑体”，字号设置为“四号”。右击并在弹出的快捷菜单中选择“段落”命令，在“段落”对话框中将特殊格式选择为“首行缩进”，缩进值设置为“2 字符”。

(5) 用鼠标选中“电话”、“邮箱”和“网址”三段文字，右击并在弹出的快捷菜单中选择“段落”命令，打开“段落”对话框，在对话框中将左侧缩进设置为“2 字符”。

(6) 插入图片并作相应设置。

第 1 步：单击“插入”选项卡的“插图”组中的“图片”按钮，弹出“插入图片”对话框。在对话框中找到“招聘会邀请函背景.jpg”文件，单击“插入”按钮，插入背景图片。

第 2 步：用鼠标单击图片，单击“图片工具”上下文选项卡的“排列”组中“环绕文字”按钮，在弹出的下拉列表中选择“衬于文字下方”；也可以使用鼠标右键，在弹出的快捷菜单中选择“大小和位置”命令，弹出“布局”对话框，在该对话框中设置文字环绕方式为“衬于文字下方”。

第 3 步：拖动图片四周的控制柄，使图片充满整个页面。

(7) 本操作为邮件合并的重点步骤。

第 1 步：单击“邮件”选项卡的“开始邮件合并”组中的“开始邮件合并”按钮，在弹出的下拉列表中选择“信函”，如图 9-2 所示。

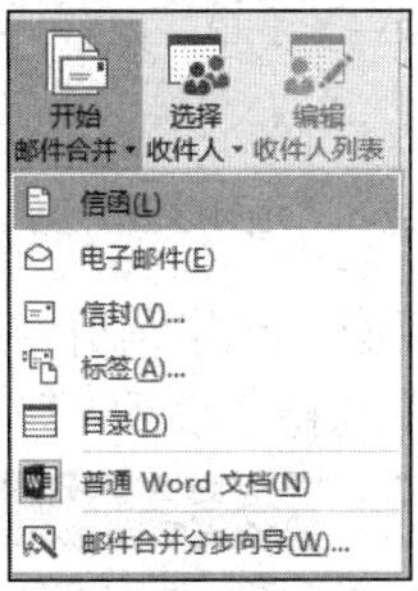

图9-2　“开始邮件合并”列表

第 2 步：单击“邮件”选项卡的“开始邮件合并”组中的“选择收件人”按钮，在弹出的下拉列表中选择“使用现有列表”，如图 9-3 所示。打开“选取数据源”对话框，在该对话框中选择“招聘会通讯录.xlsx”文件，如图 9-4 所示。然后在打开的“选择表格”对话框中选择通讯录表格，如图 9-5 所示。

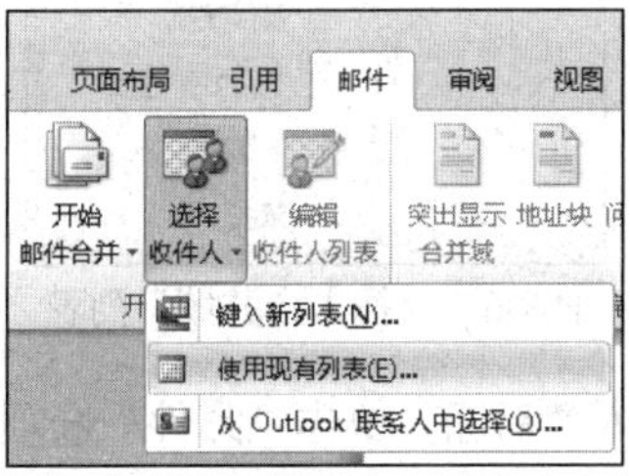

图9-3　“选择收件人”列表

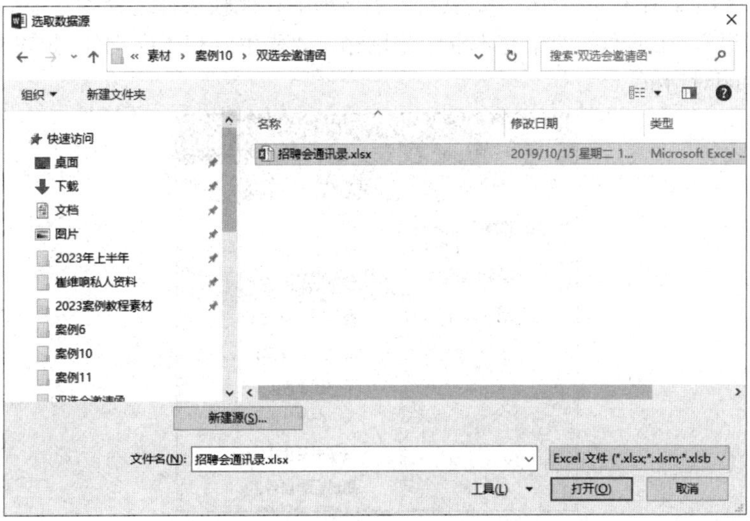

图9-4　“选取数据源”对话框

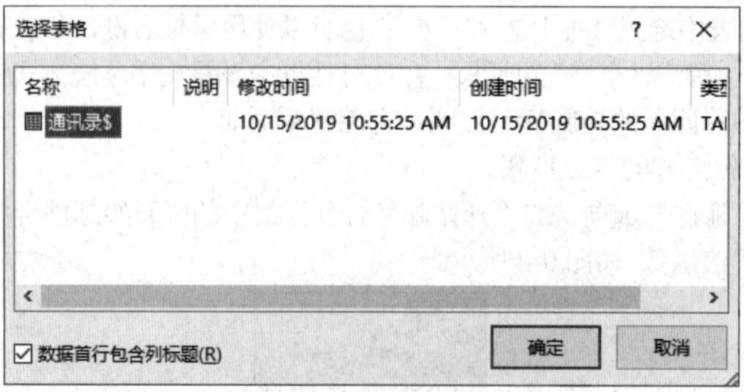

图9-5　“选择表格”对话框

第 3 步：将光标定位在“尊敬的”后面，单击“邮件”选项卡的“编写和插入域”组中的“插入合并域”按钮，在弹出的下拉列表中选择“联系人”字段，如图 9-6 所示。

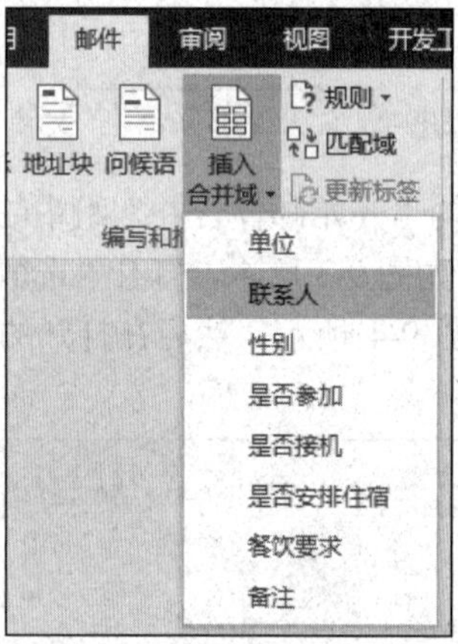

图9-6　“插入合并域”列表

第 4 步：将光标定位在“联系人”后面，单击“邮件”选项卡的“编写和插入域”组中的“规则”按钮，在弹出的下拉列表中选择“如果…那么…否则”，如图 9-7 所示，打开“插入 Word 域：IF”对话框。在对话框中将域名选择为“性别”，比较条件选择为“等于”，在比较对象文本框中输入“男”，在下面的两个文本框中分别输入“先生”和“女士”，如图 9-8 所示，单击“确定”按钮关闭对话框。

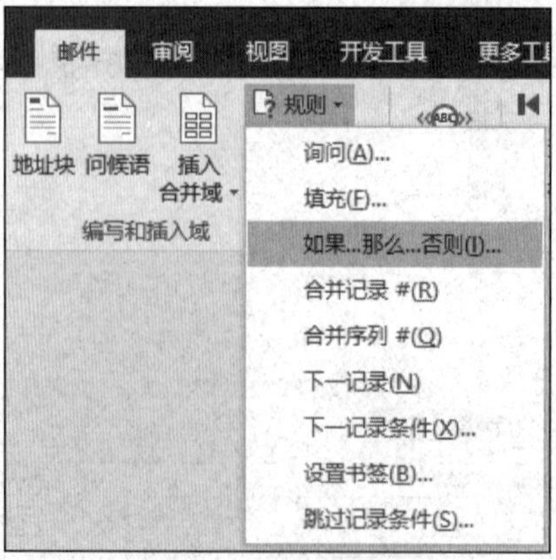

图9-7　“规则”列表

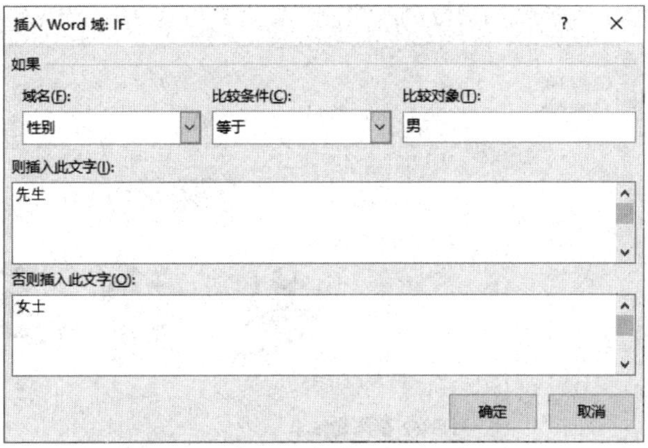

图9-8　“插入Word域：IF”对话框

第 5 步：单击“邮件”选项卡的“开始邮件合并”组中的“编辑收件人列表”按钮，弹出“邮件合并收件人”对话框。在该对话框中，将后面 5 行空白的内容取消复选框的勾选状态，如图 9-9 所示，单击“确定”按钮关闭对话框。

图9-9　“邮件合并收件人”对话框

第 6 步：单击“邮件”选项卡的“预览结果”组中的“预览结果”按钮，主文档中的“域”变成了表格中的首条记录插入后的效果，如图 9-10 所示。可通过单击“预览结果”按钮右侧的左右箭头查看多条记录合并后的效果。

第 7 步：单击“邮件”选项卡的“完成”组中的“完成并合并”按钮，在弹出的下拉列表中选择“编辑单个文档”，如图 9-11 所示。在打开的“合并新文档”对话框中选择全部或部分记录，如图 9-12 所示，单击“确定”按钮完成邮件合并，并生成一个新的文档。

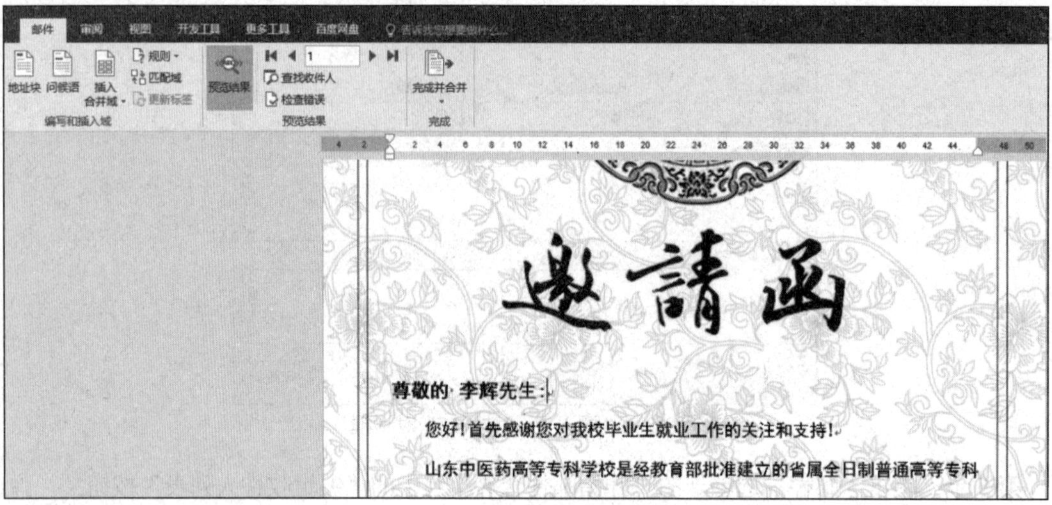

图9-10 “预览结果”界面

图9-11 “完成并合并”列表

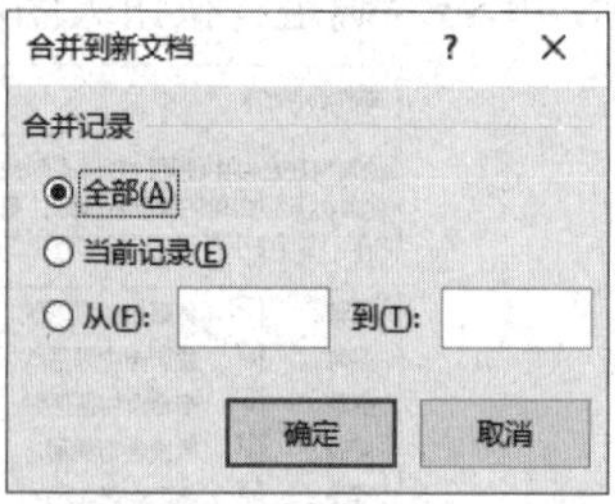

图9-12 “合并到新文档”对话框

第 8 步：检查新生成的文档是否有空白页，如有请删除。

(8) 切换到主文档，单击保存按钮或者按 Ctrl+S 组合键进行保存。切换到新合成后的文档，将新文档保存为“邀请函合并.docx”，与主文档放在同一目录下。

三、案例拓展1

2023 年要召开国际中医药大会，大会计划邀请一批专家学者进行主旨演讲。小王是大会组委会的工作人员，他负责给大会拟邀请的专家学者每人发送一份会议请柬，组委会拟邀请的人员名单保存在“素材\案例 9\中医药大会通讯录.xlsx”文件中。请你利用 Word 2016 的邮件合并功能帮助小王完成这次任务，会议请柬的完成效果如图 9-13 所示。

打开“素材\案例 9\中医药大会请柬.docx”文件，按以下要求完成操作。

(1) 将请柬的纸张大小设置为 A4，纸张方向设置为“横向”，上下页边距设置为“2.5 厘米”，左右页边距设置为“3 厘米”，页眉页脚距边界距离设置为“1.5 厘米”。

(2) 将文字“2023 年国际中医药大会”的字体设置为“黑体”，字号设置为“一号”，字体颜色设置为“深红”，字形设置为“加粗”，段落对齐方式设置为“居中对齐”。将文字“请柬”的字体设置为“微软雅黑”，字号设置为“小初”，字符间距设置为加宽“5 磅”，字形设置为“加粗”，字体颜色设置为“深红”，段落对齐方式设置为“居中对齐”。

(3) 将文字“尊敬的：” 的字体设置为“微软雅黑”，字号设置为“小二”，字形设置为“加粗”。将文字“2023 年国际中医药大会组委会”和“2023 年 4 月 1 日”的字体设置为“宋体”，字号设置为“小三”，字形设置为“加粗”，段落对齐方式设置为“右对齐”。

(4) 将请柬的正文部分字体设置为“黑体”，字号设置为“四号”。段落行距设置为“1.5 倍行距”，特殊格式设置为“首行缩进”，缩进值设置为“2 字符”。

(5) 将请柬的背景纹理效果设置为“羊皮纸”。

(6) 参考图 9-13 给文档设置艺术型边框。

(7) 在文档的最后插入一个正圆形图形，图形的高度和宽度均设置为“4.2 厘米”，形状填充设置为“无填充”，形状轮廓设置为“红色”，粗细为“3 磅”。继续插入一个五角星图形，形状填充和形状轮廓均设置为“红色”，将五角星的高度和宽度均设置为“1.2 厘米”。同时选中圆形和五角星图形，将两个图形的对齐方式设置为“水平居中对齐”和“垂直居中对齐”，并组合成一个整体。

(8) 在文档中插入一个文本框，在文本框中输入文字“2023 年国际中医药大会”，字体设置为“宋体”，字号设置为“小三”，字形设置为“加粗”，颜色设置为“红色”，字符间距设置为加宽“2 磅”，形状填充设置为“无填充”，形状轮廓设置为“无轮廓”。将文本效果设置为“上弯弧”，将文本框的宽度设置为“4.7 厘米”，高度设置为“4.7 厘米”。继续插入一个文本框，在文本框中输入文字“组委会”，字体设置为“宋体”，字号设置为“小三”，字形设置为“加粗”，颜色设置为“红色”，字符间距设置为加宽“2 磅”，形状填充设置为“无填充”，形状轮廓设置为“无轮廓”。调整两个文本框与前面绘制的圆形和五角星组合图形的相对位置，设置完成后再组合成一个整体印章，并将印章移动到最后一行落款的上面。

(9) 利用邮件合并功能，将“中医药大会通讯录.xlsx”中的单位和姓名信息自动填写到“尊敬的”后面，并根据通讯录中的性别信息在姓名后添加“女士”(性别为女)或“先生”(性别为男)。要求生成的请柬中，女士排在前面且每人独占一页请柬。

(10) 请柬合并完成后，将主文档原名保存。为生成的请柬插入“羊皮纸”纹理背景，并将新文档的保存为“中医药大会请柬合并.pdf”(注意：背景不能参与邮件合并，合并完成后需要重新设置)。

图9-13　“国际中医药大会请柬合并”效果图(部分)

四、案例拓展2

为规范管理，校学生会要为每一位成员制作一份工作证，要求证件中显示照片、姓名和职务等信息。校学生会成员的信息都保存在“学生会情况表.xlsx”文件中，照片也按照表格中的信息进行了命名。请你利用 Word 2016 的邮件合并功能快速制作所有成员的工作证，学生会工作证完成效果可参考图 9-14。

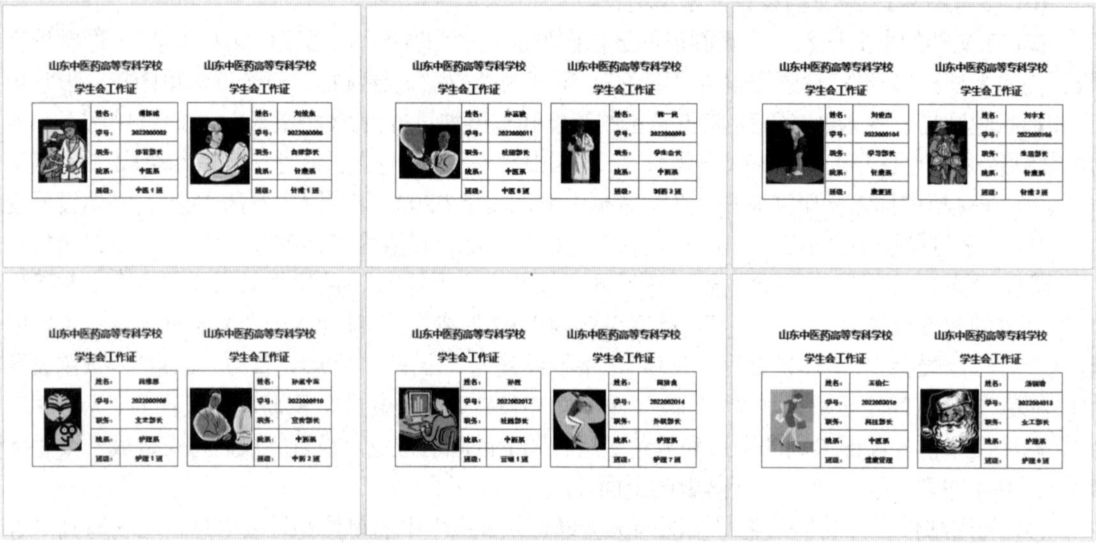

图9-14　“学生会工作证合并”效果图(部分)

打开“素材\案例 9\学生会工作证\学生会工作证.docx”文件，按下列要求完成操作。

(1) 打开“学生会工作证.docx”文件，将纸张大小为 A4，纸张方向设置为“横向”，上边距设置为“4 厘米”，下边距设置为“5 厘米”，左右边距均设置为“2.5 厘米”。

(2) 把页面分为两栏，栏间距设置为“2 字符”。

(3) 在证件标题的下方插入一个 5 行 3 列的表格，合并第一列的单元格，在第二列单元格中分别输入“姓名：”“学号：”“职务：”“院系：”和“班级：”。将表格的行高设置为“1.5 厘米”，第一列列宽设置为“4.8 厘米”，第二列列宽设置为“2.4 厘米”，第三列列宽设置为“4.9 厘米”，将表格的段落对齐方式设置为“居中对齐”。

(4) 将表格中的文本字体设置为“黑体”，字号设置为“三号”，字体颜色设置为“深蓝”，将表格中所有单元格对齐方式设置为水平和垂直方向都居中。将表格边框颜色设置为“橙色，个性色 2，深色 50%”，框线宽度设置为“1 磅”，在表格属性中设置取消表格的“自动重调尺寸以适应内容”。

(5) 设置证件的标题文字的字体为“微软雅黑”，字号为“小一”，设置字体的颜色为“深蓝”，并设置段落对齐方式为“居中”。将“学生会工作证”的段前和段后间距设置为“0.5 行”。

(6) 在合并后的单元格内插入一个域名为 Include Picture 的文档部件，文档部件插入文件的名字为任意字符，如 111。将图片部件的宽度设置为“3.5 厘米”，高度设置为“5.3 厘米”。

(7) 利用邮件合并的目录功能，把“学生会情况表.xlsx”文件中的相关信息合并到对应的表格中。要求合并后的文档中每一页包含两个证件，相关字段要与电子表格中的内容进行对应，照片要显示出图片内容，学科综合成绩低于 60 分的同学不予打印证件，合并后证件顺序按照学生学号排序。

提示：

照片的路径需要按Shift+F9组合键切换域代码后显示出域代码，用表格中的“图片”字段替换域代码中的111字符。合并后的文档要选中全部文档后按F9键进行刷新，照片才能一一对应。

(8) 保存主文档，检查合并后的文档是否存在空白页，如有请删除。将合并后的文档保存为“学生会证件合并.docx”。

案例十　编辑论文、书稿

小崔同学已初步完成毕业论文的撰写，还没有按照学校要求的格式进行排版。学校对毕业论文格式有统一、严格的标准和要求，小崔对篇幅较长的文档操作不太熟练，请你对照学校对毕业论文的要求利用 Word 2016 帮助他完成毕业论文的版面排版和简单编辑。

本案例主要练习较长文档的编辑和排版技巧，重点掌握样式的设置与修改、分页与分节符的使用、不同节的页眉页脚的设置、文档目录的创建、文档的水印效果和封面设计等技术和技巧，案例效果图如图 10-1 所示。

图10-1　“毕业论文设计”效果图(部分)

一、案例设计

打开“素材\案例 10\毕业论文.docx”文件，按以下要求完成操作。

(1) 将论文的纸张大小设置为 A4，页码范围设置为多页的“对称页边距”，装订线设置为“1

厘米”，上下页边距分别设置为“2.5 厘米”和“2 厘米”，内侧和外侧页边距分别设置为“2.5 厘米”和“2 厘米”。

(2) 在论文的开头处插入“下一页”分节符，在第一页中输入文字“目录”，将字体设置为“黑体”，字号设置为“二号”，字符间距设置为“加宽”，磅值设置为“6 磅”。段落对齐方式设置为“居中对齐”。将文字“目录”的格式利用格式刷复制给文字“摘要”。

(3) 给论文插入“花丝”样式的封面。在封面的最上方输入文字“山东中医药高等专科学校毕业论文”，将字体设置为“黑体”，字号设置为“三号”，字体颜色设置为“黑色，文字 1”，段落对齐方式设置为“居中”。在标题文本框中输入论文标题“网络课程设计”，将字体设置为“微软雅黑”，字号设置为“小初”，字形设置为“加粗”，删除封面中不需要的占位符。

(4) 在封面中插入 3 行 2 列的表格。将表格的宽度设置为 60%，行高设置为“1.1 厘米”，并设置表格为“无框线”。参考图 10-1，在表格中输入作者姓名、指导老师和提交日期等信息，将单元格中的字体设置为“宋体”，字号设置为“四号”，字形设置为“加粗”，并将单元格水平方向设置为“左对齐”，单元格垂直方向设置为“居中对齐”。将表格设置为“居中”对齐方式，左缩进设置为“2 字符”。

(5) 将论文中显示红色字体的段落设置为“标题 1”样式，显示蓝色字体的段落设置为“标题 2”样式，显示绿色字体的段落设置为“标题 3”样式。

(6) 在论文的正文部分页脚处插入页码。编号格式为“1, 2, 3…”，起始页码设置为 1。设置奇数页页码靠右对齐，偶数页页码靠左对齐。注意论文的封面、目录页和摘要页不设置页码。

(7) 在论文的正文部分插入页眉，页眉文字为“山东中医药高等专科学校毕业论文”，设置文字居中对齐。注意论文的封面、目录和摘要部分不设置页眉。

(8) 在文字“目录”下插入显示“标题 1”“标题 2”和“标题 3”样式的目录。

(9) 在“第二章”“第三章”“第四章”“第五章”和“参考文献”前插入分页符，使每一章内容另起一页。

(10) 更新插入的论文目录的页码。

(11) 预览论文的打印效果，保存论文，并将论文另存为同名的 PDF 文件。

二、案例分析

(1) 单击“页面布局”选项卡的“页面设置”组右下角的对话框启动器按钮，打开“页面设置”对话框。在对话框的“纸张”选项卡中选择纸张类型为 A4，在“页边距”选项卡中设置多页为“对称页边距”，设置装订线为“1 厘米”，设置上下页边距分别为“2.5 厘米”和“2 厘米”，设置内侧和外侧分别为“2.5 厘米”和“2 厘米”，如图 10-2 所示。单击“确定”按钮退出页面设置。

(2) 插入分节符，并设置目录页。

第 1 步：把光标定位在“摘要”的前面，单击“页面布局”选项卡的“页面设置”组中的“分隔符”按钮分隔符。在弹出的下拉列表中，选择“分节符”列表中的“下一页”，如图 10-3 所示，在“摘要”页前面出现一个空白页。

图10-2 “页面设置”对话框

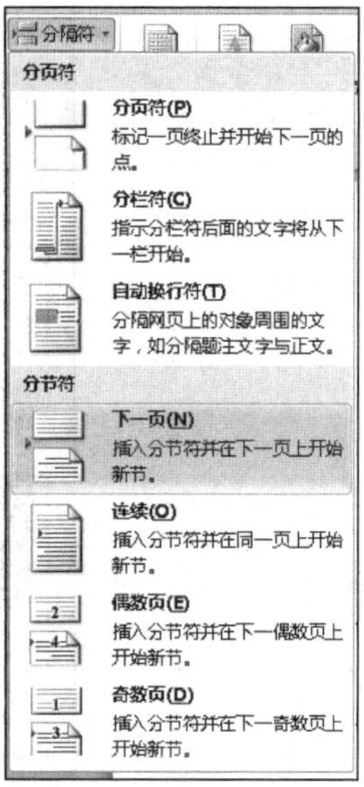

图10-3 “分隔符”下拉列表

第 2 步：在新页的最前面按 Enter 键，输入文字“目录”。选中“目录”两字右击，在弹出的快捷菜单中选择“字体”命令，打开“字体设置”对话框(或者单击“开始”选项卡的“字体”组右下角的对话框启动器按钮打开“字体设置”对话框)。在“字体”选项卡中设置字体为“黑体”，设置字号为“二号”。在“高级”选项卡中设置字符间距为“加宽”，设置磅值为“6 磅”，单击“确定”按钮退出对话框。然后单击“段落”组中的“居中”按钮，使“目录”两字居中对齐。

第 3 步：选中文字“目录”，单击“开始”选项卡的“剪贴板”组中的“格式刷”按钮，移动鼠标选中文字“摘要”，把格式复制给它。

(3) 设计封面。

第 1 步：单击“插入”选项卡的“页”组中的“封面”按钮，拖动滚动条选择“花丝”样式，如图 10-4 所示，在论文的最前面出现“花丝”封面样式。

第 2 步：在封面的最上方输入“山东中医药高等专科学校毕业论文”，并将字体设置为“黑体”，字号设置为“三号”，段落对齐方式设置为“居中”。

第 3 步：参考图 10-1，在封面的标题文本框中输入论文的题目“网络课程设计”，并将字体设置为“微软雅黑”，字号设置为“小初”，字形设置为“加粗”。

第 4 步：按 Delete 键将封面中其他的文本框删除。

(4) 插入表格。

第 1 步：在标题文本框的下方按 Enter 键，插入空行。

第 2 步：单击“插入”选项卡的“表格”组中的“表格”按钮，在弹出的下拉列表中选择“插入表格”命令，打开“插入表格”对话框。在对话框中输入行数为 3，列数为 2，单击“确定”按钮，插入表格。

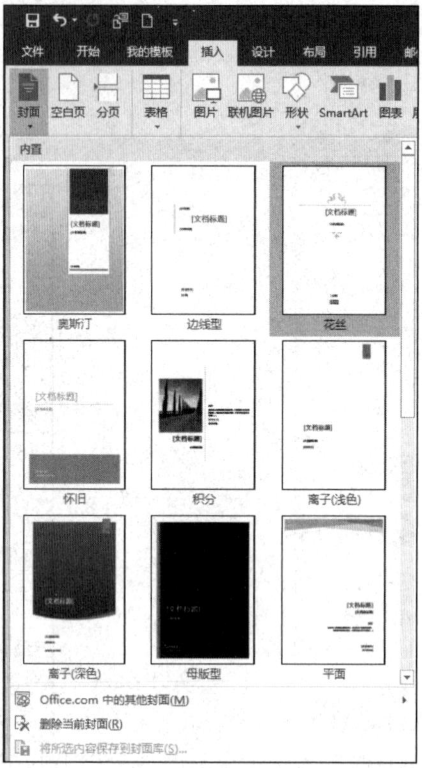

图10-4 “封面”下拉列表

第 3 步：选中表格，右击并在弹出的快捷菜单中选择“表格属性”命令，打开“表格属性”对话框。在对话框中设置表格宽度为 60%，设置行高为“1.1 厘米”。

第 4 步：选中表格，单击“表格工具”上下文选项卡的“设计”子选项卡中的“边框”按钮，在弹出的下拉列表中选择“无框线”。

第 5 步：在单元格中分别输入“作者姓名:”“崔维响”“指导教师:”“白成杰 教授”“提交时间:”和“2023 年 6 月”。

第 6 步：选中表格，在“开始”选项卡中将字体设置为“宋体”，字号设置为“四号”，字形设置为“加粗”。

第 7 步：选中表格，单击“开始”选项卡的“段落”组右下角的对话框启动器按钮，打开“段落”对话框，将表格对齐方式设置为“居中”，左侧缩进设置为“2 字符”。

(5) 设置段落样式。

第 1 步：选中“第一章　绪论”，单击“开始”选项卡的“编辑”组中的“选择”按钮，在弹出的下拉列表中选中“选定所有格式类似的文本”，如图 10-5 所示，论文中所有红色字体处于选择状态。

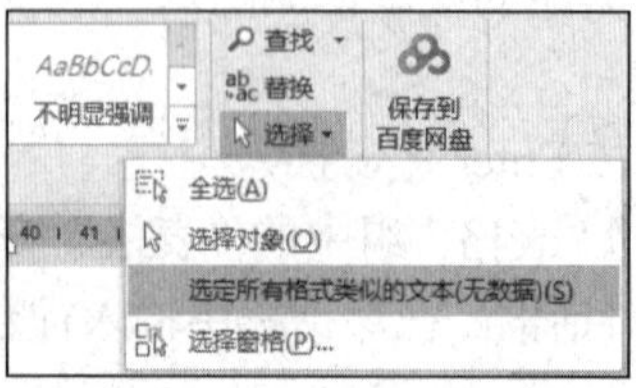

图10-5 “选择”下拉列表

第 2 步： 单击“开始”选项卡的“样式”组中的“标题 1”样式，如图 10-6 所示。

图10-6　“标题样式”界面

第 3 步： 重复第 1 步和第 2 步的做法分别把蓝色字体的段落设置成“标题 2”样式，把绿色字体的段落设置成“标题 3”样式。

(6) 插入页码。

第 1 步： 双击页面的页眉位置进入页眉页脚的编辑状态。

第 2 步： 将光标定位在“第一章　绪论”所在的页脚中，勾选“页眉和页脚工具”上下文选项卡的“设计”子选项卡的“选项”组中的“奇偶页不同”复选框☑奇偶页不同。

第 3 步： 单击“页眉和页脚工具”上下文选项卡的“设计”子选项卡的“页眉和页脚”组中的“页码”按钮，弹出如图 10-7 所示的下拉列表，在列表中选择“设置页码格式”选项，打开“页码格式”对话框。在对话框中设置编号格式为“1, 2, 3, …”，设置起始页码从 1 开始，如图 10-8 所示。

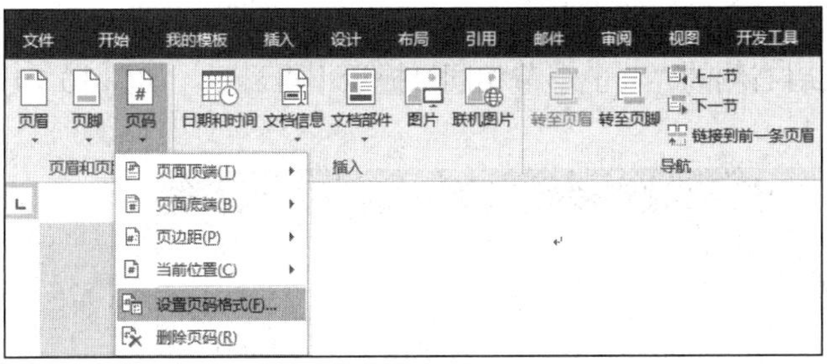

图10-7　“页码”下拉列表

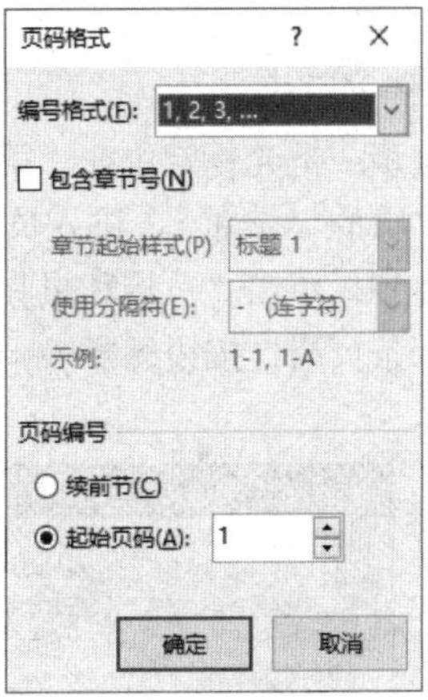

图10-8　“页码格式”对话框

第 4 步： 把光标定位在“第一章　绪论”所在的页脚中，先单击“页眉和页脚工具”上下文选项卡的“设计”子选项卡的“导航”组中的“链接到前一条页眉”按钮链接到前一条页眉，使页脚右侧的“与上一节相同”提示不再显示。然后单击“页眉页脚工具”选项卡的“页眉和页脚”组中的“页码”按钮，在弹出的下拉列表中选择“页面底端”后面的“普通数字 3”样式，如图 10-9 所示。

第 5 步： 把光标定位在“偶数页”所在的页脚中，先单击“页眉和页脚工具”上下文选项卡的“设计”子选项卡的“导航”组中的“链接到前一条页眉”按钮链接到前一条页眉，使页脚右侧的“与上一节相同”提示不再显示。然后单击“页眉页脚工具”选项卡的“页眉和页脚”组中的“页码”按钮，在弹出的下拉列表中选择“页面底端”后面的“普通数字 1”样式。

第 6 步： 单击“页眉和页脚工具”上下文选项卡的“设计”子选项卡的“关闭”组中的“关闭页眉和页脚”按钮，退出页眉页脚编辑状态。

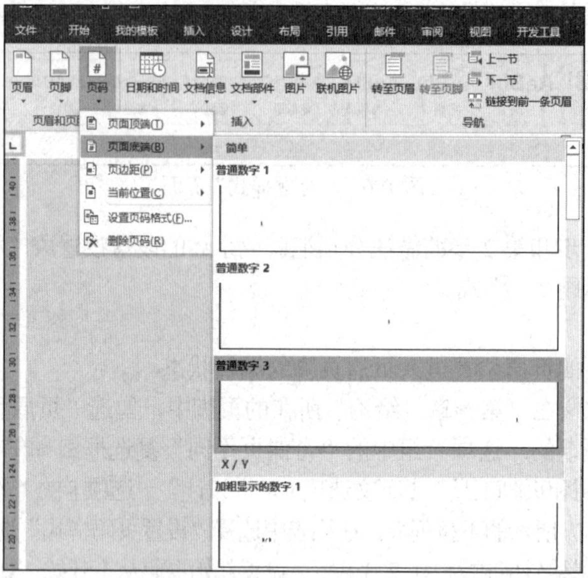

图10-9 “页码”设计列表

(7) 插入页眉。

第1步：把光标定位在“第一章 绪论”所在的页，单击“插入”选项卡的“页眉和页脚”组中的“页眉”按钮，进入页眉和页脚编辑状态(或双击页眉处直接进入页眉页脚编辑状态)。

第2步：单击“页眉和页脚工具”上下文选项卡的“设计”子选项卡的“导航”组中的“链接到前一条页眉”按钮，使页眉右侧的“与上一节相同”提示不再显示，如图10-10所示。

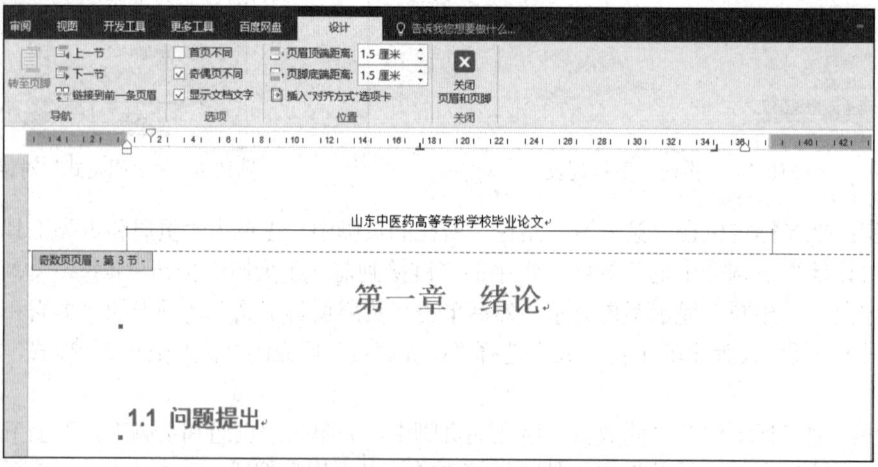

图10-10 “页眉”设置界面

第3步：在页眉中输入文字“山东中医药高等专科学校毕业论文”，单击“开始”选项卡的“段落”组中的“居中”按钮，使输入的文字在页眉中居中对齐。

第4步：在“偶数页”重复第2步和第3步的操作，设置偶数页页眉。

第5步：单击“页眉页脚工具”上下文选项卡的“设计”子选项卡的“关闭”组中的“关闭页眉和页脚”按钮(或双击正文所在的位置)，退出页眉页脚编辑状态。

(8) 插入新目录。

第 1 步： 在文字“目录”后按 Enter 键另起一段，并将光标定位在新段中。单击“引用”选项卡的“目录”组中的“目录”按钮，在弹出的下拉列表中选择“自定义目录”选项，如图 10-11 所示。

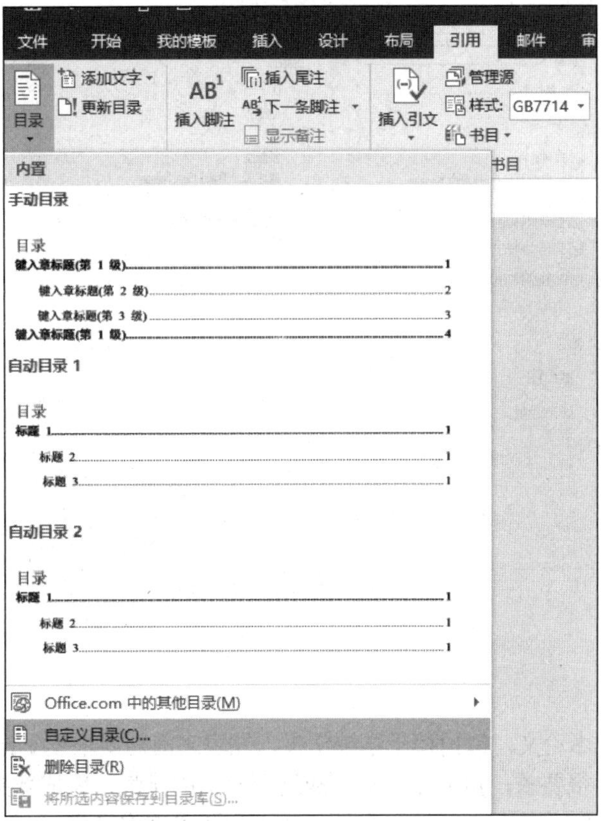

图10-11　“目录”下拉列表

第 2 步： 在打开的“目录”对话框中设置显示级别为 3，如图 10-12 所示。单击“确定”按钮，在目录下自动生成 3 级目录。

(9) 插入分页符使每一章另起一页。

第 1 步： 将光标定位在“第二章”的前面，单击“插入”选项卡的“页”组中的“分页”命令，或者按 Ctrl+Enter 组合键，使第二章另起一页。

第 2 步： 用第 1 步的方法分别把“第三章”“第四章”“第五章”“参考文献”另起一页。

(10) 更新目录页码。

第 1 步： 将光标定位在提取的目录中，右击，在弹出的快捷菜单中选择“更新域”命令，打开“更新目录”对话框。

第 2 步： 在“更新目录”对话框中选择“只更新页码”，单击“确定”按钮退出，目录的页码被更新。

(11) 保存论文并另存为 PDF 文件。

第 1 步： 单击“文件”选项卡中的“打印”命令，在右侧预览打印效果。单击“保存”按钮，保存文档。

第 2 步： 单击“文件”选项卡中的“另存为”命令，单击右侧的“浏览”按钮，在弹出的“另存为”对话框中选择保存文件的类型为 PDF。单击“保存”按钮，完成文件的另存为操作。

图10-12　“目录”对话框

三、案例拓展1

崔老师写了一篇学术论文，拟投稿于学校学报，发表之前需要根据学报要求完成论文格式的排版。请你根据学校学报要求，帮助崔老师完成这篇论文的排版，完成效果如图 10-13 所示。

打开“素材\案例 10\研究论文.docx”文件，按下列要求完成操作。

(1) 设置论文的纸张大小为“信纸”(高 27.94 厘米，宽 21.59 厘米)，纸张方向为“纵向”。文档页码范围设置为多页的“对称页边距”，页面的上下页边距均设置为“2 厘米”，内侧页边距设置为“2 厘米”，外侧页边距设置为“2.5 厘米”。页眉页脚距边界距离均设置为“1.2 厘米”，仅指定文档行网格，每页设定 41 行。

(2) 将文档中“关键词”段后到“收稿日期”段前的所有段落分为两栏，栏间距设置为“3 字符”，显示中间的分隔线。

(3) 将第一段的论文标题的中文字体设置为“宋体”，西文字体设置为 Cambria，字体大小设置为“四号”，字形设置为“加粗”。段前间距和段后间距均设置为“0.5 行”，段落对齐方式设置为“居中”。将第二段和第三段作者信息文本的字体设置为“微软雅黑”，字体大小设置为“五号”，段落对齐方式设置为“居中”。

(4) 将文档中的红色文本设置为“标题 1”样式，将文档中的绿色文本设置为“标题 2”样式。修改“标题 1”样式，中文字体设置为“微软雅黑”，西文字体设置为 Cambria，字体大小设置为“小四”，字形设置为“加粗”，段前和段后间距均设置为“0.5 行”，对齐方式设置为“左对齐”。修改“标题 2”样式，中文字体设置为“楷体”，西文字体设置为 Cambria，字体大小设置为“五号”，字形设置为“加粗”，段前和段后间距均设置为“0.2 行”，对齐方式设置为“左对齐”。

(5) 将“摘要”和“关键词”两段文本的字体设置为“仿宋”，字体大小设置为“五号”，段落对齐方式设置为“两端对齐”。将论文的正文部分的中文字体设置为“仿宋”，西文字体设置为 Times New Roman，字体大小设置为“小五”，段落对齐方式设置为“两端对齐”，设置首行缩进“2 字符”，段前和段后间距均设置为“0.2 行”。

(6) 调整所有图片的宽度不大于“6.5 厘米”，在每张图片下面的说明文字前插入图注，格式为“图 1”，并将图注的字体大小更改为“六号”，段落对齐方式设置为“居中”。

(7) 利用多级列表给应用了“标题 1”和“标题 2”样式的段落添加编号。应用“标题 1”样式的段落编号格式为“1, 2, 3, ...”，应用“标题 2”样式的段落编号格式为“2.1, 2.2, ...”。

(8) 将文本“参考文献：”的字体设置为“微软雅黑”，字体大小设置为“小四”，字形设置为“加粗”。为“参考文献”下面的 6 个段落设置段落编号，编号格式设置为“[1], [2], ...”。

(9) 在“收稿日期：”前插入一个横线，横线的宽度设置为 80%，高度设置为“1 磅”，对齐方式设置为“左对齐”。

(10) 在“课程学习网站”后插入一个脚注，脚注内容为 https://moocs.sdctcm.edu.cn。

(11) 在每一页的页脚中间位置插入页码，将文档的起始页码设置为 19。

(12) 给文档添加“空白(三栏)”型页眉，奇数页页眉左侧显示“山东中医药高等专科学校学报(2023.05)”，右侧显示“《医学信息技术》课程‘三教改革’实践研究”，中间不显示任何内容。偶数页页眉左侧显示“《医学信息技术》课程‘三教改革’实践研究”，右侧显示“山东中医药高等专科学校学报(2023.05)”，中间不显示任何内容。

(13) 保存文档后另存一份同名的 PDF 文档。

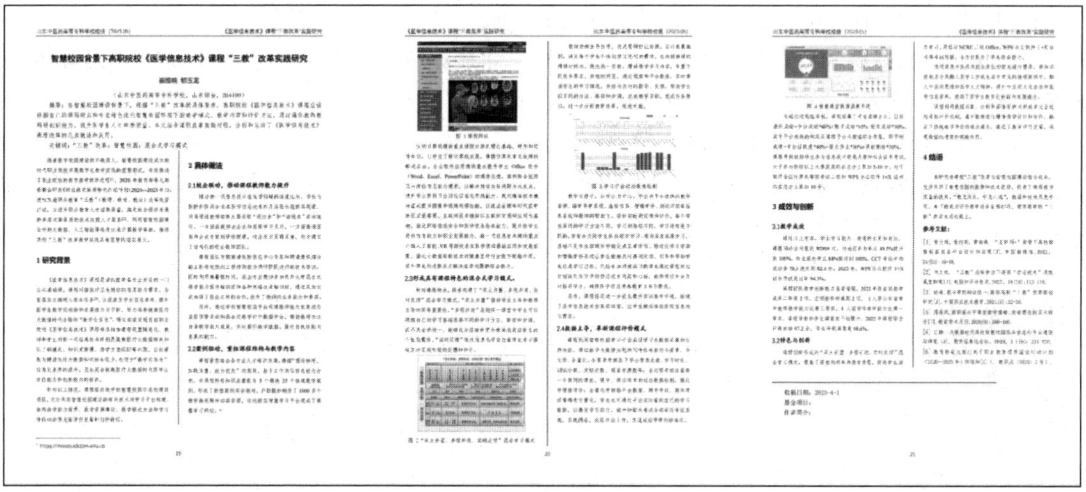

图10-13　研究论文排版效果图

四、案例拓展2

在国家网络安全宣传周期间，为了让学生们更多地了解网络安全和黑客技术的相关知识，学校计算机协会准备给同学们印刷黑客技术的文档。请你根据计算机教师提供的素材文件，利用 Word 2016 帮助协会编辑一份美观的技术文档，完成效果如图 10-14 所示。

打开“素材\案例 10\黑客技术.docx”文件，按下列要求完成操作。

(1) 设置文档纸张大小为 B5(JIS)，设置页码范围为多页的“对称页边距”，设置页面的上下页边距为“2.5 厘米”，设置内侧和外侧页边距为“2.5 厘米”，设置装订线为“1 厘米”。

(2) 将第一行文本“黑客技术”设为“标题 1”样式，并将段落对齐方式设置为“居中”。将文档中黑体字体段落设置为“标题 2”样式，将文档中斜体字段落设置为“标题 3”样式。修改“标题 1”样式的字体为“微软雅黑”。修改“标题 2”样式的字号为“小三”，行距设置为“1.5 倍行距”。修改“标题 3”样式的字号为“四号”，段前和段后间距均设置为“6 磅”，行距设置为“1.5 倍行距”。

(3) 将正文部分中文字体设置为“宋体”，西文字体设置为 Times New Roman，字号设置为“四号”，行距设置为“1.2 倍行距”，特殊格式为“首行缩进”，缩进值设置为“2 字符”。

(4) 在以“很显然”开始的段落设置首字下沉效果，下沉行数设置为“3 行”。

(5) 在文档开始的位置输入“目录”，设置字体为“微软雅黑”，大小为“四号”，并将对齐方式设置为“居中”。在目录下方插入只显示“标题 2”和“标题 3”样式的目录，将目录部分文本字体设置为“宋体”，字号设置为“小四”，段落行距设置为“1.5 倍行距”，并插入“奇数页”分节符使目录部分独占一节。

(6) 给文档插入“奥斯汀”样式的封面，在封面上输入标题为“黑客技术”，设置字体为“黑体”，设置字号为“小初”。落款为“计算机协会”，将字体设置为“宋体”，字号设置为“四号”，调整到合适位置后删除封面上多余的占位符和文字。

(7) 为文档设置页眉和页脚，在页脚位置添加页码，页码数字格式为阿拉伯数字，起始页码为 1。奇数页页码显示在页脚右侧，偶数页页码显示在页脚左侧。在页眉位置添加文字，文字为“黑客技术”，段落居中对齐，页眉下方的框线样式设置为“上粗下细”的下框线，框线宽度设置为“1.5 磅”。注意封面和目录页均不显示页眉和页脚。

(8) 将文档的最后 5 行转换为 5 行 2 列的表格，将表格样式设置为“清单表 4”，并将所有单元格对齐方式设置为水平和垂直方向都居中对齐。

(9) 给文档设置“风景”型主题。

(10) 给文档设置自定义文字水印，水印文字为“计算机协会”。字体设置为“黑体”，字体颜色设置为“白色，背景 1，深色 15%”和“半透明”，版式设置为“斜式”。

(11) 将文档另存为同名的 PDF 文档以备打印。

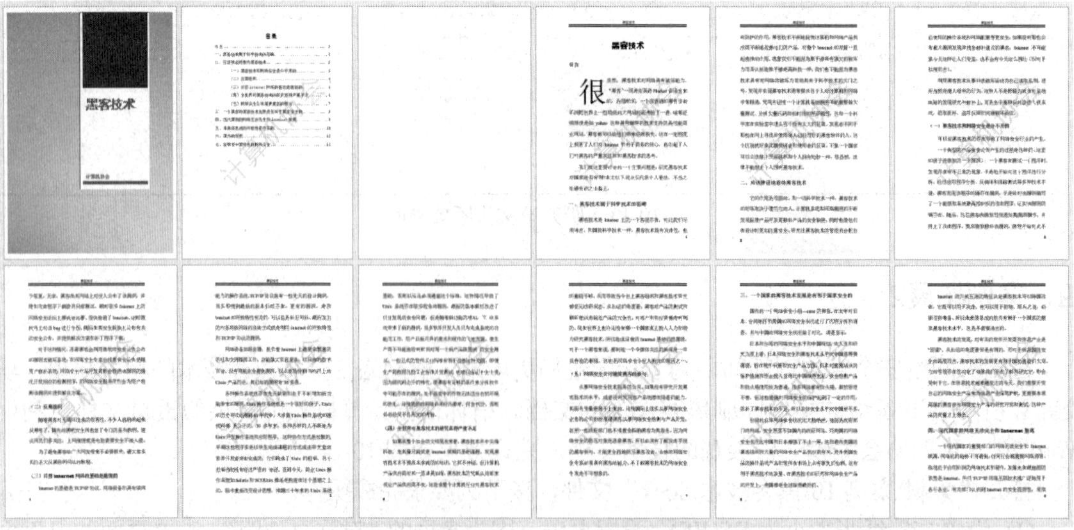

图10-14　“黑客技术”文档效果图(部分)

五、Word综合案例拓展

1. 综合案例一

打开“素材\Word 综合案例拓展\膳食宝塔.docx”文件，参照图 10-15 按下列要求完成操作。

(1) 将文章标题“膳食宝塔”的字体设置为“隶书”、字号设置为“二号”、字体颜色设置为“红色”，段落对齐方式设置为“居中对齐”。

(2) 将除标题行外其他段落设置为首行缩进 2 字符，左对齐，段前、段后间距均设置为 0.5 行，行距设为 1.2 倍行距。

(3) 在以“平衡膳食宝塔共分五层”开始的段落后插入空段落，并在新段落中插入“基本棱锥图”样式的 SmartArt 图形。图形增加至五层，并根据该段内容填写各层相应的文字，最后将 Smart 图形样式设为“卡通”。设置 SmartArt 图形的高度和宽度都为 10 厘米，对齐方式为“水平居中”。

(4) 将“膳食宝塔简介表”以“空格”为分隔标准转换成 2 列 6 行的表格，并选择根据内容调整表格列宽。表头文字字形设置为“加粗”，整个表格居中。删除“原则”行，并将表格中的“意见”改成“原则”。

(5) 将文档表格中的“《中国居民膳食指南》”文字设置为突出显示。

(6) 将该文档上、下、左、右页边距分别设置为 2 厘米、2 厘米、3 厘米、3 厘米。

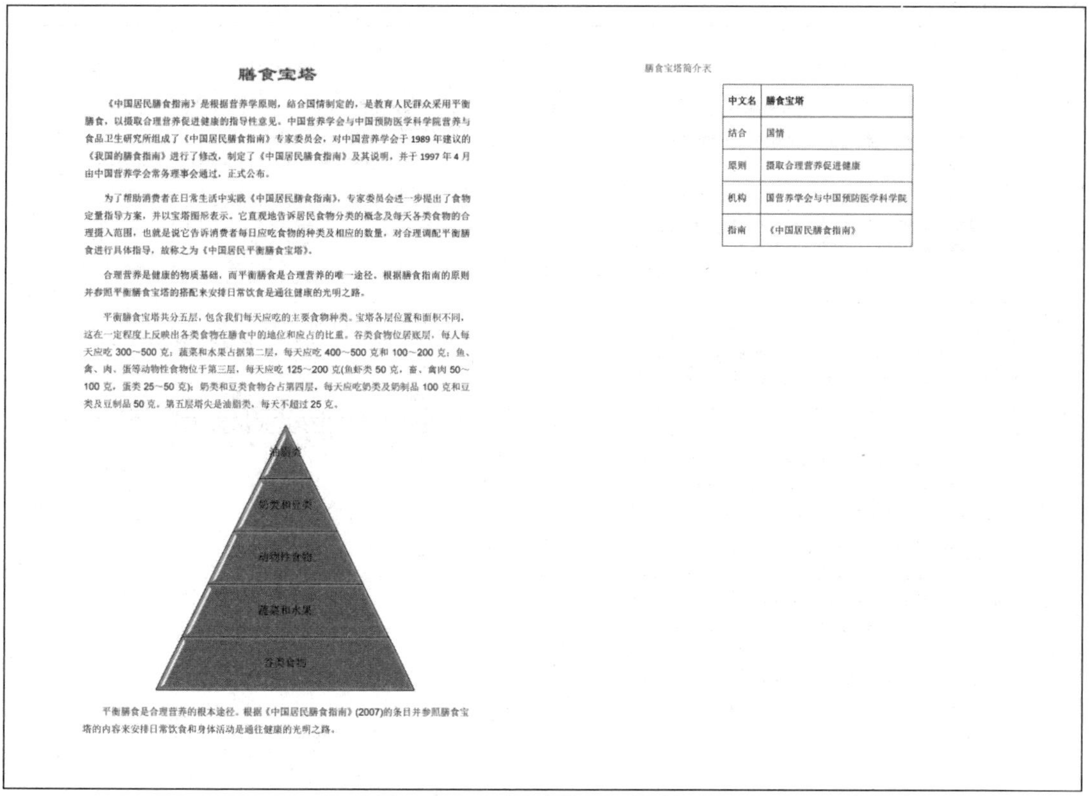
膳食宝塔

《中国居民膳食指南》是根据营养学原则，结合国情制定的，是教育人民群众采用平衡膳食，以摄取合理营养促进健康的指导性意见。中国营养学会与中国预防医学科学院营养与食品卫生研究所组成了《中国居民膳食指南》专家委员会，对中国营养学会于 1989 年建议的《我国的膳食指南》进行了修改，制定了《中国居民膳食指南》及其说明，并于 1997 年 4 月由中国营养学会常务理事会通过，正式公布。

为了帮助消费者在日常生活中实践《中国居民膳食指南》，专家委员会进一步提出了食物定量指导方案，并以宝塔图形表示。它直观地告诉居民食物分类的概念及每天各类食物的合理摄入范围，也就是说它告诉消费者每日应吃食物的种类及相应的数量，对合理调配平衡膳食进行具体指导，故称之为《中国居民平衡膳食宝塔》。

合理营养是健康的物质基础，而平衡膳食是合理营养的唯一途径。根据膳食指南的原则并参照平衡膳食宝塔的搭配来安排日常饮食是通往健康的光明之路。

平衡膳食宝塔共分五层，包含我们每天应吃的主要食物种类。宝塔各层位置和面积不同，这在一定程度上反映出各类食物在膳食中的地位和应占的比重。谷类食物位居底层，每人每天应吃 300～500 克；蔬菜和水果占据第二层，每天应吃 400～500 克和 100～200 克；鱼、禽、肉、蛋等动物性食物位于第三层，每天应吃 125～200 克(鱼虾类 50 克，畜、禽肉 50～100 克，蛋类 25～50 克)；奶类和豆类食物合占第四层，每天应吃奶类及奶制品 100 克和豆类及豆制品 50 克。第五层塔尖是油脂类，每天不超过 25 克。

油脂类
奶类和豆类
动物性食物
蔬菜和水果
谷类食物

平衡膳食是合理营养的根本途径。根据《中国居民膳食指南》(2007)的条目并参照膳食宝塔的内容来安排日常饮食和身体活动是通往健康的光明之路。

膳食宝塔简介表

中文名	膳食宝塔
结合	国情
原则	摄取合理营养促进健康
机构	国营养学会与中国预防医学科学院
指南	《中国居民膳食指南》

图10-15 “膳食宝塔”文档效果图

2. 综合案例二

打开“素材\Word 综合案例拓展\计算器.docx”文件，参照图 10-16 按下列要求完成操作。

(1) 将文档标题“计算器的起源和发展”的字体设置为“隶书”、字号设置为“二号”、字体颜色设置为“红色”，段落对齐方式设置为居中对齐。

(2) 将除标题外的前四段设置段落特殊格式为“首行缩进”，缩进值为 2 字符；段前和段后间距均设置为 0.5 行，行距设置为 1.75 倍行距。

(3) 给“中国古代最早采用的一种计算工具叫筹策，又被叫做算筹。”这句话设置下画线，下画线类型设置为“波浪线”，下画线颜色设置为“红色”。

(4) 删除文档中所有的空格。

(5) 在以“Windows 操作系统都自带计算器软件程序”开始的段落后以嵌入方式插入 Windows 10 自带的计算器应用程序的“科学型”界面截图。设置插入的图片高度为 5 厘米，宽度按图片纵横比自动调整，并设置图片居中对齐。

(6) 删除文档中表格的空行和空列。设置表格中单元格文本的对齐方式为水平和垂直方向都居中。将表头的字体加粗显示。设置第 1 列的宽度为 4 厘米、第 2 列的宽度为 10 厘米，并使表格居中对齐。

(7) 给文档添加页眉，页眉文字为“计算器的起源和发展”。在文档页脚的中间位置添加页码，页码的格式为“-1-,-2-,-3-,...”，并设置起始页码为 1。设置页眉和页脚距边界的距离分别为 1.3 厘米和 1.5 厘米。

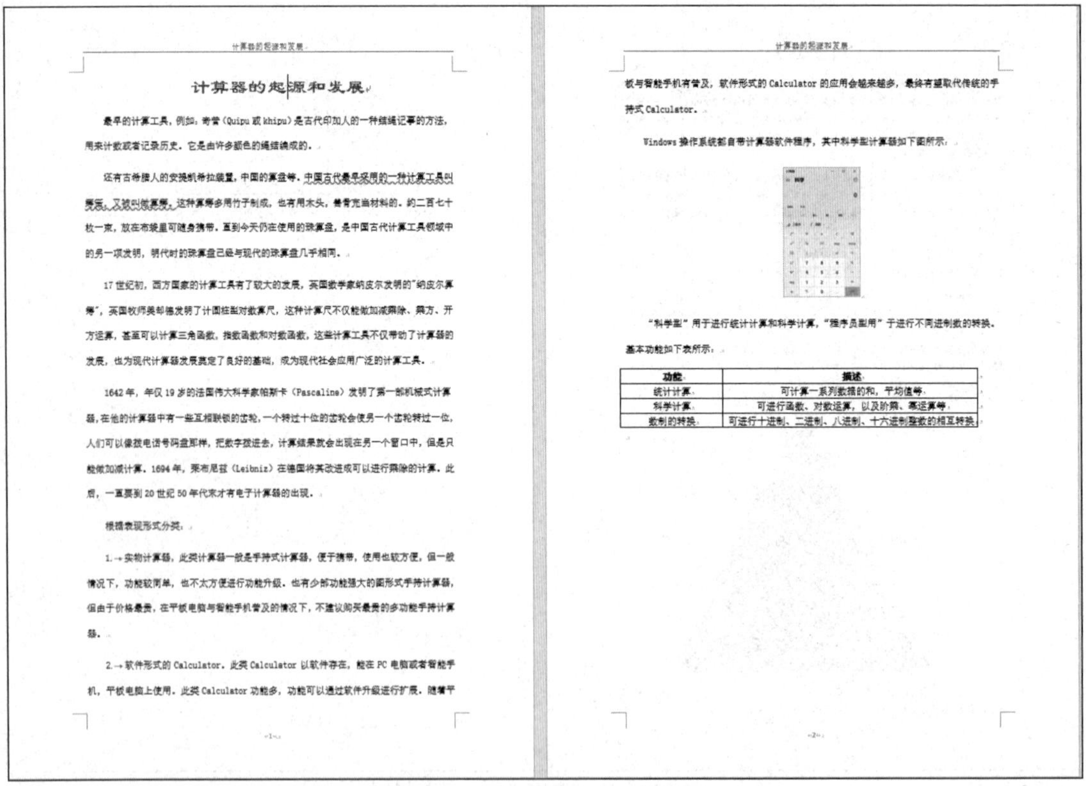

计算器的起源和发展

计算器的起源和发展

最早的计算工具，例如：奇普（Quipu 或 khipu）是古代印加人的一种结绳记事的方法，用来计数或者记录历史。它是由许多颜色的绳结编成的。

还有古希腊人的安提凯希拉装置，中国的算盘等。中国古代最早采用的一种计算工具叫筹策，又被叫做算筹。这种算筹多用竹子制成，也有用木头，兽骨充当材料的。约二百七十枚一束，放在布袋里可随身携带。直到今天仍在使用的珠算盘，是中国古代计算工具领域中的另一项发明，明代时的珠算盘已经与现代的珠算盘几乎相同。

17 世纪初，西方国家的计算工具有了较大的发展，英国数学家纳皮尔发明的"纳皮尔算筹"，英国牧师奥却德发明了计圆柱型对数算尺，这种计算尺不仅能做加减乘除、乘方、开方运算，甚至可以计算三角函数、指数函数和对数函数，这些计算工具不仅带动了计算器的发展，也为现代计算器发展奠定了良好的基础，成为现代社会应用广泛的计算工具。

1642 年，年仅 19 岁的法国伟大科学家帕斯卡（Pascaline）发明了第一部机械式计算器，在他的计算器中有一些互相联锁的齿轮，一个转过十位的齿轮会使另一个齿轮转过一位，人们可以像拨电话号码盘那样，把数字拨进去，计算结果就会出现在另一个窗口中，但是只能做加减计算。1694 年，莱布尼兹（Leibniz）在德国将其改进成可以进行乘除的计算。此后，一直要到 20 世纪 50 年代末才有电子计算器的出现。

根据表现形式分类：

1.→实物计算器。此类计算器一般是手持式计算器，便于携带，使用也较方便，但一般情况下，功能较简单，也不太方便进行功能升级。也有少部功能强大的图形式手持计算器，但由于价格昂贵，在平板电脑与智能手机普及的情况下，不建议购买昂贵的多功能手持计算器。

2.→软件形式的 Calculator。此类 Calculator 以软件存在，能在 PC 电脑或者智能手机，平板电脑上使用。此类 Calculator 功能多，功能可以通过软件升级进行扩展。随着平板与智能手机有普及，软件形式的 Calculator 的应用会越来越多，最终有望取代传统的手持式 Calculator。

-1-

计算器的起源和发展

Windows 操作系统都自带计算器软件程序，其中科学型计算器如下图所示：

“科学型”用于进行统计计算和科学计算，“程序员型用”于进行不同进制数的转换。

基本功能如下表所示：

功能	描述
统计计算	可计算一系列数据的和，平均值等
科学计算	可进行函数、对数运算，以及阶乘、幂运算等
数制的转换	可进行十进制、二进制、八进制、十六进制整数的相互转换

-2-

图10-16 “计算器”文档效果图

3. 综合案例三

打开“素材\Word 综合案例拓展\大学生心理健康简报.docx”文件，结合心理健康月活动的具体内容调整和优化简报格式，参考图 10-17 按照以下要求进行设置。

(1) 将第一段文本“大学生心理健康月活动”的字体设置为“微软雅黑”，字体大小设置为“小初”，字体颜色设置为“深红色”。

(2) 将第二段文本“简报”的字体设置为“微软雅黑”，字体大小设置为“初号”，字形设置为“加粗”，字体颜色设置为“红色”，字符间距设置为“加宽”，磅值设置为“15 磅”。

(3) 将以“大学生心理健康中心”开始的段落的字体设置为“宋体”，字号设置为“三号”。为本段文字设置“下框线”，框线的颜色设置为“红色”，框线的粗细设置为“2.25 磅”。

(4) 将文档中最后两段文字的字体设置为“宋体”，字号设置为“三号”。为这两段设置“上下框线”，框线的粗细设置为“2.25 磅”，框线的颜色设置为“红色”。底纹颜色填充为“白色，背景 1，深色 5%”。

(5) 将其他段落中文本的字体设置为“仿宋”，字号设置为“三号”。左侧缩进“1 字符”，右侧缩进“1 字符”，段落行距设置为“30 磅”。

(6) 将以“自步入六月份以来”开始的段落设置首字下沉效果，下沉行数为 3 行。

(7) 将以“心灵之源”、“心灵之力”“心灵之风”“心灵之雨”开始的 4 个段落设置自动编号，自动编号格式为“1., 2., 3., ...”，并取消这 4 个段落中的“悬挂缩进”效果。

(8) 在文档的页脚处插入页码，页码格式设置为“-1-, -2-, -3-, ...”，页码设置为“居中”对齐。

(9) 在打印视窗下预览打印效果，确保该文档能打印在两页中。确认后另存该文档，另存文件名为“心理健康月简报终稿.docx”。

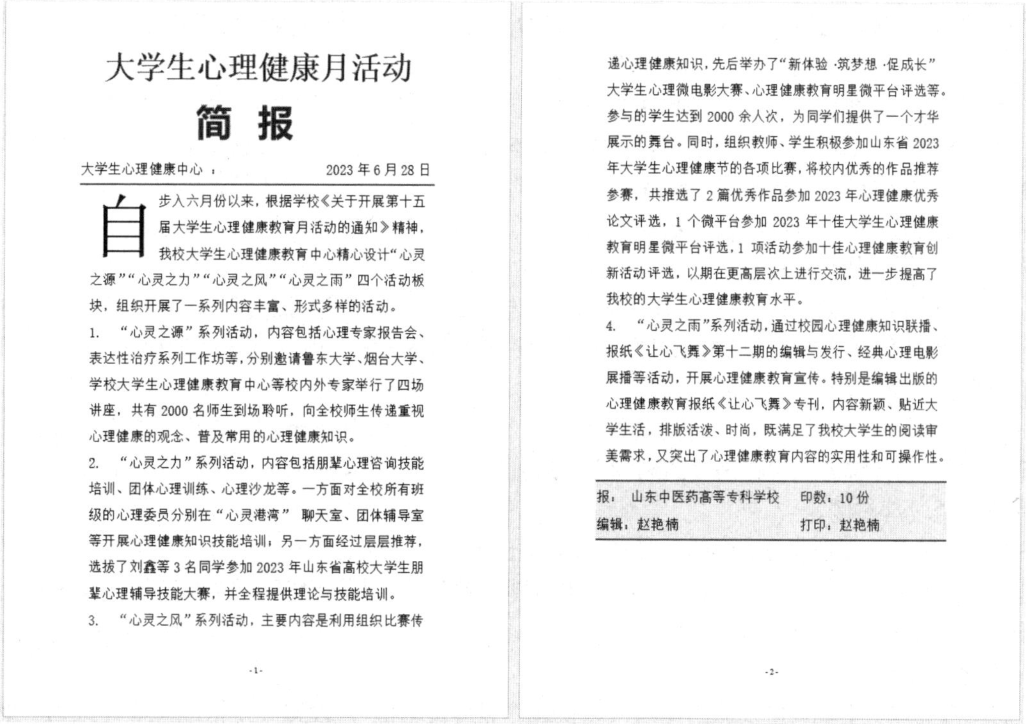

大学生心理健康月活动

简 报

大学生心理健康中心 ： 2023 年 6 月 28 日

自步入六月份以来，根据学校《关于开展第十五届大学生心理健康教育月活动的通知》精神，我校大学生心理健康教育中心精心设计“心灵之源”“心灵之力”“心灵之风”“心灵之雨”四个活动板块，组织开展了一系列内容丰富、形式多样的活动。

1. “心灵之源”系列活动，内容包括心理专家报告会、表达性治疗系列工作坊等，分别邀请鲁东大学、烟台大学、学校大学生心理健康教育中心等校内外专家举行了四场讲座，共有 2000 名师生到场聆听，向全校师生传递重视心理健康的观念、普及常用的心理健康知识。

2. “心灵之力”系列活动，内容包括朋辈心理咨询技能培训、团体心理训练、心理沙龙等。一方面对全校所有班级的心理委员分别在“心灵港湾” 聊天室、团体辅导室等开展心理健康知识技能培训；另一方面经过层层推荐，选拔了刘鑫等 3 名同学参加 2023 年山东省高校大学生朋辈心理辅导技能大赛，并全程提供理论与技能培训。

3. “心灵之风”系列活动，主要内容是利用组织比赛传

-1-

递心理健康知识，先后举办了“新体验 ·筑梦想 ·促成长”大学生心理微电影大赛、心理健康教育明星微平台评选等。参与的学生达到 2000 余人次，为同学们提供了一个才华展示的舞台。同时，组织教师、学生积极参加山东省 2023 年大学生心理健康节的各项比赛，将校内优秀的作品推荐参赛，共推选了 2 篇优秀作品参加 2023 年心理健康优秀论文评选，1 个微平台参加 2023 年十佳大学生心理健康教育明星微平台评选，1 项活动参加十佳心理健康教育创新活动评选，以期在更高层次上进行交流，进一步提高了我校的大学生心理健康教育水平。

4. “心灵之雨”系列活动，通过校园心理健康知识联播、报纸《让心飞舞》第十二期的编辑与发行、经典心理电影展播等活动，开展心理健康教育宣传。特别是编辑出版的心理健康教育报纸《让心飞舞》专刊，内容新颖、贴近大学生活，排版活泼、时尚，既满足了我校大学生的阅读审美需求，又突出了心理健康教育内容的实用性和可操作性。

报： 山东中医药高等专科学校 印数：10 份

编辑：赵艳楠 打印：赵艳楠

-2-

图10-17 “大学生心理健康月活动简报”效果图

4. 综合案例四

打开“素材\Word 综合案例拓展\养马岛旅游.docx”文件，参照图 10-18 按照下列要求进行操作。

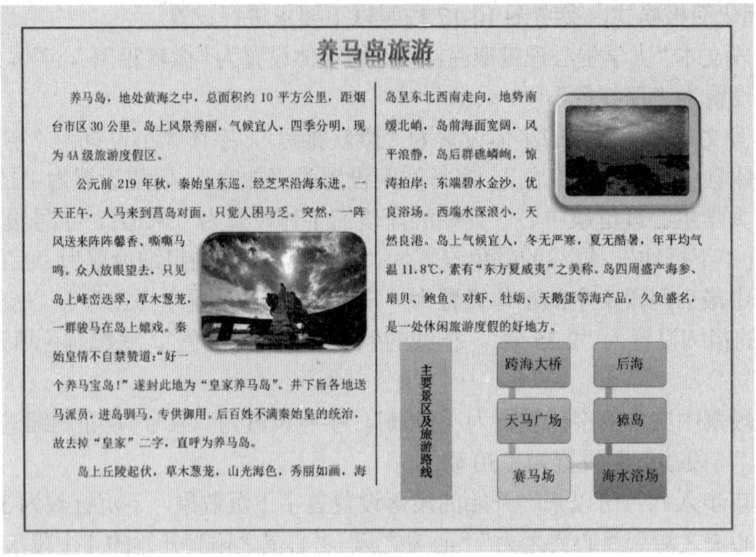

图10-18　“养马岛旅游”文档效果图

(1) 将文档纸张大小设置为 A4，纸张方向设置为“横向”，上下左右页边距分别设置为 3 厘米、2 厘米、2 厘米、2 厘米。

(2) 将页面分为两栏，并显示分隔线。

(3) 将正文字体设置为“宋体”，字号设置为“四号”；段落格式设置为“首行缩进”，缩进值为“2 字符”，行距设置为“1.1 倍行距”。

(4) 给文档设置页面边框，边框类型为“方框”，设置样式为双实线，宽度为 0.5 磅。

(5) 在页面顶端部分插入艺术字，艺术字文本为“养马岛旅游”。设置艺术字字体为“黑体”，设置字号为“一号”，设置艺术字样式为“渐变填充-蓝色，着色 1，反射”。修改艺术字映像图形效果为“紧密映像，接触”，设置艺术字的环绕方式为“浮于文字上方”。调整艺术字高度，设置艺术字相对页面居中对齐。

(6) 在以“公元前 219 年秋”开始的段落中插入图片“秦皇塑像.jpg”，图片样式为“棱台矩形”。设置图片的环绕方式为“紧密型”，设置图片的高度和宽度分别为 4.5 厘米和 6.5 厘米，调整图片位置至段落右侧。

(7) 在以“岛上丘陵起伏”开始的段落中插入图片“后海风光.jpg”，图片样式为“金属圆角矩形”。图片的环绕方式设置为“四周型”，图片的高度设置为 4 厘米，宽度设置为 6 厘米，调整图片位置至段落右侧。

(8) 将最后一段景区及旅游路线设计成 SmartArt 图形。SmartArt 图形布局设置为“垂直蛇形流程”，SmartArt 样式设置为“细微效果”，更改图形颜色为“彩色-强调文字颜色”；设置 SmartArt 图形的高度为 6 厘米，宽度为 10 厘米；设置 SmartArt 图形的环绕方式为“浮于文字上方”，并调整至页面的右下角。

(9) 将文本“主要景区及旅游路线”转换成“竖排文本框”，设置文本框的图形样式为“细微效果-橙色，强调文字颜色 2”。设置文本框的高度为 6 厘米，宽度为 2 厘米，设置文本框的环绕方式为“浮于文字上方”。调整文本框的位置至 SmartArt 图形的左侧并设置水平对齐。

(10) 设置页面颜色为“橙色，个性 1，淡色 80%”。

(11) 调整所有对象使其都保持在一个页面内，另存该文档为同名的 PDF 文件。

5. 综合案例五

学校近期要举行第十五次学生代表大会，请你根据大会提供的资料用 Word 2016 编辑一份详细通知下发给各系部学生组织。

打开“素材\Word 综合案例拓展\第十五次学生代表大会.docx”文件，参照图 10-19 按照下列要求完成操作。

(1) 将文本“山东中医药高等专科学校团委文件”和“校团〔2023〕42 号”的字体设置为“方正小标宋简体”，字号设置为“二号”，字形设置为“加粗”，段落对齐方式设置为“居中”。将文本“山东中医药高等专科学校团委文件”的字体颜色设置为“深红”，将文本“校团〔2023〕42 号”的字号减小两号。如果字库中没有“方正小标宋简体”字体，请手动安装该字体，字体安装文件为“素材\Word 综合案例拓展\方正小标宋简体.ttf”。

(2) 利用“查找和替换”功能删除文档中的所有空行，找到并删除文档中所有的 1/4 全角空格。

(3) 在文本“校团〔2023〕42 号”的下方插入一条横线，将横线颜色设置为“红色”，高度设置为“2 磅”，对齐方式设置为“居中”。

(4) 将以“一”“二”“三”“四”“五”“六”开始的标题段落设置为“标题 1”样式。

(5) 将正文中除标题外的正文段落格式清除，然后设置正文字体格式为“仿宋_GB2312”，字号为“四号”。如果系统中没有“仿宋_GB2312”字体，请手动安装该字体，字体安装文件为“素材\Word 综合案例拓展\仿宋_GB2312.ttf”。

(6) 将文本“关于召开学校第十五次学生代表大会的通知”的字体设置为“方正小标宋简体”，字号设置为“四号”，字符间距加宽“1 磅”，对齐方式设置为“居中”对齐。

(7) 将正文中除标题外的正文段落特殊格式设置为“首行缩进”，缩进值为“2 字符”，行距设置为“1.2 行”。

(8) 在文档的最后插入当前日期并独占一段，将最后 3 行文字的段落对齐方式设置为“右对齐”。

(9) 使用“拼写和语法检查”命令，检查文档中的语法或拼写错误，并按照建议进行更正。

(10) 给文档添加自定义属性，名称为“学校团委”，类型为“文本”，取值为 42，最后将文档另存为“第十五次学生代表大会通知.pdf”。

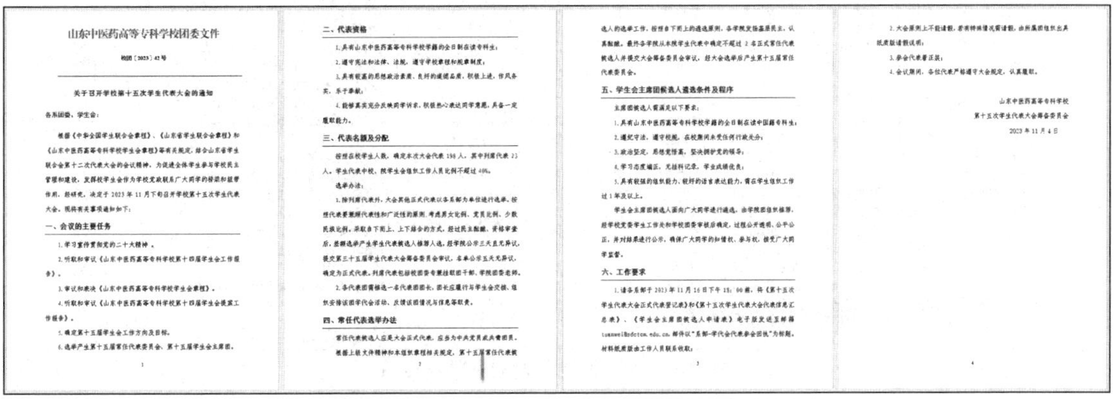
山东中医药高等专科学校团委文件

校团〔2023〕42 号

关于召开学校第十五次学生代表大会的通知

各系团委、学生会：

根据《中华全国学生联合会章程》、《山东省学生联合会章程》和《山东中医药高等专科学校学生会章程》等有关规定，结合山东省学生联合会第十二次代表大会的会议精神，为促进全体学生参与学校民主管理和建设，发挥校学生会作为学校党政联系广大同学的桥梁和纽带作用，经研究，决定于 2023 年 11 月下旬召开学校第十五次学生代表大会，现将有关事项通知如下：

一、会议的主要任务

1. 学习宣传贯彻党的二十大精神。

2. 听取和审议《山东中医药高等专科学校第十四届学生会工作报告》。

3. 审议和表决《山东中医药高等专科学校学生会章程》。

4. 听取和审议《山东中医药高等专科学校第十四届学生会提案工作报告》。

5. 确定第十五届学生会工作方向及目标。

6. 选举产生第十五届常任代表委员会、第十五届学生会主席团。

1

二、代表资格

1. 具有山东中医药高等专科学校学籍的全日制在读专科生；

2. 遵守宪法和法律、法规，遵守学校章程和规章制度；

3. 具有较高的思想政治素质、良好的道德品质，积极上进，作风务实，乐于奉献；

4. 能够真实充分反映同学诉求，积极热心表达同学意愿，具备一定履职能力。

三、代表名额及分配

按照在校学生人数，确定本次大会代表 198 人，其中列席代表 23 人。学生代表中校、院学生会组织工作人员比例不超过 40%。

选举办法：

1. 除列席代表外，大会其他正式代表以各系部为单位进行选举。按照代表要兼顾代表性和广泛性的原则，考虑男女比例、党员比例、少数民族比例，采取自下而上、上下结合的方式，经过民主酝酿、资格审查后，差额选举产生学生代表候选人推荐人选，经学院公示三天且无异议，提交第三十五届学生代表大会筹备委员会审议，名单公示五天无异议，确定为正式代表。列席代表包括校团委专兼挂职团干部、学院团委老师。

2. 各代表团需推选一名代表团团长，团长应履行与学生会交接、组织安排该团学代会活动、反馈该团情况与信息等职责。

四、常任代表选举办法

常任代表候选人应是大会正式代表，应当为中共党员或共青团员。根据上级文件精神和本组织章程相关规定，第十五届常任代表候

2

选人的选举工作，按照自下而上的遴选原则，各学院发扬基层民主，认真酝酿，最终各学院从本院学生代表中确定不超过 2 名正式常任代表候选人并提交大会筹备委员会审议，经大会选举后产生第十五届常任代表委员会。

五、学生会主席团候选人遴选条件及程序

主席团候选人需满足以下要求：

1. 具有山东中医药高等专科学校学籍的全日制在读中国籍专科生；

2. 遵纪守法，遵守校规，在校期间未受任何行政处分；

3. 政治坚定，思想觉悟高，坚决拥护党的领导；

4. 学习态度端正，无挂科记录，学业成绩优良；

5. 具有较强的组织能力、较好的语言表达能力，需在学生组织工作过 1 年及以上。

学生会主席团候选人面向广大同学进行遴选，由学院团组织推荐，经学校党委学生工作处和学校团委审核后确定，过程公开透明、公平公正，并对结果进行公示，确保广大同学的知情权、参与权，接受广大同学监督。

六、工作要求

1. 请各系部于 2023 年 11 月 16 日下午 18：00 前，将《第十五次学生代表大会正式代表登记表》和《第十五次学生代表大会代表信息汇总表》、《学生会主席团候选人申请表》电子版发送至邮箱 tuanwei@sdctcm.edu.cn，邮件以“系部-学代会代表参会回执”为标题，材料纸质版由工作人员联系收取；

3

2. 大会原则上不能请假，若有特殊情况需请假，由所属团组织出具纸质版请假说明；

3. 参会代表着正装；

4. 会议期间，各位代表严格遵守大会规定，认真履职。

山东中医药高等专科学校

第十五次学生代表大会筹备委员会

2023 年 11 月 4 日

4

图10-19 “第十五次学生代表大会通知”效果图

模块三

Excel 电子表格处理

案例十一　制作班级信息表

小陈是中医系新生班的临时班长，辅导员老师要求他整理班级所有新生的相关信息，对有错误的学生信息进行修改调整，增加新报到的学生信息，并完善班级信息表相关内容。

本案例主要练习 Excel 2016 工作簿的基本操作、工作表的基本操作、不同类型数据输入和编辑的方法。通过本案例，可以了解日常生活中常见工作表制作流程，掌握各类数据的不同输入方法以及工作表的管理操作。下面以制作学生班级信息表为例讲解详细操作步骤，案例效果如图 11-1 所示。

图11-1　“班级信息表.xlsx”效果图

一、案例设计

打开“素材\案例 11\Excel 案例 1 素材.xlsx”文件，完成以下操作。

(一) 工作簿和工作表的基本操作

1. 打开、另存工作簿

打开工作簿，将其另存在桌面上，命名为“班级信息表.xlsx”。

2. 新建工作表

在工作表 Sheet1 前面建立工作表 Sheet2，将其重命名为“中医 1 班信息”。

3. 复制工作表

将工作表 Sheet1 复制一份放到工作表“中医 1 班信息”后面，将其重命名为“中医 2 班信息”。将工作表 Sheet1 重命名为“原工作表备份”，并移动到最前面。

4. 修改工作表标签颜色

将“中医 1 班信息”工作表标签颜色修改为标准色“深红”，“中医 2 班信息”工作表标签颜色修改为标准色“深蓝”。

(二) 数据的编辑操作

1. 复制数据

将工作表“原工作表备份”中的中医 1 班的学生信息复制到工作表“中医 1 班信息”中。

2. 删除数据

将工作表“中医 2 班信息”中的中医 1 班的学生信息删除。

3. 序列填充

将两个工作表中的“学号”列按照“年级+专业编号+班级编号+排序号”的形式依次填充，例如“中医 1 班信息”工作表中的学号依次填充为 2022010101～2022010150。

4. 输入、修改信息

小陈发现自己的信息不小心统计漏了，需要新增到工作表“中医 1 班信息”的最后，信息为“2022 级，中医学，中医 01 班，2022010151，陈梦真，男，汉，371234200310101234，滨海东路 508 号”，请输入个人信息。“中医 2 班信息”工作表中的“代云”同学的身份证号最后一位是 8，请修改。

5. 插入批注

中医 2 班有 3 名少数民族学生，通过插入批注功能，在学生民族信息处分别插入批注信息“关心少数民族学生”。

6. 输入制表人姓名、日期和时间

分别在两个班级工作表的 A56 单元格输入自己的名字作为制表人作者，在 D56 单元格利用快捷键输入当前系统日期和时间作为创建工作表的日期和时间。

7. 插入标题

分别给两个班级工作表的第一行输入标题，内容为“2022 级中医××班学生信息表”。

8. 冻结窗格

分别把两个班级工作表的前两行内容冻结，使其一直显示。最后保存工作簿。

二、案例分析

(一) 工作簿和工作表的基本操作

1. 打开、另存工作簿

第 1 步：双击打开“Excel 案例 1 素材.xlsx”文件。

第 2 步：单击“文件”选项卡中的“另存为”命令，打开“另存为”对话框。在对话框中设置工作簿的保存位置为“桌面”，文件名为“班级信息表”，保存类型为“Excel 工作簿(*.xlsx)”。如图 11-2 所示。

第 3 步：单击“保存”按钮。

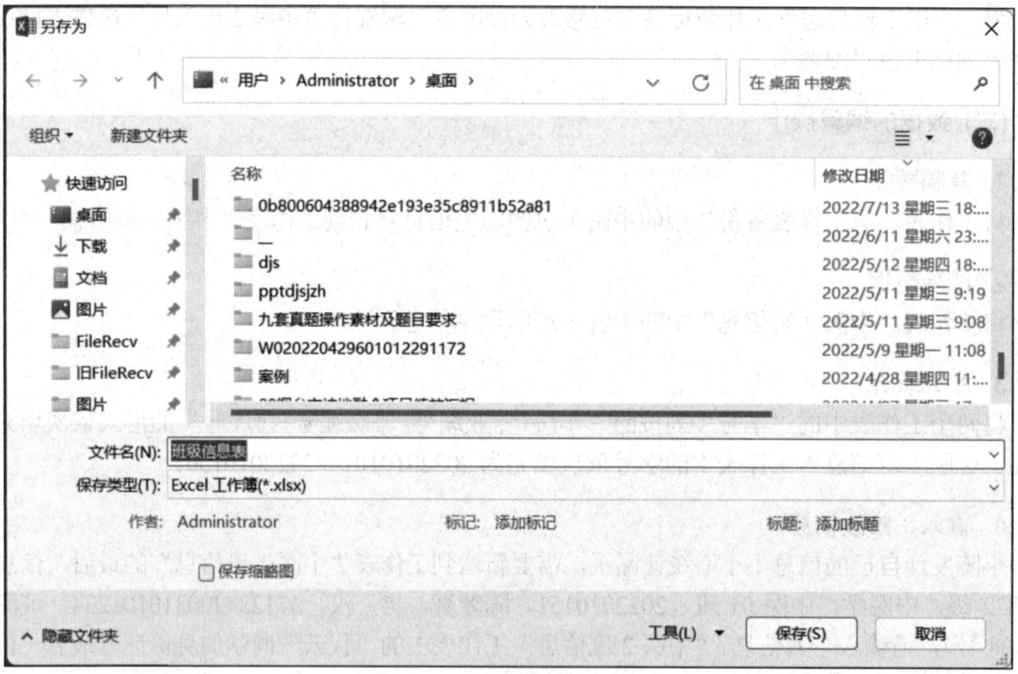

图11-2 “另存为”对话框

2. 新建工作表

第 1 步：右击工作表 Sheet1 的标签，在弹出的快捷菜单中选择“插入...”命令，此时打开“插入”对话框。选择“工作表”，单击“确定”按钮(或按 Shift+F11 组合键)，则可以在 Sheet1 前面新建工作表 Sheet2(如果单击工作表标签栏右侧的加号“新工作表”按钮，则会在 Sheet1 后面新建工作表)。

第 2 步：双击 Sheet2 的工作表标签，或者右击 Sheet2 的工作表标签，在弹出的快捷菜单中选择“重命名”命令，然后输入“中医 1 班信息”。

3. 复制工作表

第 1 步： 右击工作表 Sheet1，在弹出的快捷菜单中选择“移动或复制(M)…”命令，打开“移动或复制工作表”对话框。如图 11-3 所示，在“下列选定工作表之前”组中选择 Sheet1，同时选中“建立副本”复选框，单击“确定”按钮，此时会新建一个名为 Sheet1(2)的新工作表。

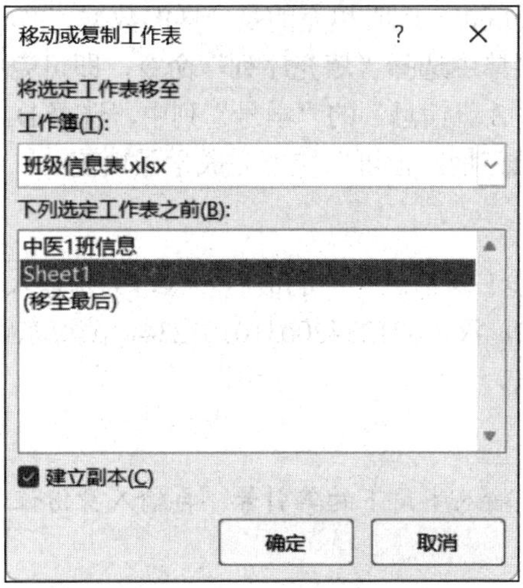

图11-3 “移动或复制工作表”对话框

第 2 步： 双击 Sheet1(2)的工作表标签，然后输入“中医 2 班信息”。

第 3 步： 按住 Sheet1 的工作表标签不放，拖动到工作表“中医 1 班信息”前面后，松开鼠标。然后双击 Sheet1 的工作表标签，输入“原工作表备份”。

4. 修改工作表标签颜色

选择“中医 1 班信息”工作表，右击并在弹出的快捷菜单中选择“工作表标签颜色”为标准色“深红”。同理，选择“中医 2 班信息”工作表，右击并在弹出的快捷菜单中选择“工作表标签颜色”为标准色“深蓝”。

(二) 数据的编辑操作

1. 复制数据

第 1 步： 在工作表“原工作表备份”中，选择单元格区域 A1:I51，右击并在快捷菜单中选择“复制”命令。

第 2 步： 单击工作表“中医 1 班信息”的 A1 单元格，按 Ctrl+V 组合键进行粘贴。

2. 删除数据

第 1 步： 在工作表“中医 2 班信息”中，选择单元格区域 A2:I51，右击并在快捷菜单中选择“删除”命令。

第 2 步： 在打开的“删除”对话框中，选择“整行”，然后单击“确定”按钮，此时就只剩下中医 2 班的学生信息。

3. 序列填充

第 1 步： 在工作表“中医 1 班信息”的“学号”列中，选择 D2 单元格，输入 2022010101，按 Enter 键结束。

第 2 步： 选择 D2 单元格，然后将鼠标指向其右下角，当鼠标变成实心“+”时，按住鼠标左键，拖动至 D51 单元格，松开鼠标，此时填充的是一样的数据。单击 D51 单元格右下角的“自动填充选项”按钮，在弹出的菜单中选择“填充序列”命令，即可完成学号顺序输入。

第 3 步： 在工作表“中医 2 班信息”的“学号”列中，选择 D2 单元格，输入 2022010201。然后按住 Ctrl 键，鼠标拖动填充柄，也可以快速完成学号填充。

4. 输入、修改信息

第 1 步： 在工作表“中医 1 班信息”中的最后一行，分别输入“2022 级，中医学，中医 01 班，2022010151，陈梦真，男，汉，371234200310101234，滨海东路 508 号”。适当调整 H 列宽度，使身份证号全部显示出来。

注意：

在输入身份证号时，要先输入半角下的单引号，再输入身份证号；也可以先设置单元格的格式为“文本”类型后再输入。

第 2 步： 在工作表“中医 2 班信息”中，选中 H52 单元格，在“开始”选项卡的“数字”组的下拉列表中选择“文本”，将其设置为“文本”类型；然后，双击 H5 单元格，使其处于内容编辑状态，把最后一位数字 3 修改成 8，按 Enter 键完成修改。

5. 插入批注

第 1 步： 在工作表“中医 2 班信息”中，右击单元格 G7，在弹出的快捷菜单中选择“插入批注”命令，输入内容“关心少数民族学生”。

第 2 步： 同理，对单元格 G16 和 G37 也插入批注。

6. 输入制表人姓名、日期和时间

第 1 步： 在工作表“中医 1 班信息”中，单击 A56 单元格，输入自己的姓名。

第 2 步： 单击 D56 单元格，按 Ctrl+; 组合键输入当前日期，按一下空格键。再按 Ctrl+Shift+; 组合键输入当前时间，最后按 Enter 键结束。

第 3 步： 同理，在工作表“中医 2 班信息”中的相应位置输入内容。

7. 插入标题

第 1 步： 在工作表“中医 1 班信息”中，单击第一行行标，选中第一行。然后右击，在弹出的快捷菜单中选择“插入”命令，如图 11-4 所示。此时插入一空行，在 A1 单元格输入“2022 级中医 1 班学生信息表”。

第 2 步： 同理，在工作表“中医 2 班信息”中，插入一空行，在 A1 单元格输入“2022 级中医 2 班学生信息表”。

图11-4　“插入”行命令

8. 冻结窗格

第 1 步：在工作表“中医 1 班信息”中，选中 A3 单元格，然后在“视图”选项卡的“窗口”组的“冻结窗格”下拉列表中选择“冻结拆分窗格”命令，如图 11-5 所示，即可将前两行内容冻结。

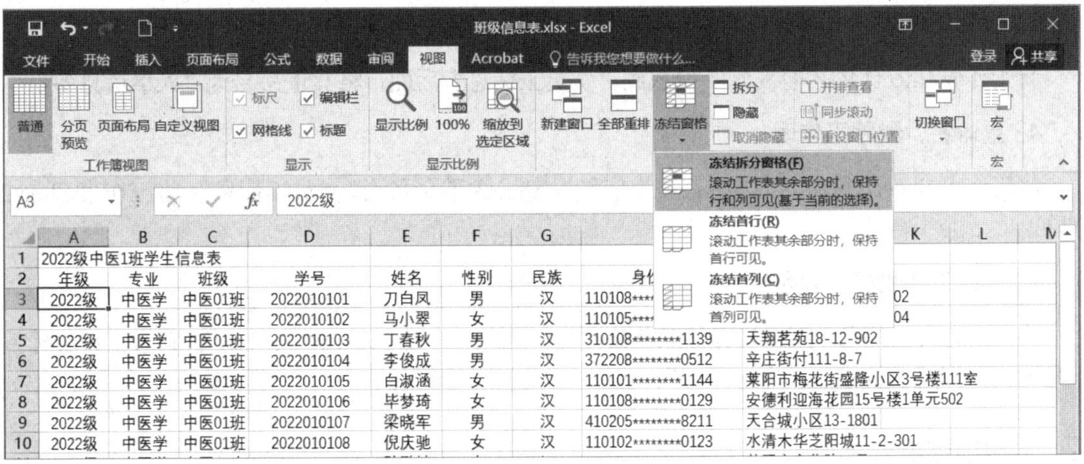

图11-5　“冻结拆分窗格”命令

第 2 步：同理，在工作表“中医 2 班信息”中，选中 A3 单元格，将前两行内容冻结。

第 3 步：按 Ctrl+S 组合键，保存工作簿。

三、案例拓展1

打开“素材\案例 11\案例拓展 1 素材.xlsx”文件，完成以下操作。完成后的效果如图 11-6 所示。

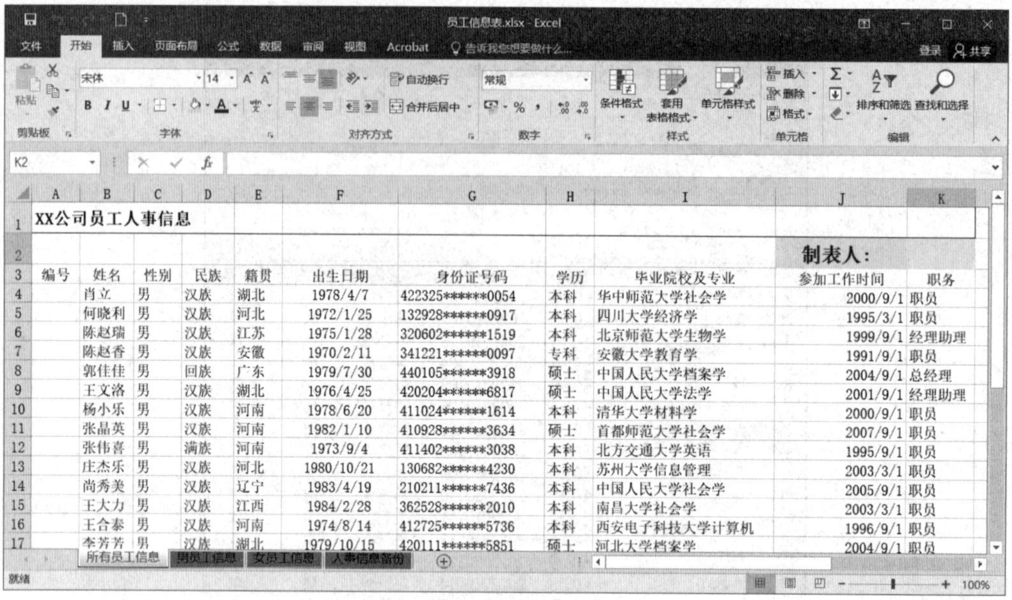

图11-6 “员工信息表.xlsx”效果图

1. 打开、另存工作簿

打开工作簿，将其另存在桌面上，命名为“员工信息表.xlsx”。

2. 新建工作表

在工作表 Sheet3 后面建立工作表 Sheet4，将其重命名为“女员工信息”。

3. 复制工作表

将工作表 Sheet1 的内容复制一份放到“女员工信息”后面，将其重命名为“人事信息备份”。

4. 重命名、删除工作表

将工作表 Sheet1 重命名为“所有员工信息”，Sheet3 重命名为“男员工信息”，将工作表 Sheet2 删除。

5. 修改工作表标签颜色

将“所有员工信息”工作表标签颜色修改为“红色，个性色 2，淡色 40%”。其余工作表标签颜色均为“深蓝，文字 2，淡色 40%”。

四、案例拓展2

打开“素材\案例 11\案例拓展 2 素材.xlsx”文件，完成以下操作并保存操作的结果。完成后的效果如图 11-7 所示。

1. 序列填充

在工作表“所有员工信息”中的“编号”列填充 A001～A026。

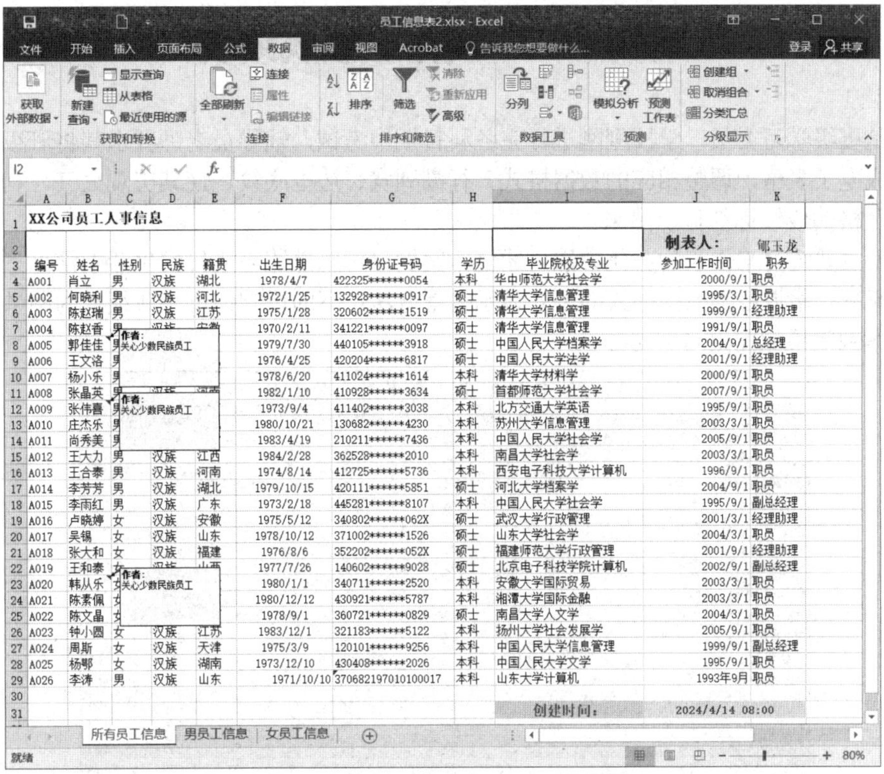

图11-7 “员工信息表2.xlsx”效果图

2. 输入信息

公司近期新增加一名技术人员，信息为“李涛，男，汉族，山东，1971-10-10，370682197010100017，本科，山东大学计算机，1993-9-1，职员”，请输入新增人员个人信息。

3. 修改信息

公司有 3 名员工(A002、A003、A004)今年完成了清华大学的信息管理专业的学习，获得了信息管理专业的硕士学历和学位，需要更新这 3 名员工的学历、毕业院校和专业。

4. 插入批注

公司有 3 名少数民族员工，通过插入批注功能，在员工姓名处分别插入批注信息“关心少数民族员工”。

5. 复制数据

将工作表“所有员工信息”中的男员工信息复制到工作表“男员工信息”中，女员工信息复制到工作表“女员工信息”中。

6. 输入制表人姓名、日期和时间

在 K2 单元格输入你的名字作为制表人作者。在 J31 单元格利用快捷键输入当前系统日期和时间，另存该工作簿名称为“员工信息表 2.xlsx”。

案例十二　制作班级成绩表

小李是班级学习委员，学校刚刚进行完各科目期中考试，辅导员老师要求其将班级所有学生的成绩做成电子表格，调整相应的数据格式、行高列宽、边框底纹，使其美观大气，利于阅读，同时将不及格的成绩标红显示出来。

本案例主要练习工作表的美化方法。通过本案例，可以熟练完成日常生活中常见工作表的修饰和美化流程，掌握各类数据格式的不同显示设置方法。下面以制作班级成绩表为例讲解详细操作步骤，案例效果如图 12-1 所示。

2022级中医1班学生期中考试成绩表											
学号	姓名	性别	中基	中诊	中内	方剂	语文	英语	计算机	总分	奖学金
2022010101	刀白凤	男	88	94	88	90	94	91	88	633	¥ 300
2022010102	马小翠	女	95	80	90	83	88	75	86	597	¥ 100
2022010103	丁春秋	男	70	83	78	88	80	50	89	538	¥ -
2022010104	李俊成	男	71	83	78	83	95	62	95	567	¥ -
2022010105	白淑涵	女	78	84	81	86	81	92	92	594	¥ -
2022010106	毕梦琦	女	82	95	75	84	90	73	93	592	¥ -
2022010107	梁晓军	男	70	84	78	80	90	61	86	549	¥ -
2022010108	倪庆驰	女	73	89	87	83	90	92	90	604	¥ 100
2022010109	孙鹏坤	女	73	93	79	81	94	71	86	577	¥ -
2022010110	孙旭卿	男	56	91	87	95	83	69	90	571	¥ -
2022010111	王朝旭	男	94	84	77	82	85	94	92	608	¥ 100
2022010112	王翔	女	75	91	85	95	84	87	89	606	¥ 100
2022010113	吴志强	男	82	95	80	81	88	92	92	610	¥ 100
2022010114	赵冠骅	男	84	80	86	80	93	86	86	595	¥ 100
2022010115	李泽林	男	92	89	83	86	87	70	93	600	¥ 100
2022010116	李志浩	男	83	90	77	83	85	77	93	588	¥ -
2022010117	曹彦茹	女	93	86	81	80	92	94	86	612	¥ 100
2022010118	刘亚萍	女	72	93	87	80	81	92	95	600	¥ 100
2022010119	柳雪春	女	80	92	76	88	86	86	95	603	¥ 100
2022010120	董欣	男	95	81	58	88	90	56	91	559	¥ -
2022010121	杜晓菲	女	81	87	84	83	90	67	88	580	¥ -
2022010122	范秋悦	女	95	80	84	91	92	60	90	592	¥ -
2022010123	付书鑫	男	71	94	88	82	89	75	93	592	¥ -
2022010124	高颖	女	89	95	90	94	82	70	87	607	¥ 100
2022010125	纪佳茹	女	84	86	84	89	86	69	93	591	¥ -
2022010126	孔晓萌	男	90	87	90	93	89	92	88	629	¥ 100
2022010127	李芳	男	90	83	86	90	81	93	91	614	¥ 100
2022010128	李慧	女	59	86	88	94	94	91	89	601	¥ 100
2022010129	李晓轲	男	78	90	80	83	83	70	86	570	¥ -
2022010130	李心雨	男	88	86	77	83	81	70	89	574	¥ -
2022010131	李玉坤	男	85	90	89	91	85	84	89	613	¥ 100
2022010132	刘凡	男	93	85	84	91	92	89	85	619	¥ 100
2022010133	刘佳慧	女	77	83	81	84	91	78	90	584	¥ -
2022010134	刘晓莉	女	95	90	82	95	90	82	94	628	¥ 100
2022010135	陈灿	男	83	80	86	83	89	60	94	575	¥ -
2022010136	陈金	男	77	80	88	91	85	69	93	583	¥ -
2022010137	李秋水	女	70	87	89	91	90	61	85	573	¥ -
2022010138	刘竹庄	男	81	94	83	80	83	77	93	591	¥ -
2022010139	马文航	男	75	80	89	94	80	69	85	572	¥ -
2022010140	王海娇	女	79	84	81	85	86	69	88	572	¥ -
2022010141	王绍娜	女	93	83	86	92	83	80	88	605	¥ 100
2022010142	曲美潞	男	72	88	78	85	80	72	90	565	¥ -
2022010143	桑艳霞	女	89	87	90	94	91	89	88	628	¥ 100
2022010144	沈待弟	女	95	84	81	81	87	94	90	612	¥ 100
2022010145	宋倩楠	男	95	80	81	82	84	85	92	599	¥ 100
2022010146	隋英楠	男	90	94	83	86	83	95	95	626	¥ 100
2022010147	孙彤彤	女	76	95	84	80	87	59	86	567	¥ -
2022010148	孙志颖	男	71	85	75	84	95	86	92	588	¥ -
2022010149	潘琪	男	78	95	86	95	91	70	93	608	¥ 100
2022010150	乔德启	男	95	94	78	94	86	60	94	601	¥ 100
2022010151	陈梦真	男	87	81	83	84	91	69	87	582	¥ -
	各科平均分：		82.10	87.25	82.73	86.67	87.29	76.94	90.04		

图12-1　“班级成绩表.xlsx”效果图

一、案例设计

打开“素材\案例 12\Excel 案例 2 素材.xlsx”文件，完成以下操作。

1. 设置表格标题

将工作表 Sheet1 中 A1 单元格内容“2022 级中医 1 班学生期中考试成绩表”作为表格标题，相对于表格居中。设置字体为“华文行楷”，字号为 20 磅，字体颜色为“红色”，填充颜色为“橙色，个性色 2，淡色 80%”。

2. 设置表格内容格式

将单元格区域 A2:L2 的字体设置为“华文中宋”，字号设置为 14 磅，字体颜色为“深蓝色”，填充颜色为“橙色”。将单元格区域 A3:L54 的字体设置为“楷体”，字号 12 磅，居中对齐。

3. 设置数值和货币格式

将各科平均成绩格式设置为保留两位小数，将“奖学金”列的数值改成“会计专用”格式，保留 0 位小数。

4. 设置行高和列宽

将工作表的 A2:L54 区域的行高设置为 18 磅，列宽设置为“自动调整列宽”。

5. 设置边框线和底纹

将单元格区域 A2: L54 加边框线，内线是绿色细实线，外线是红色粗实线。

6. 设置条件格式

利用条件格式为各科分数列设置颜色，将分数小于 60 分的数值设置为“红色，加粗”；将总分前 5 的数值设置为“浅红色填充”。

7. 设置表格套用格式

将单元格区域 A2:L54 的表格套用格式设置为“中等深浅”类中的“表样式中等深浅 11”，并将其转换为普通区域。

8. 保存工作簿

将工作簿以文件名“2022 级中医 1 班学生期中考试成绩表.xlsx”保存到桌面上。

二、案例分析

1. 设置表格标题

第 1 步：选择 A1:L1 单元格区域，单击“开始”选项卡的“对齐方式”组中的“合并后居中”按钮，将其合并。

第 2 步：单击“开始”选项卡中“字体”组的“字体”和“字号”按钮右侧的下拉箭头，选择字体为“华文行楷”，字号为 20；单击字体颜色按钮右侧下拉箭头，选择字体颜色为“红色”，如图 12-2～图 12-4 所示。

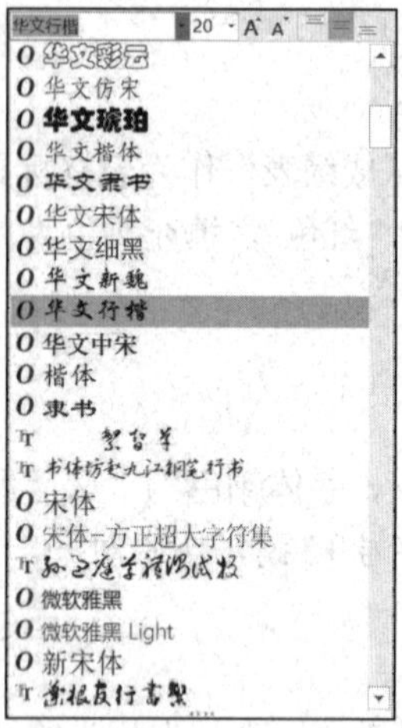

图12-2 “字体”下拉列表

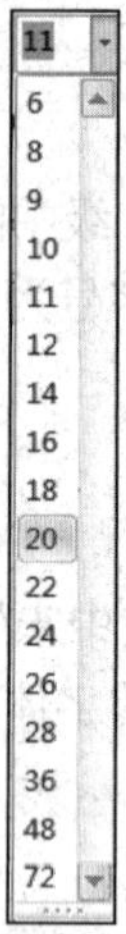

图12-3 “字号”下拉列表

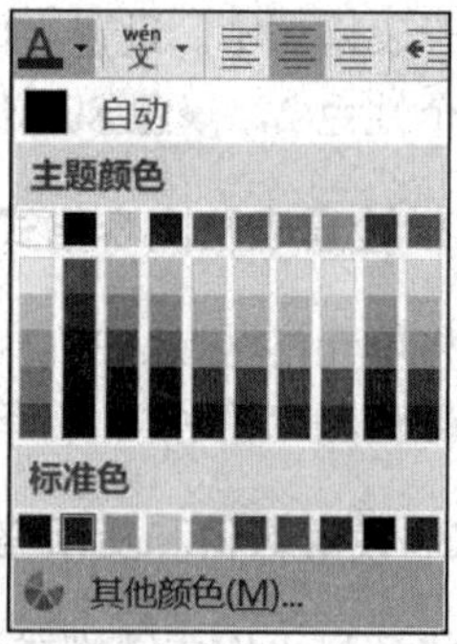

图12-4 “填充色”下拉列表

第 3 步：单击“开始”选项卡中“字体”组的填充色按钮右侧的下拉箭头，选择填充颜色为“橙色，个性色 2，淡色 80%”。

2. 设置表格内容格式

第 1 步：选择 A2:L2 单元格区域，单击“开始”选项卡的“字体”组中的“字体”“字号”和“字体颜色”按钮右侧的下拉箭头，选择字体为“华文中宋”，字号为 14，字体颜色为“深蓝色”。单击“开始”选项卡的“字体”组中的填充色按钮右侧的下拉箭头，选择填充颜色为“橙色”。

第 2 步：选择 A3:L54 单元格区域，单击“开始”选项卡的“字体”组中的“字体”“字号”按钮右侧的下拉箭头，选择字体为“楷体”，字号为 12。然后，单击“开始”选项卡中“对齐方式”组右下角的对话框启动器按钮，弹出“设置单元格格式”对话框。在“对齐”选项卡中的“水平对齐”和“垂直对齐”下拉列表中均选择“居中”，如图 12-5 所示，单击“确定”按钮。

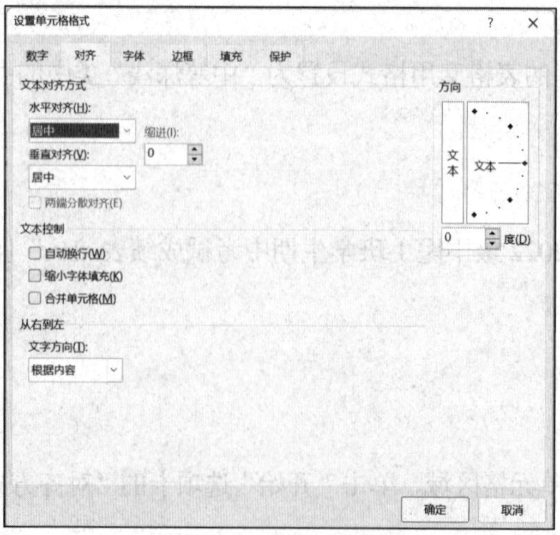

图12-5 “对齐”选项卡

3. 设置数值和货币格式

第 1 步： 选择 D54:J54 单元格区域，右击并在弹出的快捷菜单中选择“设置单元格格式”命令，打开“设置单元格格式”对话框；在对话框中，单击“数字”选项卡中的“数值”分类，“小数位数”设置为 2，如图 12-6 所示，单击“确定”按钮。

第 2 步： 选择 L3:L53 单元格区域，右击并在弹出快捷菜单中选择“设置单元格格式”命令，打开“设置单元格格式”对话框；在对话框中，单击“数字”选项卡中的“会计专用”分类，“小数位数”设置为 0，如图 12-7 所示，单击“确定”按钮。

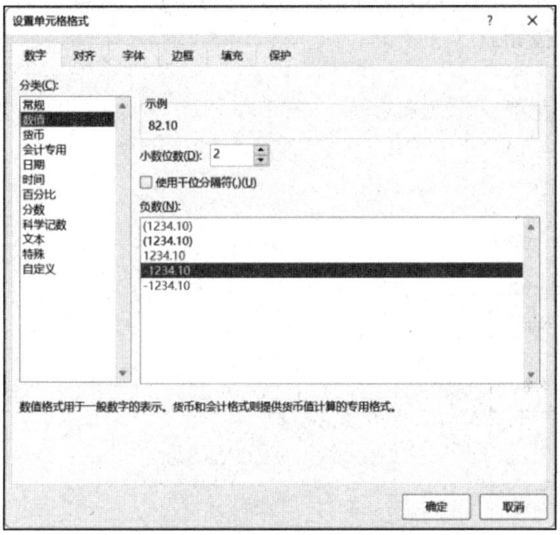

图12-6 设置“数值”格式

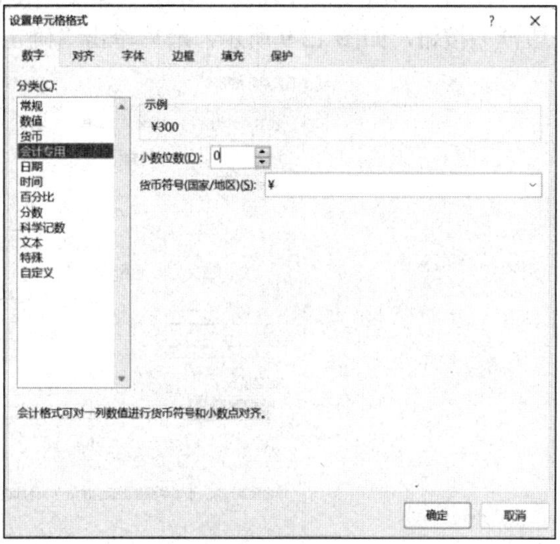

图12-7 设置“会计专用”格式

4. 设置行高和列宽

第 1 步： 选择单元格区域 A2:L54，在“开始”选项卡的“单元格”组中，选择“格式”按钮下拉箭头(如图 12-8 所示)中的“行高”选项，输入值为 18，单击“确定”按钮。

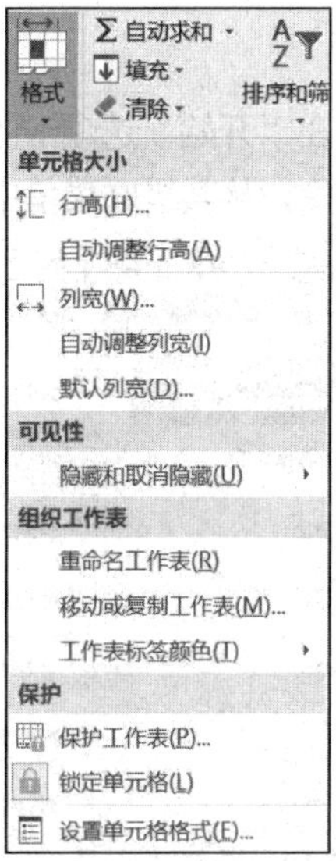

图12-8 “格式”按钮下拉列表

第 2 步：在“开始”选项卡的“单元格”组中，选择“格式”按钮下拉箭头中的“自动调整列宽”选项。

5. 设置边框线和底纹

第 1 步：选择单元格区域 A2:L54，右击并在弹出的快捷菜单中选择“设置单元格格式”命令，打开“设置单元格格式”对话框，选择“边框”选项卡。

第 2 步：单击线条样式为“细线”(第 1 列最后一条)，选择线条颜色为“绿色”，再单击“内部”按钮；单击线条样式为“粗线”(第 2 列倒数第 3 条)，选择线条颜色为“红色”，再单击“外边框”按钮，如图 12-9 所示，最后单击“确定”按钮。

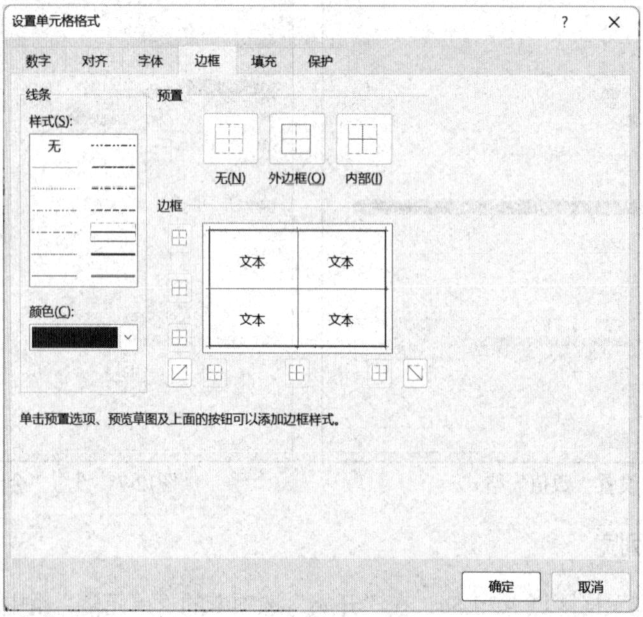

图12-9 “边框”选项卡

6. 设置条件格式

第 1 步：选择单元格区域 D3:J53，在“开始”选项卡的“样式”组中，单击“条件格式”按钮下拉列表中的“突出显示单元格规则”命令，从其级联菜单中选择“小于…”命令，如图 12-10 所示。

图12-10 选择“小于...”命令

第 2 步：在弹出的“小于”对话框中，输入数值 60，然后在“设置为”下拉列表中选择 “自定义格式”。在弹出的“设置单元格格式”对话框中，设置字形为“加粗”，字体颜色为“红色”，两次单击“确定”按钮。

第 3 步：选择单元格区域 K3:K53，在“开始”选项卡的“样式”组中，单击“条件格式”按钮下拉列表中的“项目选取规则”命令，从其级联菜单中选择“前 10 项…”命令，如图 12-11 所示。

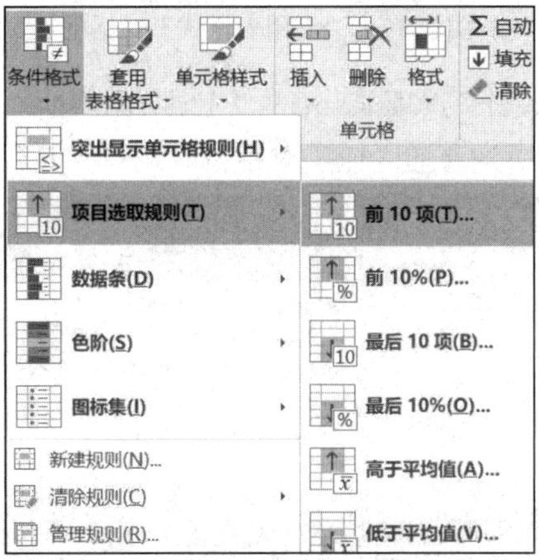

图12-11 选择“前10项”命令

第 4 步：在弹出的“前 10 项”对话框中，输入数值 5，然后在“设置为”下拉列表中选择“浅红色填充”，单击“确定”按钮。

7. 设置表格套用格式

第 1 步：选择单元格区域 A2: L54，在“开始”选项卡的“样式”组中，单击“套用表格格式”按钮下拉列表的“中等深浅”类中的“表样式中等深浅 11”，如图 12-12 所示。此时弹出“套用表格式”对话框，默认选中“表包含标题”复选框，如图 12-13 所示，然后单击“确定”按钮。

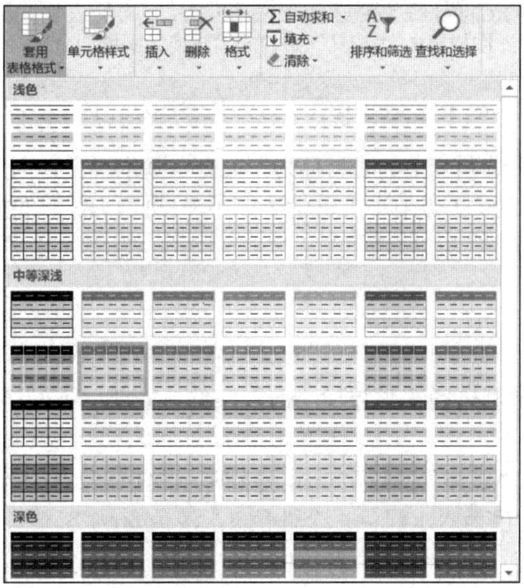

图12-12 “套用表格格式”下拉列表

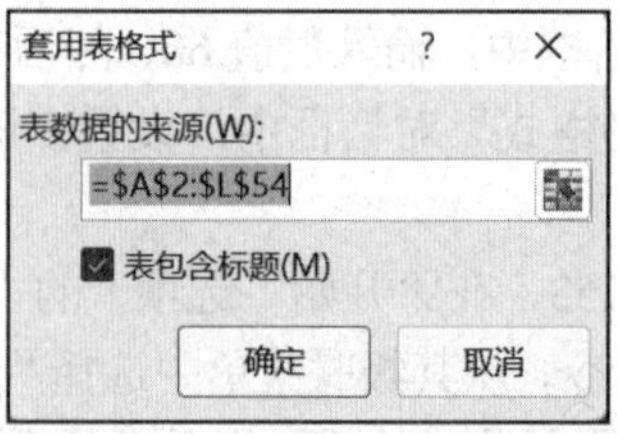

图12-13 “套用表格式”对话框

第 2 步：选择“表格工具-设计”选项卡，单击“工具”组中的“转换为区域”按钮，如图 12-14 所示，此时弹出“是否将表转换为普通区域”对话框，选择“是”命令。

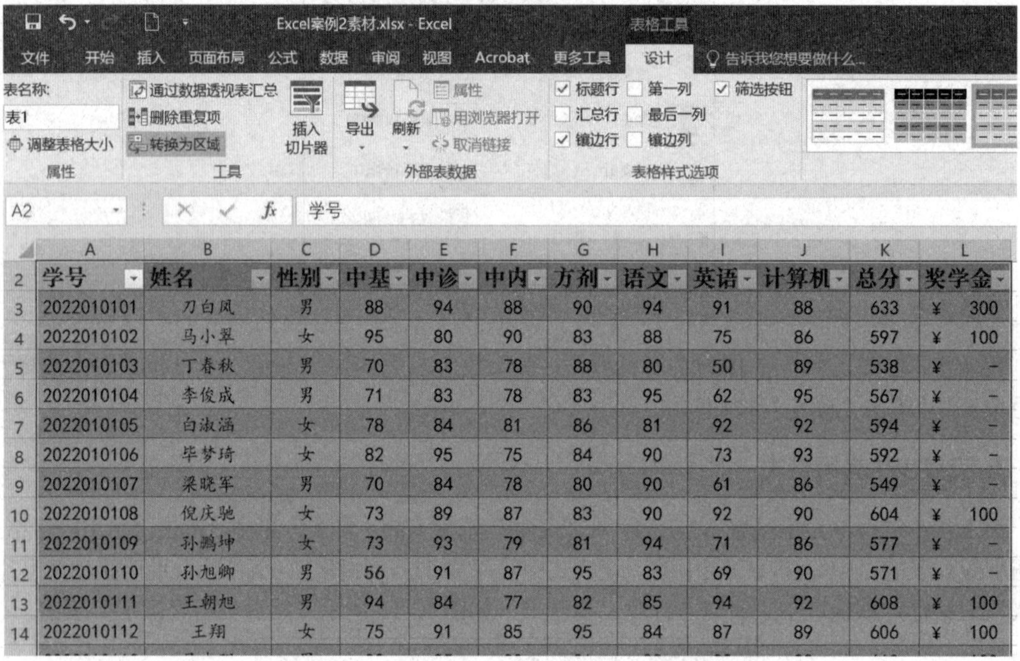

图12-14 “工具”组中的“转换为区域”命令

8. 保存工作簿

第 1 步：单击“文件”选项卡中的“另存为”命令，弹出“另存为”对话框。

第 2 步：文件名输入“2022 级中医 1 班学生期中考试成绩表”，位置选择“桌面”，单击“保存”按钮。

三、案例拓展1

打开“素材\案例 12\案例拓展 1 奖学金.xlsx”文件，完成以下操作并保存操作的结果。完成后的效果如图 12-15 所示。

(1) 将表格标题设置成“黑体”，24 磅大小，设置单元格区域 A1:J1 合并居中，字体颜色为“红色”，并设置单元格填充颜色为“水绿色，个性色 5，淡色 60%”。

(2) 利用填充功能，在“学号”列输入 2017001~2017018，设置所有科目成绩小数位为 1 位小数。

综合奖学金发放表									
学号	姓名	性别	班级	英语	体育	数学	物理	总分	奖学金
2017001	陈小峰	男	营销051	92.0	93.0	85.0	98.0	368	
2017002	沈时辰	男	营销051	89.0	82.0	84.0	90.0	345	
2017003	李光良	男	营销051	86.0	93.0	90.0	94.0	363	
2017004	孙寺江	男	营销051	95.0	91.0	89.0	87.0	362	
2017005	李兵	男	营销051	78.0	86.0	92.0	60.0	316	
2017006	王朝猛	男	营销051	99.0	83.0	96.0	82.0	360	
2017007	王小芳	女	营销051	96.0	82.0	86.0	88.0	352	
2017008	张慧	女	营销051	99.0	88.0	93.0	92.0	372	
2017009	郭峰	男	营销051	88.0	92.0	94.0	93.0	367	
2017010	任春花	女	营销051	96.0	93.0	64.0	77.0	330	
2017011	方子萍	女	营销051	85.0	90.0	76.0	82.0	333	
2017012	徐洁	女	营销051	79.0	94.0	87.0	91.0	351	
2017013	张艳红	女	营销051	94.0	87.0	90.0	93.0	364	
2017014	李娟	女	营销051	91.0	60.0	73.0	82.0	306	
2017015	宋大远	男	营销051	84.0	82.0	98.0	93.0	357	
2017016	程前	男	营销051	84.0	88.0	80.0	91.0	343	
2017017	王子荐	男	营销051	99.0	92.0	95.0	85.0	371	
2017018	李佳政	男	营销051	67.0	93.0	76.0	83.0	319	

图12-15 “案例拓展1奖学金.xlsx”效果图

(3) 利用条件格式为 4 门课程成绩设置色阶，色阶规则为“红-白-蓝色阶”。

(4) 将表格各列的列宽设置为 9 磅，第 2 行行高设置为 25 磅，第 3～20 行行高为 20 磅。

(5) 将单元格区域 A2:J20 中所有数据水平和垂直方向都居中。

(6) 将单元格区域 A2:J20 的边框线设置为“所有框线”。

(7) 利用条件格式将总分前 5 名的分数设置为加粗红色。

四、案例拓展2

打开“素材\案例 12\案例拓展 2 人事信息表.xlsx”文件，完成以下操作并保存操作的结果。完成后的效果如图 12-16 所示。

1. 设置表格标题

将“所有员工信息”工作表中 A1 单元格内容“××公司员工人事信息”作为表格标题，相对于表格跨列居中。设置字体为“华文中宋”，字号为 20 磅，字体颜色为“红色”，填充颜色为“黄色”。

2. 设置列标题格式

将单元格区域 A3:K3 的字体设置为“华文中宋”，字号设置为 14 磅，字体颜色为“深蓝色”，填充颜色为“橙色，个性色 6，淡色 60%”。

3. 设置日期格式

将所有出生日期格式设置为自定义格式：yyyy"年"mm"月"dd"日"。

××公司员工人事信息										
									制表人：	
编号	姓名	性别	民族	籍贯	出生日期	身份证号码	学历	毕业院校及专业	参加工作时间	职务
	肖立	男	汉族	湖北	1978年04月07日	422325********0054	本科	华中师范大学社会学	2000/9/1	职员
	何晓利	男	汉族	河北	1972年01月25日	132928********0917	本科	四川大学经济学	1995/3/1	职员
	陈赵瑞	男	汉族	江苏	1975年01月28日	320602********1519	本科	北京师范大学生物学	1999/9/1	经理助理
	陈赵香	男	汉族	安徽	1970年02月11日	341221********0097	专科	安徽大学教育学	1991/9/1	职员
	郭佳佳	男	回族	广东	1979年07月30日	440105********3918	硕士	中国人民大学档案学	2004/9/1	总经理
	王文洛	男	汉族	湖北	1976年04月25日	420204********6817	硕士	中国人民大学法学	2001/9/1	经理助理
	杨小乐	男	汉族	河南	1978年06月20日	411024********1614	本科	清华大学材料学	2000/9/1	职员
	张晶英	男	汉族	河南	1982年01月10日	410928********3634	硕士	首都师范大学社会学	2007/9/1	职员
	张伟喜	男	满族	河南	1973年09月04日	411402********3038	本科	北方交通大学英语	1995/9/1	职员
	庄杰乐	男	汉族	河北	1980年10月21日	130682********4230	本科	苏州大学信息管理	2003/3/1	职员
	尚秀美	男	汉族	辽宁	1983年04月19日	210211********7436	本科	中国人民大学社会学	2005/9/1	职员
	王大力	男	汉族	江西	1984年02月28日	362528********2010	本科	南昌大学社会学	2003/3/1	职员
	王合泰	男	汉族	河南	1974年08月14日	412725********5736	本科	西安电子科技大学计算机	1996/9/1	职员
	李芳芳	男	汉族	湖北	1979年10月15日	420111********5851	硕士	河北大学档案学	2004/9/1	职员
	李雨红	男	汉族	广东	1973年02月18日	445281********7123	本科	中国人民大学社会学	1995/9/1	副总经理
	卢晓婷	女	汉族	安徽	1975年05月12日	340802********062X	硕士	武汉大学行政管理	2001/3/1	经理助理
	吴锡	女	汉族	山东	1978年10月12日	371002********1526	硕士	山东大学社会学	2004/3/1	职员
	张大和	女	汉族	福建	1976年08月06日	352202********052X	硕士	福建师范大学行政管理	2001/9/1	经理助理
	王和泰	女	汉族	山西	1977年07月26日	140602********9028	硕士	北京电子科技学院计算机	2002/9/1	副总经理
	韩从乐	女	蒙古族	安徽	1980年01月01日	340711********2520	本科	安徽大学国际贸易	2003/3/1	职员
	陈素佩	女	汉族	湖南	1980年12月12日	430921********5787	本科	湘潭大学国际金融	2003/3/1	职员
	陈文晶	女	汉族	江西	1978年09月01日	360721********0829	硕士	南昌大学人文学	2004/3/1	职员
	钟小圆	女	汉族	江苏	1983年12月01日	321183********5122	本科	扬州大学社会发展学	2005/9/1	职员
	周斯	女	汉族	天津	1975年03月09日	120101********6123	本科	中国人民大学信息管理	1999/9/1	副总经理
	杨鄂	女	汉族	湖南	1973年12月10日	430408********2026	本科	中国人民大学文学	1995/9/1	职员
								创建时间：		

图12-16 “案例拓展2人事信息表.xlsx”效果图

4. 设置行高和列宽

将工作表的 A3:K28 区域行高设置为 18 磅，列宽设置为“自动调整列宽”，内容设置为水平和垂直都居中。

5. 设置边框线

将单元格区域 A3:K28 加边框线，内线是绿色细实线，外线是深蓝色粗实线。

6. 设置条件格式

利用条件格式为“出生日期”列设置色阶，色阶规则为“绿-白-红色阶”。为“学历”列中的“硕士”学历设置“蓝色”填充色，其余的正常显示。

7. 设置表格套用格式

为工作表“人事信息备份”中的单元格区域 A3:K28 设置表格套用格式，设置套用格式为“中等深浅”类中的“表样式中等深浅 11”，并将其转换为普通区域。

案例十三　统计比赛成绩表

为深入宣传贯彻党的二十大精神，深刻领会党的二十大精神的重要意义，小张所在院系举办了一场以“贯彻党的二十大精神 踔厉奋发绽光彩”为主题的学生演讲比赛，邀请了 7 名评委老师进行打分，并根据最终的成绩给予奖励。小李是学生会宣传部成员，老师要求其录入评委评分成绩后，能快速地求出参赛选手的成绩，并统计出相关信息。

对工作簿中大批量数据进行统计计算是日常生活中经常遇到的数据处理问题，Excel 2016 提供了强大的公式计算功能。通过本案例，可以了解公式、运算符号和地址引用的功能，掌握常见的求和类、计数类、最大值、最小值等函数的基本功能和使用方法，以及根据实际需要构造公式解决实际问题的方法。下面以统计比赛成绩表为例讲解详细步骤操作，案例效果如图 13-1 所示。

学号	姓名	性别	班级	评委1	评委2	评委3	评委4	评委5	评委6	评委7	总分	最高分	最低分	平均分	奖金
120305	包宏伟	男	03班	92	73	75	71	75	80	91	557	92	71	78.8	0
120203	陈万地	男	02班	71	93	92	77	88	87	92	600	93	71	87.2	300
120104	杜学江	男	01班	90	82	75	70	94	91	74	576	94	70	82.4	100
120301	符合	女	03班	72	75	78	93	87	94	85	584	94	72	83.6	100
120306	吉祥	男	03班	85	75	85	82	77	88	92	584	92	75	83.4	100
120206	李北大	男	02班	77	92	85	82	75	85	80	576	92	75	81.8	100
120302	李娜娜	女	03班	78	77	73	82	91	78	91	570	91	73	81.2	100
120204	刘康锋	男	02班	72	81	95	78	86	72	79	563	95	72	79.2	0
120201	刘鹏举	男	02班	78	93	84	82	77	92	89	595	93	77	85.0	300
120304	倪冬声	男	03班	76	84	71	71	91	82	92	567	92	71	80.8	100
120103	齐飞扬	男	01班	78	83	82	78	91	83	94	589	94	78	83.4	100
120105	苏解放	男	01班	87	73	73	89	88	79	82	571	89	73	81.8	100
120202	孙玉敏	男	02班	75	90	94	95	89	75	87	605	95	75	87.0	300
120205	王清华	女	02班	88	73	80	92	72	82	85	572	92	72	81.6	100
120102	谢如康	男	01班	70	93	93	90	91	88	70	595	93	70	86.4	300
120303	闫朝霞	女	03班	80	88	81	94	72	73	90	578	94	72	82.4	100
120101	曾令煊	男	01班	86	73	71	92	75	94	70	561	94	70	79.4	0
120106	张桂花	女	01班	75	92	71	70	70	91	89	558	92	70	79.2	0

所有人奖金之和	2200	所有人平均分	82.48	总共有多少人	18
01班的奖金之和	600	02班的平均分	83.63	平均分超过80的人数	14
02班男生的奖金之和	1000	02班女生的平均分	81.6	03班超过85分人数	0

图13-1　“成绩分析表”效果图

一、案例设计

打开“素材\案例 13\Excel 案例 3 素材.xlsx”文件，完成以下操作。

1. 计算总分

分别利用公式和函数，在 L 列计算各位同学的总分，并对比结果是否一致，体会哪种方法更快捷。

2. 计算最高分、最低分

利用 MAX 函数，在单元格区域 M2:M19 计算每个学生的最高分。利用 MIN 函数，在单元格区域 N2:N19 计算每个学生的最低分。

3. 计算平均分

在单元格区域 O2:O19 计算每个学生的平均分。平均分计算方法为所有评委总分，去掉一个最高分和一个最低分，然后取平均值。

4. 计算所属班级

每个学生学号的第 3、4 位代表该学生所在班级编号，利用 MID 函数在单元格区域 D2:D19 求出每个学生所在的班级，以“××班”的形式显示。

5. 统计奖学金之和

使用 SUM 函数在 C21 单元格求出所有学生奖金之和，使用 SUMIF 函数在 C22 单元格求出来自“01 班”学生的奖金之和，使用 SUMIFS 函数在 C23 单元格求出来自“02 班”男生的奖金之和。

6. 统计班级平均分

使用 AVERAGE 函数在 G21 单元格求出所有学生的平均成绩，使用 AVERAGEIF 函数在 G22 单元格求出来自“02 班”学生的平均成绩，使用 AVERAGEIFS 函数在 G23 单元格求出来自“02 班”女生的平均成绩。

7. 进行计数

使用 COUNTA 函数在 K21 单元格求出总共有多少人，使用 COUNTIF 函数在 K22 单元格求出平均分超过 80 的人数，使用 COUNTIFS 函数在 K23 单元格求出 03 班超过 85 分的人数。

8. 保存

将工作簿以文件名“学生演讲比赛成绩统计表.xlsx”保存到桌面上。

二、案例分析

1. 计算总分

第 1 步：使用公式求总分，单击选中单元格 L2，在 L2 单元格或编辑栏中直接输入“=E2+F2+G2+H2+I2+J2+K2”，如图 13-2 所示。输入完成后按 Enter 键或者单击编辑栏左侧的对号输入按钮，完成第一个同学总分的计算。

第 2 步：选中 L3 单元格，鼠标指向其填充柄。当鼠标变成实心“+”时，直接双击鼠标或者按住鼠标左键向下拖动至 L19 单元格，这样就可以计算出其他人的总分。

第 3 步：使用求和函数求总分，双击单元格 L2，修改 L2 单元格的内容为“=SUM(E2:K2)”，按 Enter 键结束。然后鼠标指向其填充柄双击，计算出其他人的总分。

第 4 步：通过对比发现，在进行相邻单元格多个数据求和时，使用函数方式更快捷。

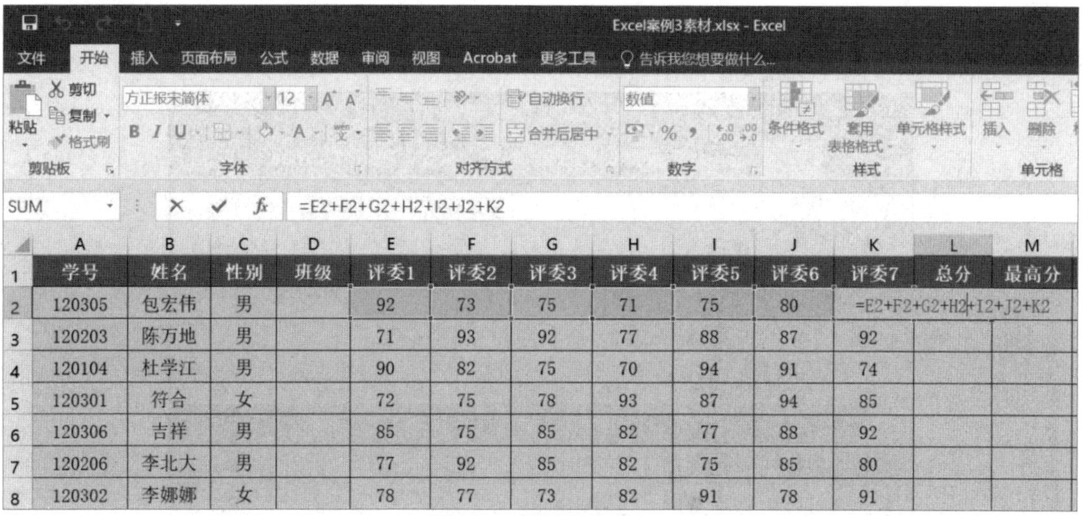

图13-2 使用公式求和

2. 计算最高分、最低分

第 1 步： 单击选中单元格 M2，在单元格中输入内容"=MAX(E2:K2)"，按 Enter 键。然后鼠标指向其填充柄双击，计算出其他同学的最高分。

第 2 步： 同理，单击选中单元格 N2，在单元格中输入内容"=MIN(E2:K2)"，按 Enter 键。然后鼠标指向其填充柄双击，计算出其他同学的最低分。

3. 计算平均分

单击选中单元格 O2，在单元格中输入内容"=(L2-M2-N2)/5"，如图 13-3 所示，按 Enter 键。然后鼠标指向其填充柄双击，计算出其他同学的平均分。

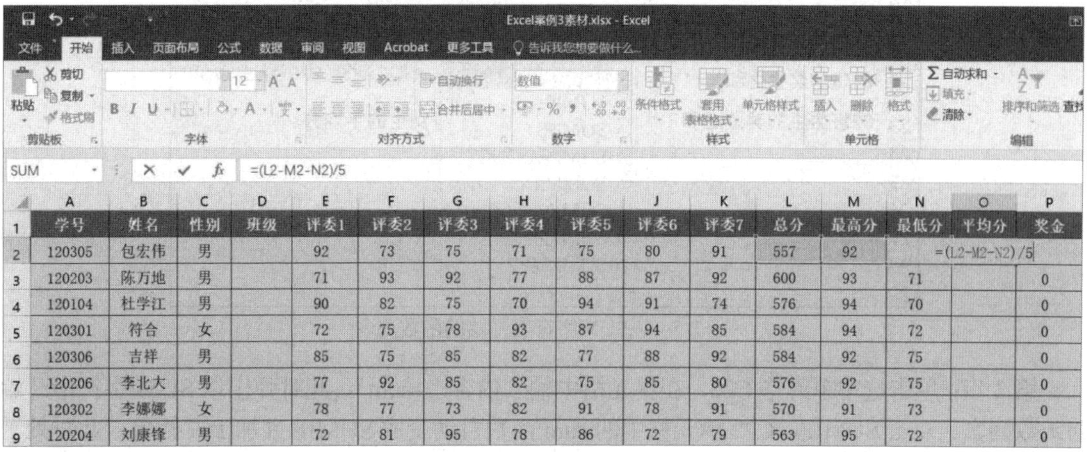

图13-3 使用公式求平均值

4. 计算所属班级

第 1 步： 单击选中单元格 D2，在单元格中输入内容"=MID(A2,3,2)"，按 Enter 键，得出该同学的班级编号。

第 2 步： 双击单元格 D2，修改该单元格内容为“=MID(A2,3,2)&"班"”，如图 13-4 所示，按 Enter 键。然后鼠标指向其填充柄双击，得出其他同学的班级编号。

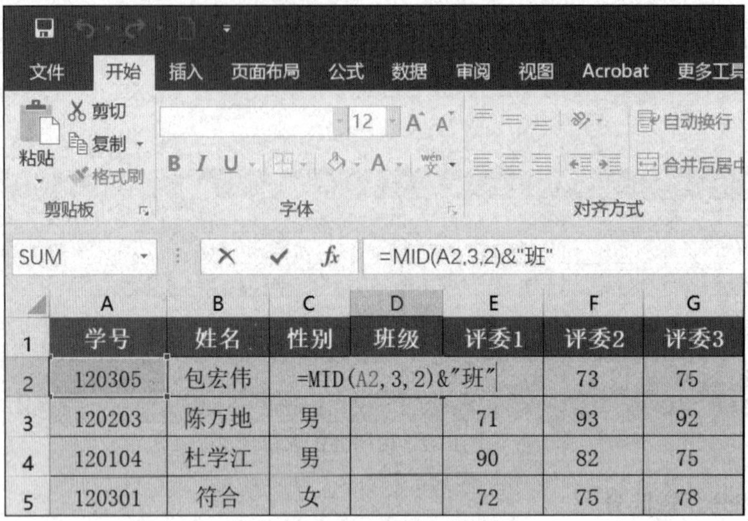

图13-4　用MID函数求班级编号

5. 统计奖学金之和

第 1 步： 单击选中单元格 C21，在单元格中输入内容“=sum”，此时弹出以 SUM 字符串开始的函数列表，如图 13-5 所示。双击 SUM，此时 C21 单元格中的 sum 函数自动变成 SUM 并加上左括号，处于参数输入状态。可以直接输入 P2:P19，也可以使用鼠标选择“奖金”列的 P2:P19 单元格区域，最后输入右括号，按 Enter 键结束。

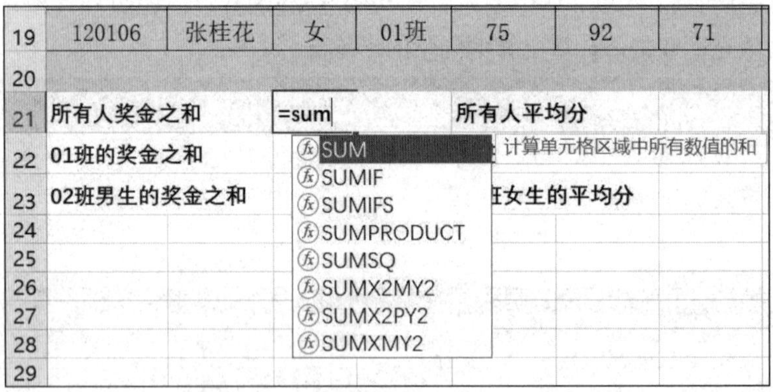

图13-5　以SUM字符串开始的函数列表

第 2 步： 单击选中单元格 C22，在单元格中输入内容“=sum”，此时弹出以 SUM 字符串开始的函数列表。双击 SUMIF，C22 单元格中的 sum 函数自动变成 SUMIF 并加上左括号。此时处于第 1 个参数输入状态，使用鼠标选择“班级”列的 D2:D19 单元格区域完成第 1 个参数的输入，接着使用键盘输入英文的逗号；此时开始第 2 个参数的输入，使用键盘输入"01 班"完成第 2 个参数的输入，接着继续输入英文的逗号；此时开始第 3 个参数的输入，使用鼠标选择“奖金”列的 P2:P19 单元格区域完成第 3 个参数的输入，最后输入右括号，按 Enter 键结束。C22 单元格最终在编辑栏中显示的函数内容为“=SUMIF(D2:D19,"01 班",P2:P19)”，如图 13-6 所示。

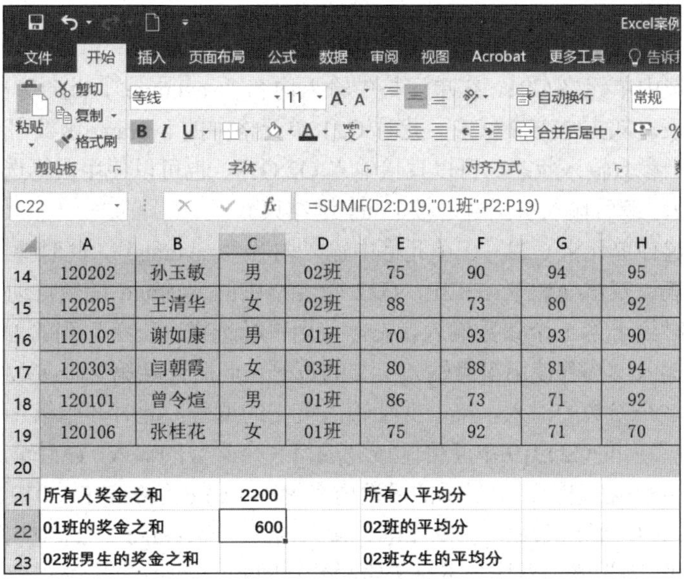

图13-6　SUMIF函数

第 3 步：单击选中单元格 C23，在单元格中输入内容=SUM，此时弹出以 SUM 字符串开始的函数列表。因为所求之和带有班级和性别限制的两个条件，所以双击 SUMIFS，C23 单元格中的 sum 函数自动变成 SUMIFS 并加上左括号。此时处于第 1 个参数输入状态，使用鼠标选择“奖金”列的 P2:P19 单元格区域完成第 1 个参数的输入，接着使用键盘输入英文的逗号；此时开始第 2 个参数的输入，使用鼠标选择“班级”列的 D2:D19 单元格区域完成第 2 个参数的输入，接着继续输入英文的逗号；此时开始第 3 个参数的输入，使用键盘输入"02 班"完成第 3 个参数的输入，接着继续输入英文的逗号；此时开始第 4 个参数的输入，使用鼠标选择“性别”列的 C2:C19 单元格区域完成第 4 个参数的输入，接着继续输入英文的逗号；此时开始第 5 个参数的输入，使用键盘输入"男"完成第 5 个参数的输入，最后输入右括号，按 Enter 键结束。C23 单元格最终在编辑栏中显示的函数内容为“=SUMIFS(P2:P19,D2:D19,"02 班",C2:C19,"男")”，如图 13-7 所示。

图13-7　SUMIFS函数

6. 统计班级平均分

第 1 步： 单击选中单元格 G21，在单元格中输入内容“=average”，此时弹出以 AVERAGE 字符串开始的函数列表。双击 AVERAGE，此时 G21 单元格中的 average 函数自动变成 AVERAGE 并加上左括号，处于参数输入状态。可以直接输入 O2:O19，也可以使用鼠标选择“平均分”列的 O2:O19 单元格区域，最后输入右括号，按 Enter 键结束。

第 2 步： 单击选择单元格 G22，在单元格中输入内容“=average”，此时弹出以 AVERAGE 字符串开始的函数列表。双击 AVERAGEIF，G22 单元格中的 average 函数自动变成 AVERAGEIF 并加上左括号。此时处于第 1 个参数输入状态，使用鼠标选择“班级”列的 D2:D19 单元格区域完成第 1 个参数的输入，接着使用键盘输入英文的逗号；此时开始第 2 个参数的输入，使用键盘输入"02 班"完成第 2 个参数的输入，接着继续输入英文的逗号；此时开始第 3 个参数的输入，使用鼠标选择“平均分”列的 O2:O19 单元格区域完成第 3 个参数的输入，最后输入右括号，按 Enter 键结束。G22 单元格最终在编辑栏中显示的函数内容为“=AVERAGEIF(D2:D19,"02 班",O2:O19)”。

第 3 步： 单击选中单元格 G23，在单元格中输入内容“=average”，此时弹出以 AVERAGE 字符串开始的函数列表。因为所求平均分带有班级和性别限制的两个条件，所以双击 AVERAGEIFS，G23 单元格中的 average 函数自动变成 AVERAGEIFS 并加上左括号。此时处于第 1 个参数输入状态，使用鼠标选择“平均分”列的 O2:O19 单元格区域完成第 1 个参数的输入，接着使用键盘输入英文的逗号；此时开始第 2 个参数的输入，使用鼠标选择“班级”列的 D2:D19 单元格区域完成第 2 个参数的输入，接着继续输入英文的逗号；此时开始第 3 个参数的输入，使用键盘输入"02 班"或直接用鼠标选择 D3 单元格，完成第 3 个参数的输入，接着继续输入英文的逗号；此时开始第 4 个参数的输入，使用鼠标选择“性别”列中的 C2:C19 单元格区域完成第 4 个参数的输入，接着继续输入英文的逗号；此时开始第 5 个参数的输入，使用键盘输入"女"或直接用鼠标选择 C19 单元格，完成第 5 个参数的输入，按 Enter 键自动填充右括号。G23 单元格最终在编辑栏中显示的函数内容为“=AVERAGEIFS(O2:O19,D2:D19,D3,C2:C19,C19)”，如图 13-8 所示。

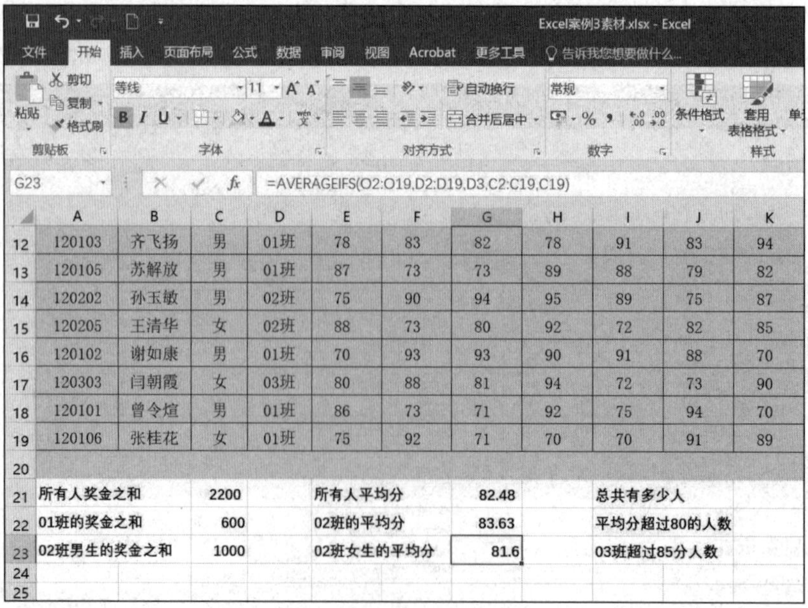

图13-8 AVERAGEIFS函数

7. 进行计数

第 1 步： 单击选中单元格 K21，在单元格中输入内容“=count”，此时弹出以 COUNT 字符串开始的函数列表。双击 COUNTA，K21 单元格中的 count 函数自动变成 COUNTA 并加上左括号，此时处于参数输入状态。因为“姓名”列一般不出现空内容，所以此处使用鼠标选择“姓名”列的 B2:B19 单元格区域，输入右括号，按 Enter 键结束。最终 K21 单元格中输入的内容为“=COUNTA(B2:B19)”。

第 2 步： 单击选中单元格 K22，在单元格中输入内容“=count”，此时弹出以 COUNT 字符串开始的函数列表。双击 COUNTIF，K22 单元格中的 count 函数自动变成 COUNTIF 并加上左括号。此时处于第 1 个参数输入状态，使用鼠标选择“平均分”列的 O2:O19 单元格区域完成第 1 个参数的输入，接着使用键盘输入英文的逗号；此时开始第 2 个参数的输入，使用键盘输入">80"完成第 2 个参数的输入，最后输入右括号，按 Enter 键结束。K22 单元格最终在编辑栏中显示的函数内容为“=COUNTIF(O2:O19,">80")”。

第 3 步： 单击选中单元格 K23，在单元格中输入内容“=count”，此时弹出以 COUNT 字符串开始的函数列表。因为所求人数含有班级和平均分限制的两个条件，所以双击 COUNTIFS，K23 单元格中的 count 函数自动变成 COUNTIFS 并加上左括号。此时处于第 1 个参数输入状态，使用鼠标选择“班级”列中的 D2:D19 单元格区域完成第 1 个参数的输入，接着使用键盘输入英文的逗号；此时开始第 2 个参数的输入，使用键盘输入"03 班"或者直接用鼠标选择 D2 单元格，接着继续输入英文的逗号；此时开始第 3 个参数的输入，使用鼠标选择“平均分”列的 O2:O19 单元格区域，接着继续输入英文的逗号；此时开始第 4 个参数的输入，使用键盘输入">85"，按 Enter 键自动填充右括号。K23 单元格最终在编辑栏中显示的函数内容为“=COUNTIFS(D2:D19,D2,O2:O19,">85")”，如图 13-9 所示。此时发现结果为 0，如果是统计 01 班平均分超过 85 分的学生人数呢？

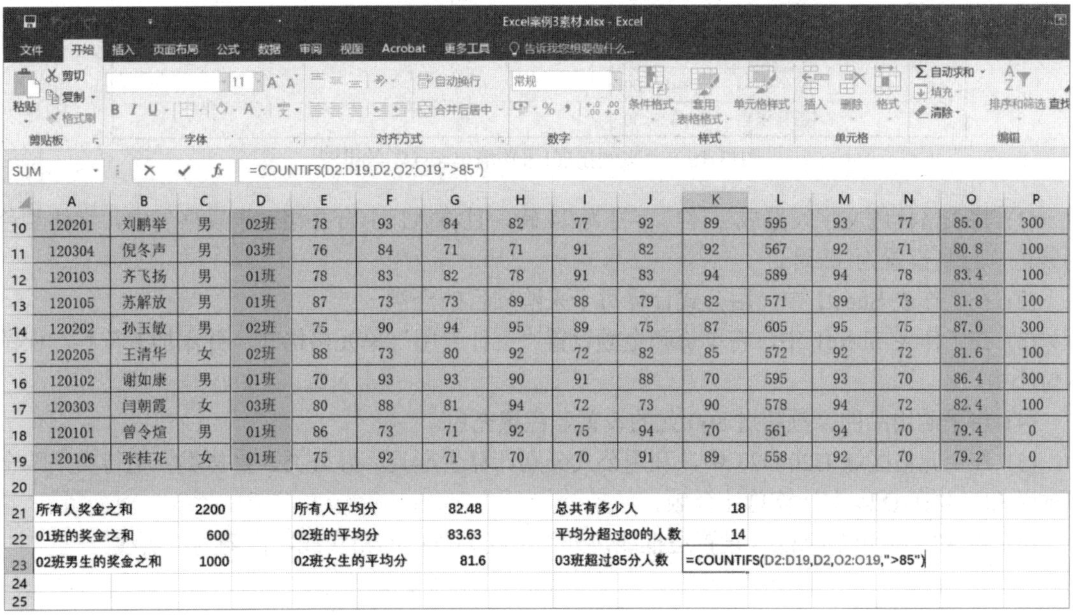

	A	B	C	D	E	F	G	H	I	J	K	L	M	N	O	P
10	120201	刘鹏举	男	02班	78	93	84	82	77	92	89	595	93	77	85.0	300
11	120304	倪冬声	男	03班	76	84	71	71	91	82	92	567	92	71	80.8	100
12	120103	齐飞扬	男	01班	78	83	82	78	91	83	94	589	94	78	83.4	100
13	120105	苏解放	男	01班	87	73	73	89	88	79	82	571	89	73	81.8	100
14	120202	孙玉敏	男	02班	75	90	94	95	89	75	87	605	95	75	87.0	300
15	120205	王清华	女	02班	88	73	80	92	72	82	85	572	92	72	81.6	100
16	120102	谢如康	男	01班	70	93	93	90	91	88	70	595	93	70	86.4	300
17	120303	闫朝霞	女	03班	80	88	81	94	72	73	90	578	94	72	82.4	100
18	120101	曾令煊	男	01班	86	73	71	92	75	94	70	561	94	70	79.4	0
19	120106	张桂花	女	01班	75	92	71	70	70	91	89	558	92	70	79.2	0
20																
21	所有人奖金之和		2200		所有人平均分		82.48		总共有多少人		18					
22	01班的奖金之和		600		02班的平均分		83.63		平均分超过80的人数		14					
23	02班男生的奖金之和		1000		02班女生的平均分		81.6		03班超过85分人数		=COUNTIFS(D2:D19,D2,O2:O19,">85")					
24																
25																

图13-9 COUNTIFS函数

8. 保存

第 1 步：单击“文件”选项卡中的“另存为”命令，弹出“另存为”对话框。

第 2 步：文件名输入“学生演讲比赛成绩统计表”，位置选择“桌面”，单击“保存”按钮。

三、案例拓展1

打开“素材\案例 13\案例拓展 1 采购清单.xlsx”文件，完成以下操作并保存操作结果。完成后的效果如图 13-10 所示。

采购清单

序号	所属部门	费用类别	需求时间	申请人	数量	单位	单价	金额	备注
0001	行政部	办公类	2012/12/1	郭涛	2	个	¥ 58.00	¥ 116.00	打印机墨盒
0002	技术部	办公类	2012/12/5	邓雅文	10	盒	¥ 80.00	¥ 800.00	打印纸
0003	秘书处	办公类	2012/12/8	张娟娟	3	个	¥ 58.00	¥ 174.00	打印机墨盒
0004	生产部	生产类	2012/12/10	吴海东	100	包	¥ 3.60	¥ 360.00	鞋套
0005	生产部	生产类	2012/12/12	罗晓明	50	箱	¥ 35.00	¥ 1,750.00	20Ω电阻
0006	生产部	生产类	2012/12/13	陈亚丽	200	个	¥ 1.00	¥ 200.00	防静电手腕
0007	生产部	生产类	2012/12/15	胡雅雯	100	双	¥ 5.00	¥ 500.00	36码布鞋
0008	行政部	招待类	2012/12/18	张国俊	2	包	¥ 100.00	¥ 200.00	高级花茶
0009	企划部	招待类	2012/12/20	李彤	10	个	¥ 20.00	¥ 200.00	茶杯
0010	企划部	宣传类	2012/12/21	赵柯	100	张	¥ 1.50	¥ 150.00	宣纸
0011	销售部	办公类	2012/12/25	吴军	80	支	¥ 0.80	¥ 64.00	办公用笔
0012	企划部	宣传类	2012/12/27	许小江	5	盒	¥ 29.00	¥ 145.00	彩笔
0013	生产部	生产类	2012/12/28	张鸣	20	把	¥ 36.00	¥ 720.00	胶枪
0014	行政部	办公类	2012/12/29	陈东	12	盒	¥ 80.00	¥ 960.00	打印纸
0015	秘书处	办公类	2012/12/30	李艾	50	支	¥ 0.80	¥ 40.00	办公用笔

费用类别	费用金额
生产类	¥3,530.00
办公类	¥2,154.00
宣传类	¥295.00
招待类	¥400.00
总计金额	¥6,379.00

图13-10 “案例拓展1采购清单.xlsx”效果图

(1) 将表格标题文字设置成黑体，字号为 24 磅，且将 A1:J1 合并相对于表格居中，字体颜色为紫色，行高设置为 32 磅。

(2) 在工作表 Sheet1 中，用公式计算每个采购项目的金额。

(3) 在工作表 Sheet1 中，将单价和金额设置“会计专用”单元格格式，并添加¥符号，保留两位小数。

(4) 将采购用品的金额超过 800 元的设置蓝色填充色。

(5) 在单元格区域 D20:D23 中，利用公式分别计算生产类、办公类、宣传类、招待类采购金额的总和，并在 D24 中计算总计金额。

(6) 将 A2:J17 和 C19:D24 设置边框线，外侧框线为蓝色的粗实线，内侧为单实线。

四、案例拓展2

打开“素材\案例 13\案例拓展 2 股票价格表.xlsx”文件，完成以下操作并保存操作结果。完成后的效果如图 13-11 所示。

本周股票价格表								
序号	股票代码	股票名称	成本价（元）	股价(元)	股数	市值	所占比例	差价
1	000001	深发展A	7.56	8.39	600	5034	12.50%	0.83
2	600809	山西汾酒	20.00	18.09	400	7236	8.33%	-1.91
3	600736	苏州高新	7.80	4.79	800	3832	16.67%	-3.01
4	600776	东方通信	4.00	3.82	1000	3820	20.83%	-0.18
5	600690	青岛海尔	5.60	5.13	200	1026	4.17%	-0.47
6	600100	清华同方	6.00	8.86	1000	8860	20.83%	2.86
7	600600	青岛啤酒	23.00	10.99	300	3297	6.25%	-12.01
8	000931	中关村	9.00	3.85	500	1925	10.42%	-5.15
				总股数	4800			

图13-11 “案例拓展2股票价格表.xlsx”效果图

(1) 在第一行上面插入一行，输入表格标题“本周股票价格表”，并将单元格区域 A1:I1 合并且相对于表格居中，字体设置为“华文中宋”，字号为 20 磅，字体颜色为“深蓝，文字 2，淡色 40%”，填充颜色为“黄色”。

(2) 在 G2 中输入“市值”，计算每只股票的市值(=股价*股数)。

(3) 在 F11 单元格中计算总股数。在 H2 中输入“所占比例”，计算每只股票所占比例(=股数/总股数)，并添加“百分比”数字格式(保留两位小数)。

(4) 在 I2 中输入“差价”，计算每只股票的差价(=股价-成本价)。

(5) 将单元格区域 A2: I10 的所有数据设置为水平居中，字号 14 磅，字体为“华文宋体”，列宽设置为“自动调整列宽”，设置边框线为“所有框线”。

案例十四　统计奖助学金

大一下学期，班长刘凡刚进行完各科目期末考试，辅导员老师要求其尽快统计出班级学生成绩，并根据成绩排名对部分学生进行奖助学金的核算。

本案例继续练习公式和函数的使用方法。通过本案例，掌握常见的求和、平均值、排名、条件判断、垂直查询等函数的基本功能和使用方法，以及根据实际需要进行相对引用和绝对引用、构造公式来解决实际问题的方法。下面以统计学生奖助学金为例讲解详细操作步骤，案例效果如图 14-1 所示。

2022级中医1班学生期末考试成绩表

学号	姓名	中基	中诊	中内	方剂	语文	英语	计算机	期末成绩	最终成绩	排名	奖学金
2022010101	刀白凤	88	94	88	90	94	91	88	90.43	87.86	19	0
2022010102	马小翠	95	80	90	83	88	75	86	85.29	89.97	7	300
2022010103	丁春秋	70	83	78	88	80	50	89	76.86	82.11	51	0
2022010104	李俊成	71	83	78	83	95	62	95	81.00	83.80	44	0
2022010105	白淑涵	78	84	81	86	81	92	92	84.86	86.51	33	0
2022010106	毕梦琦	82	95	75	84	90	73	93	84.57	87.94	17	0
2022010107	梁晓军	70	84	78	80	90	61	86	78.43	83.46	46	0
2022010108	倪庆驰	73	89	87	83	90	92	90	86.29	89.37	10	300
2022010109	孙鹏坤	73	93	79	81	94	71	86	82.43	82.66	49	0
2022010110	孙旭卿	56	91	87	95	83	69	90	81.57	84.54	42	0
2022010111	王朝旭	94	84	77	82	85	94	92	86.86	88.51	14	0
2022010112	王翔	75	91	85	95	84	87	89	86.57	87.54	20	0
2022010113	吴志强	82	95	80	81	88	92	92	87.14	91.49	3	500
2022010114	赵冠骅	84	80	86	80	93	86	86	85.00	87.00	26	0

2022级中医1班学生平时成绩表

学号	姓名	遵守纪律	学习表现	劳动卫生	参加比赛	荣誉获奖	平时成绩
2022010101	刀白凤	20	19	18	17	10	84
2022010102	马小翠	19	20	20	19	19	97
2022010103	丁春秋	20	20	19	20	11	90
2022010104	李俊成	20	20	20	15	13	88
2022010105	白淑涵	20	20	18	19	12	89
2022010106	毕梦琦	20	20	20	15	18	93
2022010107	梁晓军	18	20	18	19	16	91
2022010108	倪庆驰	18	19	19	20	18	94
2022010109	孙鹏坤	20	19	18	15	11	83
2022010110	孙旭卿	20	20	18	20	11	89
2022010111	王朝旭	19	20	18	16	18	91
2022010112	王翔	19	19	20	19	12	89
2022010113	吴志强	19	20	20	19	20	98
2022010114	赵冠骅	19	19	18	19	15	90
2022010115	李泽林	19	19	18	19	20	95
2022010116	李志浩	19	19	19	20	14	91
2022010117	曹彦茹	18	20	20	16	16	90
2022010118	刘亚萍	19	20	18	20	19	96
2022010119	柳雪春	18	20	19	16	20	93
2022010120	董欣	20	19	19	16	17	91
2022010121	杜晓菲	18	19	18	19	10	84
2022010122	范秋悦	18	20	18	19	13	88
2022010123	付书鑫	18	19	18	15	11	81
2022010124	高颖	18	20	18	19	20	95
2022010125	纪佳茹	19	19	20	15	17	90
2022010126	孔晓萌	18	19	20	18	10	85
2022010127	李芳	20	20	20	19	18	97
2022010128	李慧	18	19	19	17	13	86

	A	B	C	D	E	F	G	H
1	姓名	性别	民族	身份证号	备注	助学金	奖学金	总金额
2	白淑涵	女	汉	110101********1144	无	0	0	0
3	毕梦琦	女	汉	110108********0129	无	0	0	0
4	曹彦茹	女	汉	110105********0109	贫困生	100	0	100
5	陈灿	男	汉	102204********0312	无	0	0	0
6	陈金	男	汉	110108********0119	贫困生	100	0	100
7	陈梦真	男	汉	371234********1234	无	0	0	0
8	刀白凤	男	汉	110108********0119	贫困生	100	0	100
9	丁春秋	男	汉	310108********1139	无	0	0	0
10	董欣	男	汉	302204********0312	无	0	0	0
11	杜晓菲	女	汉	110106********1104	无	0	0	0
12	范秋悦	女	汉	110107********0109	无	0	0	0
13	付书鑫	男	汉	412205********0211	无	0	0	0
14	高颖	女	汉	110108********0123	无	0	300	300
15	纪佳茹	女	汉	551018********0126	无	0	0	0
16	孔晓萌	男	汉	372206********0512	贫困生	100	0	100
17	李芳	男	汉	410205********8231	无	0	500	500
18	李慧	女	汉	110104********0127	无	0	0	0
19	李俊成	男	汉	372208********0512	无	0	0	0
20	李秋水	女	汉	110105********0128	贫困生	100	0	100
21	李晓轲	男	汉	270108********3159	无	0	0	0
22	李心雨	男	汉	610008********0379	贫困生	100	0	100
23	李玉坤	男	汉	420016********3216	无	0	0	0
24	李泽林	男	汉	420316********3216	无	0	300	300
25	李志浩	男	汉	327018********3015	无	0	0	0
26	梁晓军	男	汉	410205********8211	无	0	0	0
27	刘凡	男	汉	551018********0013	无	0	0	0
28	刘佳慧	女	汉	110105********0027	无	0	0	0
29	刘晓莉	女	汉	120108********1029	无	0	500	500
30	刘亚萍	女	汉	110103********0028	无	0	300	300

期末考试成绩　平时成绩　班级信息表

图14-1　“学生奖助学金统计表.xlsx”效果图

一、案例设计

打开“素材\案例 14\Excel 案例素材 4.xlsx”文件，完成以下操作。

1. 计算总分

在“期末考试成绩”工作表的 K 列，使用公式计算每个学生的最终成绩。最终成绩的计算方法为：期末考试成绩占 60%，平时成绩占 40%。期末考试成绩为各科目成绩的平均值，平时成绩为“平时成绩”工作表中的各考核指标量化分数之和。

2. 计算排名

在“期末考试成绩”工作表的 L 列，利用 RANK 函数计算每个学生的成绩名次。

3. 计算奖学金

在“期末考试成绩”工作表的 M 列，利用 IF 函数计算每个学生的奖学金。奖学金的计算方法为：排名前 5 的学生为 500 元，排名 6～10 的学生为 300 元，其他学生没有奖学金。

4. 计算性别

在“班级信息”工作表的“性别”列，使用 IF 等函数计算每个学生的性别。身份证号的第 17 位表示性别，若为奇数表示“男”，若为偶数表示“女”。

5. 计算总金额

在“班级信息”工作表的“总金额”列，计算每个学生应该发放的奖助学金。奖助学金总金额计算方法为助学金和奖学金之和，每个贫困生的助学金为 100 元，其他人没有助学金。使用 VLOOKUP 函数根据“姓名”列的内容从“期末考试成绩”工作表中对应查询求得奖学金的值。

6. 保存工作簿

将工作簿以文件名“学生奖助学金统计表.xlsx”保存到桌面上。

二、案例分析

1. 计算总分

第 1 步：在“期末考试成绩”工作表中，单击选中单元格 J3，然后单击“公式”选项卡的“函数库”组的“自动求和”下拉列表中的“平均值”命令，如图 14-2 所示。此时自动插入 AVERAGE 函数，函数参数自动识别为 C3:I3 单元格区域，按 Enter 键得到平均值。双击该单元格填充柄，此时自动计算所有数据，但原来的单元格格式发生了变化。单击填充后出现的快捷按钮，在弹出的快捷菜单中选择“不带格式填充”命令，如图 14-3 所示。最后选择“开始”选项卡的“数字”组的“数字格式”下拉列表中的“数字”命令，设置“期末成绩”列保留两位小数。

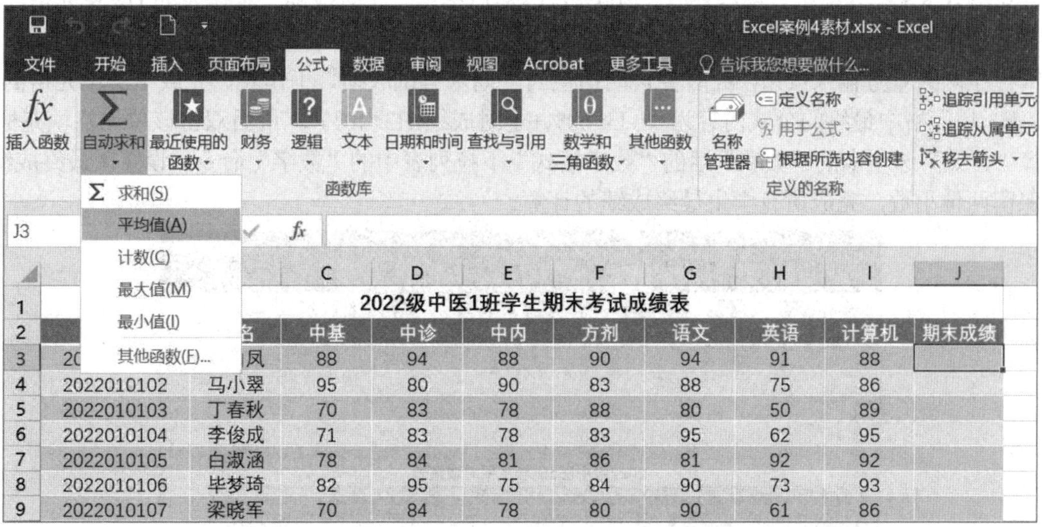

图14-2　“公式”选项卡下的“平均值”命令

第 2 步：同理，在“平时成绩”工作表中，单击选中单元格 H3，然后单击“公式”选项卡的“函数库”组的“自动求和”下拉列表中的“求和”命令。此时自动插入 SUM 函数，函数参数自动识别为 C3:G3 单元格区域，按 Enter 键。然后双击该单元格填充柄，选择“不带格式填充”

命令，完成所有数据计算。

	2022级中医1班学生期末考试成绩表								
学号	姓名	中基	中诊	中内	方剂	语文	英语	计算机	期末成绩
2022010101	刀白凤	88	94	88	90	94	91	88	90.42857
2022010102	马小翠	95	80	90	83	88	75	86	85.28571
2022010103	丁春秋	70	83	78	88	80	50	89	76.85714
2022010104	李俊成	71	83	78	83	95	62	95	81
2022010105	白淑涵	78	84	81	86	81	92	92	84.85714
2022010106	毕梦琦	82	95	75	84	90	73	93	84.57143
2022010107	梁晓军	70	84	78	80	90	61	86	78.42857
2022010108	倪庆驰	73	89	87	83	90	92	90	86.28571
2022010109	孙鹏坤	73	93	79	81	94	71	86	82.42857
2022010110	孙旭卿	56	91	87	95	83	69	90	81.57143
2022010111	王朝旭	94	84	77	82	85	94	92	86.85714
2022010112	王翔	75	91	85	95	84	87	89	86.57143
2022010113	吴志强	82	95	80	81	88	92	92	87.14286
2022010114	赵冠骅	84	80	86	80	93	86	86	85
2022010115	李泽林	92	89	83	86	87	70	93	85.71429
2022010116	李志浩	83	90	77	83	85	77	93	84
2022010117	曹彦茹	93	86	81	80	92	94	86	87.42857
2022010118	刘亚萍	72	93	87	80	81	92	95	85.71429
2022010119	柳雪春	80	92	76	88	86	86	95	86.14286
2022010120	董欣	95	81	58	88	90	56	91	79.85714

图14-3 “不带格式填充”命令

第 3 步：在“期末考试成绩”工作表中，单击选中单元格 K2，输入列标题“最终成绩”。然后选中单元格 K3，输入“=”开始进行公式或函数计算。此时单击 J3 单元格，J3 单元格的引用地址就输入 K3 单元格中，继续输入“*60%+”，然后单击“平时成绩”工作表的 H3 单元格，此时不要切换工作表，直接在编辑栏中继续输入“*40%”，如图 14-4 所示。然后按 Enter 键或单击编辑栏左侧的对号输入按钮，此时会自动切换回“期末考试成绩”工作表，完成 K3 单元格的计算。K3 单元格中最终的公式内容为“=J3*60%+平时成绩!H3*40%”。最后双击该单元格填充柄，选择“开始”选项卡的“数字”组的“数字格式”下拉列表中的“数字”命令，设置“最终成绩”列保留两位小数，完成所有学生最终成绩的计算。

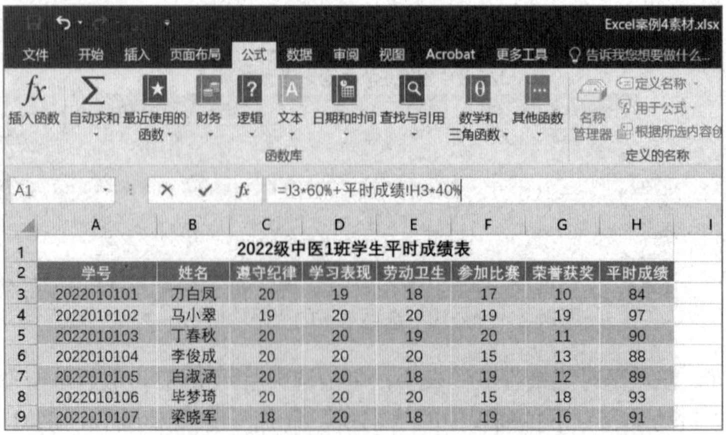

	2022级中医1班学生平时成绩表						
学号	姓名	遵守纪律	学习表现	劳动卫生	参加比赛	荣誉获奖	平时成绩
2022010101	刀白凤	20	19	18	17	10	84
2022010102	马小翠	19	20	20	19	19	97
2022010103	丁春秋	20	20	19	20	11	90
2022010104	李俊成	20	20	20	15	13	88
2022010105	白淑涵	20	20	18	19	12	89
2022010106	毕梦琦	20	20	20	15	18	93
2022010107	梁晓军	18	20	18	19	16	91

图14-4 使用公式计算成绩

注意，由于“期末考试成绩”和“平时成绩”工作表中的姓名排序是一样的，因此可以直接相对引用，自动填充得出所有数据。

2. 计算排名

在“期末考试成绩”工作表中，单击选中单元格 L2，输入列标题“排名”。然后选中单元格 L3，使用英文输入法输入“=RANK(”，开始进行排名函数第 1 个参数的输入。此时单击 K3 单元格，K3 单元格的引用地址就输入 L3 单元格中。继续输入英文的逗号，开始第 2 个参数的输入。选择 K3:K53 单元格区域，然后按功能键 F4 或者在行号列表前直接输入$，使其变成“$K$3:$K$53”绝对引用，防止后期填充发生变动，如图 14-5 所示。

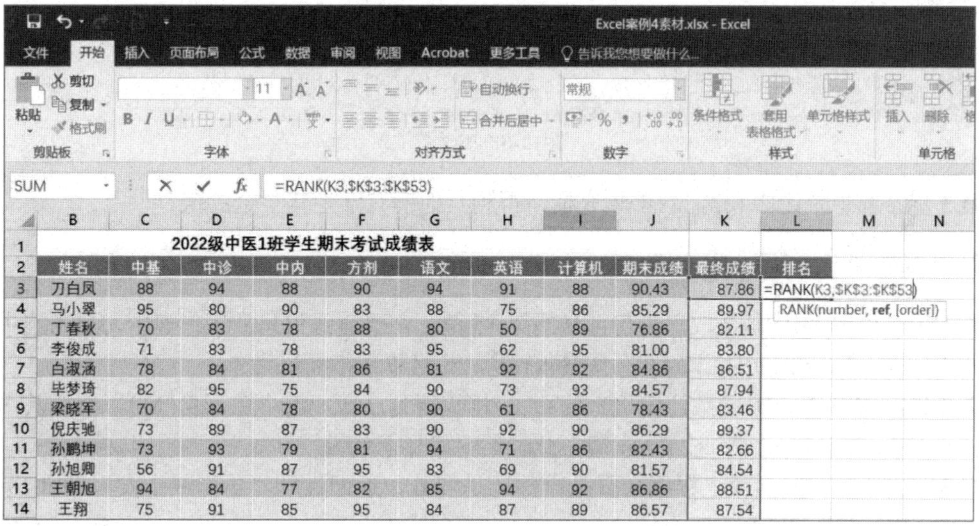

图14-5　RANK函数

继续输入英文的逗号，开始第 3 个参数的输入。直接输入 0，然后按 Enter 键或单击编辑栏左侧的对号输入按钮，此时完成 L3 单元格的计算。L3 单元格中最终的函数内容为“=RANK(K3,$K$3:$K$53,0)”。最后双击该单元格填充柄，得到所有学生最终成绩的排名。

3. 计算奖学金

第 1 步：在“期末考试成绩”工作表中，单击选中单元格 M2，输入列标题“奖学金”。

第 2 步：选中单元格 M3，使用英文输入法输入“=IF(”，开始进行条件判断函数第 1 个参数的输入。由于需要判断名次是不是前 5，此时需要输入 L3<=5，完成第 1 个参数的输入。继续输入英文的逗号，开始第 2 个参数的输入。由于前 5 名的奖学金是 500，此时直接输入 500，完成第 2 个参数的输入。继续输入英文的逗号，开始第 3 个参数的输入。此时剩下的是不在前 5 名的情况，由于不是前 5 名的学生又分为两种情况，此时还需要继续进行判断，因此这第 3 个参数直接输入一个整体的 IF 语句来嵌套进行。直接输入 IF(L3<=10,300,0)，完成第 3 个参数的输入，最后输入右括号按 Enter 键结束。最终 M3 单元格输入的内容为“=IF(L3<=5,500,IF(L3<=10,300,0))”，如图 14-6 所示。

SUM =IF(L3<=5,500,IF(L3<=10,300,0))

	B	C	D	E	F	G	H	I	J	K	L	M
1	2022级中医1班学生期末考试成绩表											
2	姓名	中基	中诊	中内	方剂	语文	英语	计算机	期末成绩	最终成绩	排名	奖学金
3	刀白凤	88	94	88	90	94	91	88	90.43	87.86	19	=IF(L3<=5,500,IF(L3<=10,300,0))
4	马小翠	95	80	90	83	88	75	86	85.29	89.97	7	
5	丁春秋	70	83	78	88	80	50	89	76.86	82.11	51	
6	李俊成	71	83	78	83	95	62	95	81.00	83.80	44	
7	白淑涵	78	84	81	86	81	92	92	84.86	86.51	33	
8	毕梦琦	82	95	75	84	90	73	93	84.57	87.94	17	
9	梁晓军	70	84	78	80	90	61	86	78.43	83.46	46	
10	倪庆驰	73	89	87	83	90	92	90	86.29	89.37	10	
11	孙鹏坤	73	93	79	81	94	71	86	82.43	82.66	49	
12	孙旭卿	56	91	87	95	83	69	90	81.57	84.54	42	
13	王朝旭	94	84	77	82	85	94	92	86.86	88.51	14	

图14-6 IF函数

第 3 步：选中单元格 M3，双击填充柄，得到其他所有学生奖学金的值。

4. 计算性别

第 1 步：使用 MID 函数取出身份证号的第 17 位。在“班级信息”工作表中，单击选中单元格 B2，输入函数“=MID(D2,17,1)”，按 Enter 键，此时单元格显示为 4。

第 2 步：使用 MOD 函数让第 17 位和 2 相除得到余数。选中单元格 M3，修改其内容为“=MOD(MID(D2,17,1),2)”，按 Enter 键，此时单元格显示为 0。

第 3 步：使用 IF 函数，根据余数是奇数还是偶数，返回性别“男”或“女”。选中单元格 M3，修改其内容为“=IF(MOD(MID(D2,17,1),2)=1,"男","女")”，按 Enter 键，此时单元格显示为“女”。

第 4 步：选中单元格 B2，双击填充柄，得到其他所有学生的性别，如图 14-7 所示。

B2 =IF(MOD(MID(D2,17,1),2)=1,"男","女")

	A	B	C	D	E	F	G
1	姓名	性别	民族	身份证号	备注	助学金	奖学金
2	白淑涵	女	汉	110101********1144	无		
3	毕梦琦	女	汉	110108********0129	无		
4	曹彦茹	女	汉	110105********0109	贫困生		
5	陈灿	男	汉	102204********0312	无		
6	陈金	男	汉	110108********0119	贫困生		
7	陈梦真	男	汉	371234********1234	无		
8	刀白凤	男	汉	110108********0119	贫困生		
9	丁春秋	男	汉	310108********1139	无		
10	董欣	男	汉	302204********0312	无		
11	杜晓菲	女	汉	110106********1104	无		
12	范秋悦	女	汉	110107********0109	无		
13	付书鑫	男	汉	412205********0211	无		
14	高颖	女	汉	110108********0123	无		
15	纪佳茹	女	汉	551018********0126	无		

图14-7 使用多个函数求性别

5. 计算总金额

第 1 步：在“班级信息”工作表中，选中 F2 单元格，由于需要判断“备注”列的内容是否是“贫困生”(如果是返回 100，不是则返回 0)，因此输入的函数内容为“=IF(E2="贫困生",100,0)”。按 Enter 键得到其助学金，然后双击该单元格填充柄，得到所有学生的助学金。

第 2 步：“奖学金”列的值需要根据姓名，在“期末考试成绩”工作表中查询。由于姓名排序不是一一对应的关系，此时需要使用 VLOOKUP 函数来解决。选中单元格 G2，然后用英文输入法输入“=vl”，此时弹出以 VL 开头的函数列表，只有 VLOOKUP 一个函数，如图 14-8 所示。

	A	B	C	D	E	F	G	H
1	姓名	性别	民族	身份证号	备注	助学金	奖学金	总金额
2	白淑涵	女	汉	110101********1144	无	0	=vl	
3	毕梦琦	女	汉	110108********0129	无	0		
4	曹彦茹	女	汉	110105********0109	贫困生	100		
5	陈灿	男	汉	102204********0312	无	0		
6	陈金	男	汉	110108********0119	贫困生	100		
7	陈梦真	男	汉	371234********1234	无	0		
8	刀白凤	男	汉	110108********0119	贫困生	100		
9	丁春秋	男	汉	310108********1139	无	0		
10	董欣	男	汉	302204********0312	无	0		
11	杜晓菲	女	汉	110106********1104	无	0		
12	范秋悦	女	汉	110107********0109	无	0		
13	付书鑫	男	汉	412205********0211	无	0		
14	高颖	女	汉	110108********0123	无	0		

图14-8　以VL字符串开始的函数列表

双击 VLOOKUP，G2 单元格的内容自动变成“=VLOOKUP(”，此时处于第 1 个参数的编辑状态。直接输入 A2 或选中 A2 单元格，然后输入英文的逗号，开始进行第 2 个参数的输入。选择“期末考试成绩”工作表中的 B2:M53 区域，则该单元格区域的相对引用地址就输入 G2 单元格中。由于填充时这个查询的范围不能变动，因此需要按功能键 F4 使其加上$符号绝对引用，如图 14-9 所示。

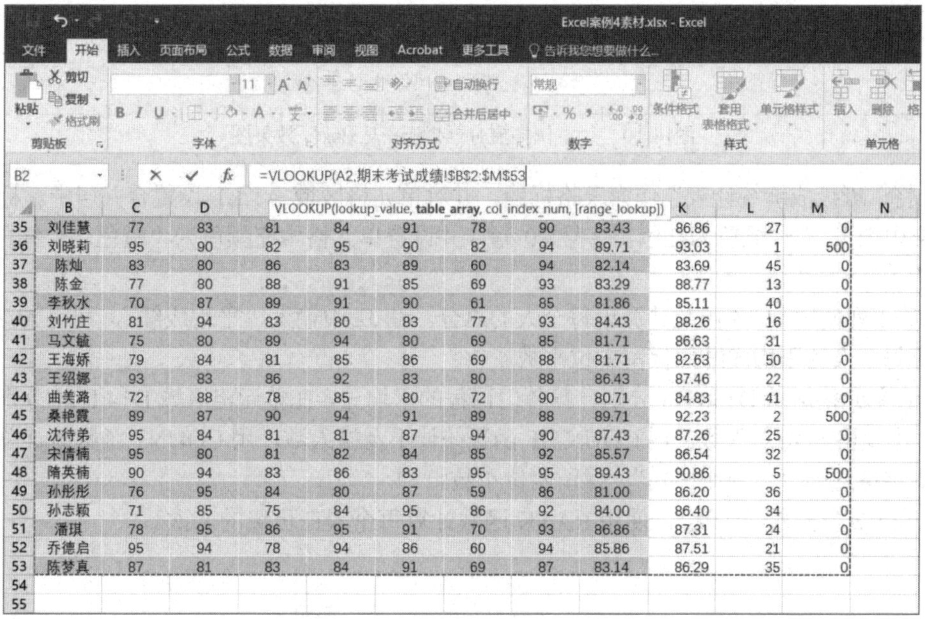

	B	C	D						K	L	M	N
35	刘佳慧	77	83	81	84	91	78	90	83.43	86.86	27	0
36	刘晓莉	95	90	82	95	90	82	94	89.71	93.03	1	500
37	陈灿	83	80	86	83	89	60	94	82.14	83.69	45	0
38	陈金	77	80	88	91	85	69	93	83.29	88.77	13	0
39	李秋水	70	87	89	91	90	61	85	81.86	85.11	40	0
40	刘竹庄	81	94	83	80	83	77	93	84.43	88.26	16	0
41	马文毓	75	80	89	94	80	69	85	81.71	86.63	31	0
42	王海娇	79	84	81	85	86	69	88	81.71	82.63	50	0
43	王绍娜	93	83	86	92	83	80	88	86.43	87.46	22	0
44	曲美潞	72	88	78	85	80	72	90	80.71	84.83	41	0
45	桑艳霞	89	87	90	94	91	89	88	89.71	92.23	2	500
46	沈待弟	95	84	81	81	87	94	90	87.43	87.26	25	0
47	宋倩楠	95	80	81	82	84	85	92	85.57	86.54	32	0
48	隋英楠	90	94	83	86	83	95	95	89.43	90.86	5	500
49	孙彤彤	76	95	84	80	87	59	86	81.00	86.20	36	0
50	孙志颖	71	85	75	84	95	86	92	84.00	86.40	34	0
51	潘琪	78	95	86	95	91	70	93	86.86	87.31	24	0
52	乔德启	95	94	78	94	86	60	94	85.86	87.51	21	0
53	陈梦真	87	81	83	84	91	69	87	83.14	86.29	35	0
54												
55												

图14-9　加$符号进行绝对地址引用

此时不要切换工作表，直接在编辑栏输入英文的逗号，开始输入第 3 个参数。由于是返回所选范围第 12 列的值，因此输入 12。然后继续输入英文的逗号，开始第 4 个参数的输入。由于需要一一对应的精确匹配，因此最后一个参数输入 0。最后加右括号，按 Enter 键结束，此时自动返回“班级信息”工作表。G2 单元格编辑栏最终的函数内容为“=VLOOKUP(A2,期末考试成绩!$B$2:$M$53,12,0)”。最后双击填充柄，查询其他学生的奖学金。

第 3 步：选中 H2 单元格，直接输入“=F2+G2”，单击编辑栏左侧的对号按钮，确定输入。然后双击该单元格填充柄，自动填充得到所有学生获得的奖助学金总金额。

6. 保存工作簿

第 1 步：单击“文件”选项卡中的“另存为”命令，弹出“另存为”对话框。

第 2 步：文件名输入“学生奖助学金统计表”，位置选择“桌面”，单击“保存”按钮。

三、案例拓展1

打开“素材\案例 14\案例拓展 1 成绩测评表.xlsx”文件，完成以下操作并保存操作结果。完成后的效果如图 14-10 所示。

学号	姓名	性别	英语	数学	大学IT	电子技术	语文	总分	平均成绩	名次	奖学金
20030302	刘昌明	男	72	66	75	68	58	339	67.800	8	¥ -
20030303	叶凯	男	75	75	80	77	68	375	75.000	3	¥300.00
20030304	张超	男	83	80	72	81	73	389	77.800	1	¥300.00
20030305	斯宝玉	女	66	70	81	75	80	372	74.400	4	¥300.00
20030306	董伟	女	77	62	85	81	73	378	75.600	2	¥300.00
20030307	舒跃进	男	45	58	62	60	55	280	56.000	9	¥ -
20030308	殷锡根	男	80	71	75	62	72	360	72.000	5	¥200.00
20030309	博勒	女	73	62	81	75	63	354	70.800	6	¥200.00
20030310	吴进录	男	75	65	78	68	55	341	68.200	7	¥ -
20030311	陆蔚兰	女	58	52	50	62	56	278	55.600	10	¥ -
		各科平均分	70.4	66.1	73.9	70.9	65.3				
		各科不及格率	20.00%	20.00%	10.00%	0.00%	40.00%				
		女生语文平均分	68								
				制表人:	郇玉龙	2024/4/14 20:11					

图14-10 “案例拓展1成绩测评表.xlsx”效果图

(1) 将“班级成绩统计表”作为表格标题，并对单元格区域 A1:L1 设置合并居中。标题字体为“华文中宋”，字体颜色为红色，字号 20 磅，并设置单元格填充颜色为“橙色，个性色 6，淡色 40%”。

(2) 在 I 列使用 SUM 函数计算出每个人的总分。在 J2 中输入“平均成绩”，利用 AVERAGE 函数计算每个人的平均成绩，保留 3 位小数。

(3) 在单元格区域 D13:H13 分别计算各门课程的平均分，在单元格区域 D14:H14 分别计算不及格率(=不及格人数/总人数。用 COUNTIF 函数统计不及格人数，用 COUNT 函数统计总人数)，并设置数字格式为“百分比样式”，保留两位小数。

(4) 在 K2 中输入“名次”，使用 RANK 函数计算每个人在班级的名次。

(5) 在 L2 中输入“奖学金”。使用 IF 函数计算每个学生的奖学金(其中总分高于 370 分的奖学金为 300 元，总分高于 350 且小于或等于 370 分的奖学金为 200 元，其他为 0 元)，并且为“奖学金”列设置“会计专用”格式，货币符号为¥，保留两位小数。

(6) 使用 AVERAGEIF 函数计算所有女生的语文成绩平均分，将结果放在 D15 中。

(7) 将获得奖学金为 300 元的同学姓名修改为红色，插入内容为“加油！继续努力”的批注，并隐藏批注。

(8) 在 F19 中输入你的名字。使用 NOW 函数计算当期日期和时间，将结果放在 G19 中。将单元格区域 A2:L20 的边框设置为“所有框线”，所有数据设置为水平垂直都居中。

四、案例拓展2

打开“素材\案例 14\案例拓展 2 图书销售表.xlsx”文件，完成以下操作并保存操作结果。完成后的效果如图 14-11 所示。

(1) 在“订单明细”工作表中，删除订单编号重复的记录(保留第一次出现的那条记录)。

(2) 在“订单明细”工作表的“单价”列中，利用 VLOOKUP 函数计算并填写相对应图书的单价金额。图书名称与图书单价的对应关系可参考“图书定价”工作表。

Contoso 公司销售订单明细表

日期	书店名称	图书名称	单价	销量（本）	发货地址	所属区域	销售额小计
2012年1月2日	鼎盛书店	《计算机基础及MS Office应用》	¥ 41.30	12	福建省厦门市思明区莲岳路118号中烟大厦1702室	南区	¥ 495.60
2012年1月4日	博达书店	《嵌入式系统开发技术》	¥ 43.90	20	广东省深圳市南山区蛇口港湾大道2号	南区	¥ 878.00
2012年1月4日	博达书店	《操作系统原理》	¥ 41.10	41	上海市闵行区浦星路699号	东区	¥ 1,567.14
2012年1月5日	博达书店	《MySQL数据库程序设计》	¥ 39.20	21	上海市浦东新区世纪大道100号上海环球金融中心56楼	东区	¥ 823.20
2012年1月6日	鼎盛书店	《MS Office高级应用》	¥ 36.30	32	海南省海口市琼山区红城湖路22号	南区	¥ 1,161.60
2012年1月9日	鼎盛书店	《网络技术》	¥ 34.90	22	云南省昆明市官渡区拓东路6号	西区	¥ 767.80
2012年7月13日	鼎盛书店	《数据库原理》	¥ 43.20	49	北京市石河子市石河子信息办公室	北区	¥ 1,968.62
2012年7月14日	博达书店	《VB语言程序设计》	¥ 39.80	20	重庆市渝中区中山三路155号	西区	¥ 796.00
2012年1月9日	博达书店	《数据库技术》	¥ 40.50	12	广东省深圳市龙岗区坂田	南区	¥ 486.00
2012年1月10日	鼎盛书店	《软件测试技术》	¥ 44.50	32	江西省南昌市西湖区洪城路289号	东区	¥ 1,424.00
2012年1月10日	博达书店	《计算机组成与接口》	¥ 37.80	43	北京市海淀区东北旺西路8号	北区	¥ 1,511.62
2012年1月11日	隆华书店	《计算机基础及Photoshop应用》	¥ 42.50	22	北京市西城区西绒线胡同51号中国会	北区	¥ 935.00
2012年1月11日	鼎盛书店	《C语言程序设计》	¥ 39.40	31	贵州省贵阳市云岩区中山西路51号	西区	¥ 1,221.40
2012年1月12日	隆华书店	《信息安全技术》	¥ 36.80	19	贵州省贵阳市中山西路51号	西区	¥ 699.20
2012年1月12日	鼎盛书店	《数据库原理》	¥ 43.20	43	辽宁省大连中山区长江路123号大连日航酒店4层清苑厅	北区	¥ 1,727.57
2012年1月13日	隆华书店	《VB语言程序设计》	¥ 39.80	39	四川省成都市城市名人酒店	西区	¥ 1,552.20
2012年1月15日	鼎盛书店	《Java语言程序设计》	¥ 40.60	30	山西省大同市南城墙永泰西门	北区	¥ 1,218.00
2012年1月16日	鼎盛书店	《Access数据库程序设计》	¥ 38.60	43	浙江省杭州市西湖区北山路78号香格里拉饭店东楼1栋555房	东区	¥ 1,543.61
2012年1月16日	鼎盛书店	《软件工程》	¥ 39.30	40	浙江省杭州市西湖区紫金港路21号	东区	¥ 1,461.96
2012年1月17日	鼎盛书店	《计算机基础及MS Office应用》	¥ 41.30	44	北京市西城区阜成门外大街29号	北区	¥ 1,690.00
2012年1月18日	博达书店	《嵌入式系统开发技术》	¥ 43.90	33	福建省厦门市软件园二期观日路44号9楼	南区	¥ 1,448.70
2012年1月19日	鼎盛书店	《操作系统原理》	¥ 41.10	35	广东省广州市天河区黄埔大道666号	南区	¥ 1,438.50
2012年1月22日	博达书店	《MySQL数据库程序设计》	¥ 39.20	22	广东省广州市天河区林和西路1号广州国际贸易中心42层	南区	¥ 862.40
2012年1月23日	博达书店	《MS Office高级应用》	¥ 36.30	38	江苏省南京市白下区汉中路89号	东区	¥ 1,379.40

Contoso 公司销售统计报告

统计项目	销售额
2013年所有图书订单的销售额	¥ 286,279.91
《MS Office高级应用》图书在2012年的总销售额	¥ 17,586.53
所有南区销售额	¥ 137,433.82

图14-11　“案例拓展2图书销售表.xlsx”效果图

(3) 如果每笔订单的图书销量超过 40 本(含 40 本)，则按照图书单价的 9.3 折进行销售；否则按照图书单价的原价进行销售。按照此规则，计算并填写“订单明细”工作表中每笔订单的“销售额小计”，保留两位小数。

(4) 根据“订单明细”工作表中的“发货地址”列信息，并参考“城市对照”工作表中省市与销售区域的对应关系，利用 VLOOKUP 函数计算并填写“订单明细”工作表中的每笔订单的“所属区域”。

(5) 根据“订单明细”工作表中的数据，利用 SUMIFS、SUMIF 完成“统计报告”工作表中的三项数据统计。

案例十五　统计班级成绩排名

大一下学期，计算机老师要求中医 1 班的学习委员李芳统计分析本次期末考试整个班级在中医系的排名情况，要求其筛选出本班不及格的学生，并汇总出各个班级的最高分、最低分和平均分。

Excel 2016 提供了快捷的数据处理功能，具有类似数据库的功能，可以实现数据的排序、筛选、分类汇总等操作，具有强大的数据组织、管理和统计分析能力。通过本案例，可以掌握 Excel 2016 的排序、筛选、分类汇总功能及使用方法。案例效果如图 15-1 所示。

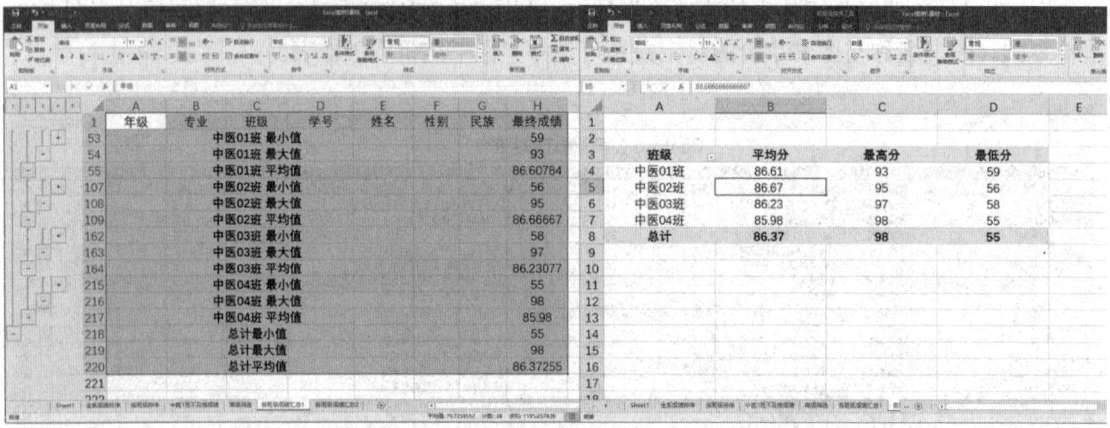

图15-1　“班级成绩排名统计.xlsx”效果图

一、案例设计

打开“素材\案例 15\Excel 案例 5 素材.xlsx”文件，完成以下操作。

(1) 复制工作表 Sheet1，命名为“全系成绩排序”，通过排序操作，查看全系 95 分及以上的学生人数。

(2) 复制工作表 Sheet1，命名为“按班级排序”，通过排序操作，查看各班 95 分以上的学生，分数相同的按照姓氏笔画排序。

(3) 复制工作表 Sheet1，命名为“中医 1 班不及格成绩”，通过筛选操作，只显示“中医 1 班”不及格的学生信息。

(4) 复制工作表 Sheet1，命名为“高级筛选”，通过筛选操作，显示出所有少数民族学生以及所有不及格学生信息。

(5) 复制工作表 Sheet1，命名为“各班成绩汇总 1”，通过分类汇总操作，统计各班级的平均分、最高分、最低分情况。

(6) 以工作表 Sheet1 中的数据为数据源，插入“数据透视表”，统计各班级的平均分、最高分、最低分情况，并将该工作表命名为“各班级成绩汇总 2”。适当调整美化表格，然后和分类汇总的数据进行对比，保存工作簿为“班级成绩排名统计.xlsx”。

二、案例分析

(1) 复制工作表 Sheet1，命名为“全系成绩排序”，通过排序操作，查看全系 95 分及以上的学生人数。

第 1 步：右击 Sheet1 工作表标签，在弹出的快捷菜单中选择“移动或复制…”命令，此时弹出“移动或复制工作表”对话框，选中“建立副本”复选框，设置如图 15-2 所示。单击“确定”按钮，此时将 Sheet1 工作表及其内容复制成一个新表 Sheet1(2)，双击该工作表标签，重命名为“全系成绩排序”。

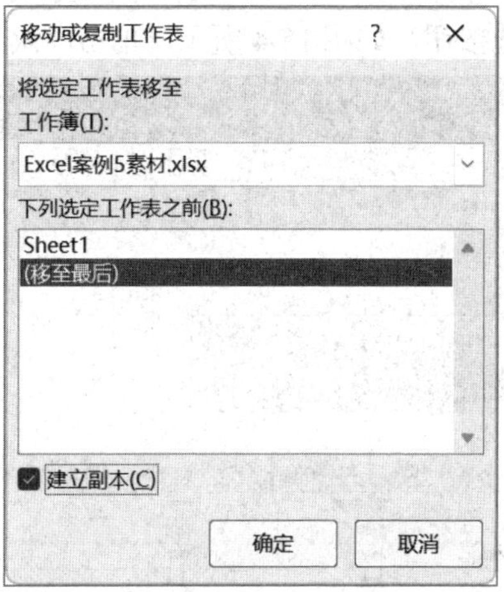

图15-2　“移动或复制工作表”对话框

第 2 步：将光标定位在“全系成绩排序”工作表的“最终成绩”列的任意一个单元格，选择“开始”选项卡的“编辑”组的“排序和筛选”下拉列表中的“降序”命令，如图 15-3 所示，或者单击“数据”选项卡的“排序和筛选”组中的“降序”按钮，此时所有学生成绩从高分到低分进行排序显示，会看到 95 分及以上的学生有 10 人。

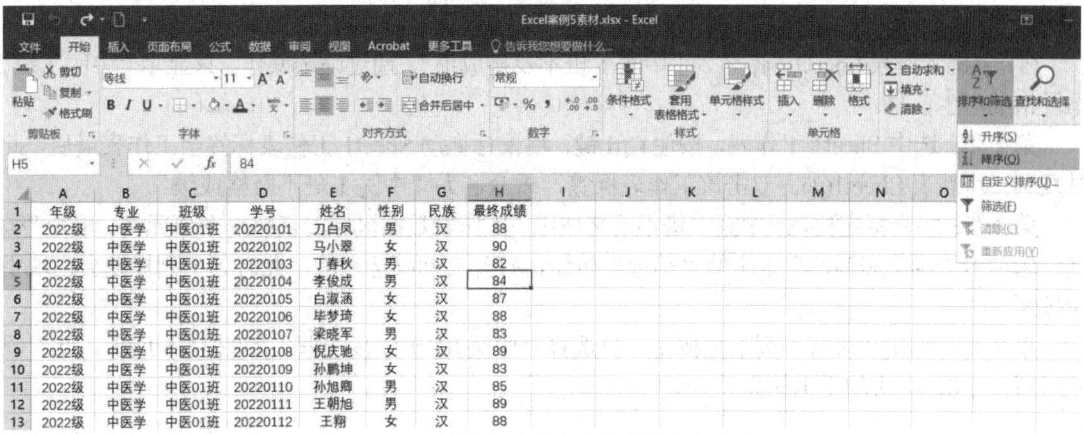

图15-3　“开始”选项卡中的“降序”命令

(2) 复制工作表 Sheet1，命名为“按班级排序”，通过排序操作，查看各班 95 分以上的学生，分数相同的按照姓氏笔画排序。

第 1 步：右击 Sheet1 工作表标签，在弹出的快捷菜单中选择“移动或复制...”命令，此时弹出“移动或复制工作表”对话框。选中“移至最后”选项和“建立副本”复选框，单击“确定”按钮，此时将 Sheet1 工作表及其内容复制成一个新表 Sheet1(2)。双击该工作表标签，重命名为“按班级排序”。

第 2 步：将光标定位在“全系成绩排序”工作表数据区域的任意一个单元格，单击“数据”选项卡的“排序和筛选”组中的“排序”按钮，打开“排序”对话框，此时会自动选中工作表的所有数据区域。在“排序”对话框中，设置主要关键字为“班级”，次序为“升序”；单击“添加条件”按钮，添加次要关键字为“最终成绩”，次序为“降序”；再单击“添加条件”按钮，添加次要关键字为“姓名”，次序为“升序”；单击“选项...”按钮，弹出“排序选项”对话框，在该对话框中选中“笔画排序”单选按钮，如图 15-4 所示。单击两次“确定”按钮，完成排序操作。

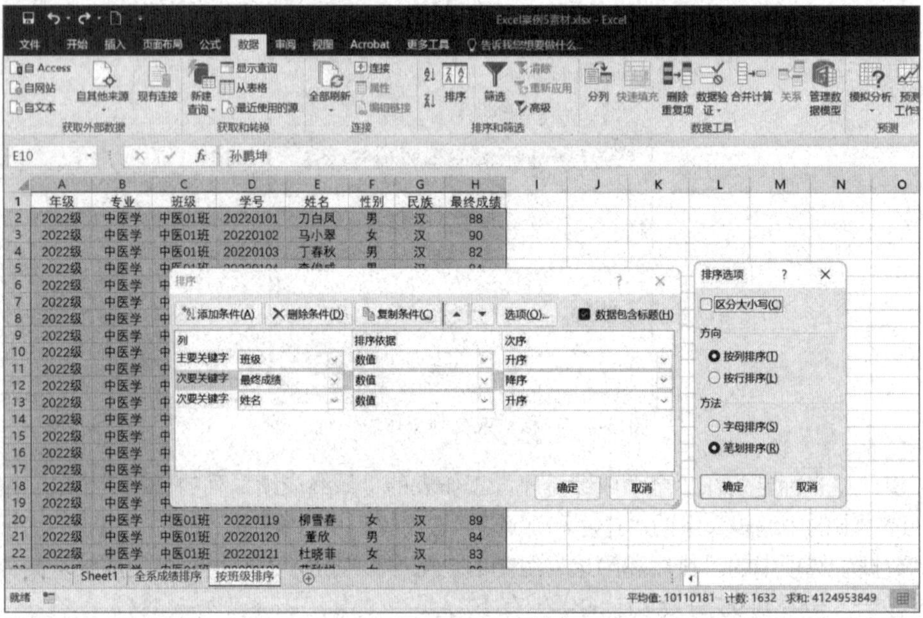

图15-4 “排序”对话框

(3) 复制工作表 Sheet1，命名为“中医 1 班不及格成绩”，通过筛选操作，只显示“中医 1 班”不及格的学生信息。

第 1 步：选中 Sheet1 工作表，按住 Ctrl 键，用鼠标拖动 Sheet1 工作表标签至工作表最后，此时复制一个新表 Sheet1(2)。双击该工作表标签，重命名为“中医 1 班不及格成绩”。

第 2 步：将光标定位在“中医 1 班不及格成绩”工作表数据区域的任意一个单元格，单击“数据”选项卡“排序和筛选”组中的“筛选”按钮，打开自动筛选功能，此时各个列标题会出现下拉按钮。

第 3 步：单击“班级”列下拉按钮，只选择“中医 01 班”复选框，如图 15-5 所示，此时只显示所有中医 01 班的学生信息。

图15-5　自动筛选班级

第 4 步： 单击“最终成绩”列下拉按钮，选择“数字筛选”级联菜单中的“小于...”命令，如图 15-6 所示。弹出“自定义自动筛选方式”对话框，在“小于”右侧的列表框中输入 60，然后单击“确定”按钮，此时筛选出 1 班不及格的学生信息。

图15-6　“数字筛选”级联菜单

(4) 复制工作表 Sheet1，命名为“高级筛选”，通过高级筛选操作，显示出所有少数民族学生以及所有不及格学生信息。

第 1 步：选中 Sheet1 工作表，按住 Ctrl 键，用鼠标拖动 Sheet1 工作表标签至工作表最后，此时复制一个新表 Sheet1(2)。双击该工作表标签，重命名为“高级筛选”。

第 2 步：由于少数民族和不及格两个条件之间是或的关系，因此必须使用高级筛选功能。此时需要构造条件区域，列标题和数据区域标题保持一致，因为是或的关系，所以条件需要写在不同行上。图 15-7 所示的单元格区域 J1:K3 即为构造的条件区域。

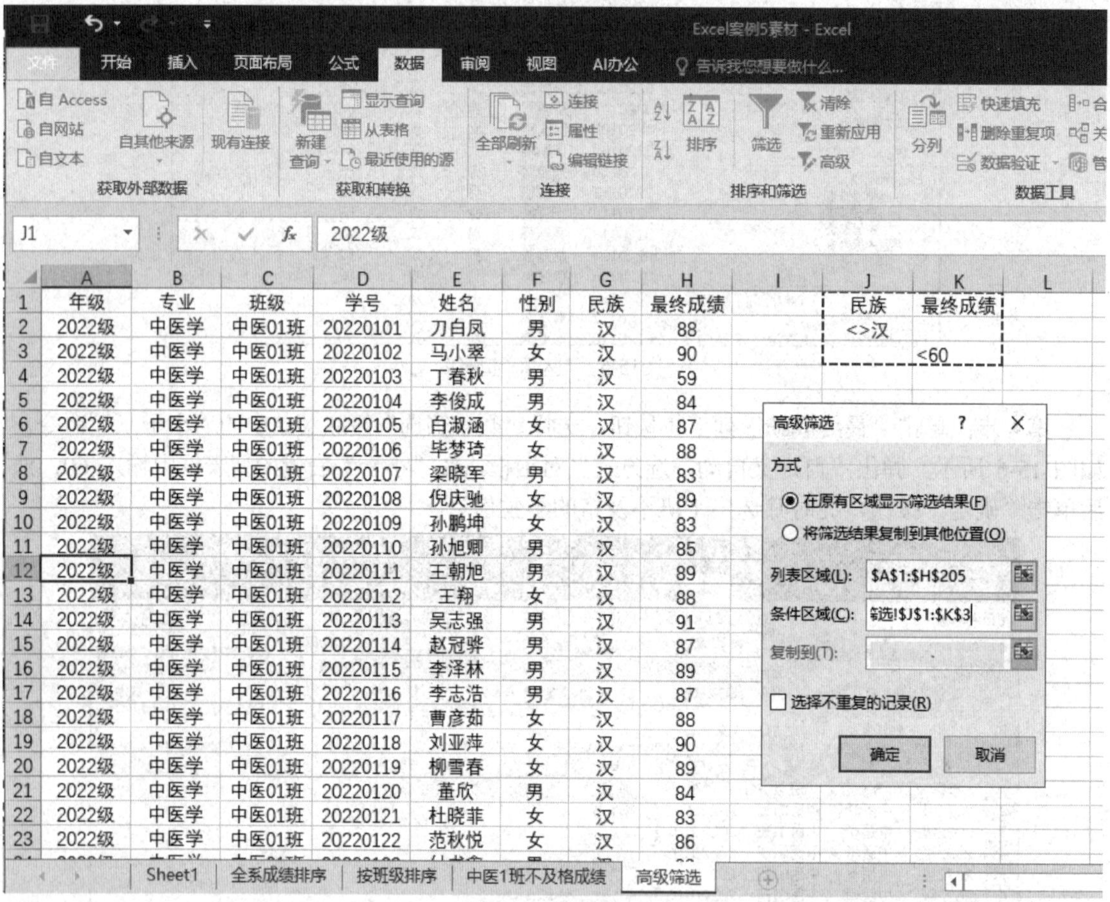

图15-7　高级筛选

第 3 步：光标定位在数据区域的任意一个单元格，单击“数据”选项卡的“排序和筛选”组中的“高级”按钮，打开“高级筛选”对话框。默认选择“在原有区域显示筛选结果”单选按钮，“列表区域”会自动选中光标所在位置的所有数据区域，“条件区域”需要选择构造的单元格区域 J1: K3，单击“确定”按钮，完成筛选操作。最终筛选的结果如图 15-8 所示。

(5) 复制工作表 Sheet1，命名为“各班级成绩汇总 1”，通过分类汇总操作，统计各班级的平均分、最高分、最低分情况。

图15-8 高级筛选结果

第 1 步：选中 Sheet1 工作表，按住 Ctrl 键，用鼠标拖动 Sheet1 工作表标签至工作表最后，将复制的新表重命名为“各班级成绩汇总 1”。

第 2 步：分类汇总需要先进行排序操作。选择数据清单中“班级”列的任意一个单元格，单击“数据”选项卡的“排序和筛选”组中的“升序”按钮。这样将所有学生信息按照班级升序排列(该表原始数据已按班级升序排列完毕)。

第 3 步：单击“数据”选项卡的“分级显示”组中的“分类汇总”按钮，打开“分类汇总”对话框。在对话框中，选择“分类字段”为“班级”，选择“汇总方式”为“平均值”，“选定汇总项”为“最终成绩”。默认选中“汇总结果显示在数据下方”复选框，如图 15-9 所示。单击“确定”按钮，这样就统计出各个班级的平均成绩。单击汇总视图左侧的 2 按钮，此时汇总结果如图 15-10 所示，可以看出 4 个班级平均成绩相差不大，其中 2 班的平均成绩最高。

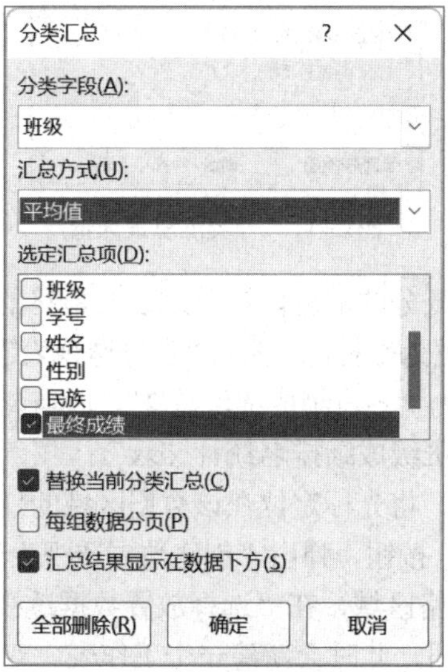

图15-9 分类汇总平均值

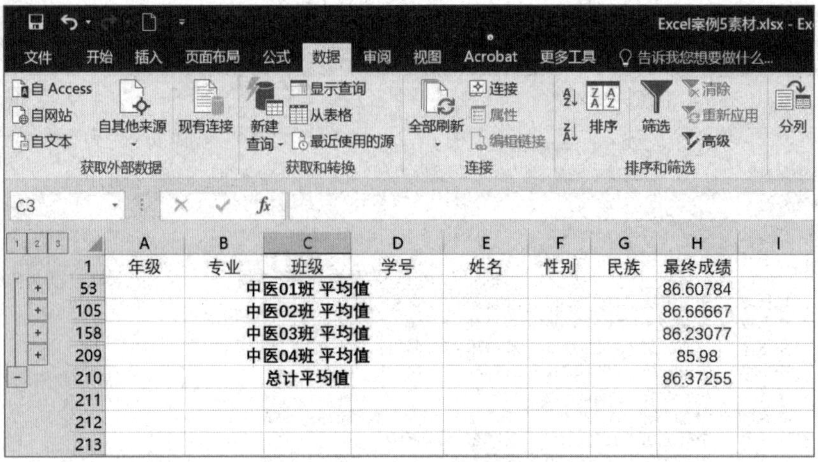

图15-10　分类汇总结果

第 4 步：继续进行分类汇总，统计各班最高分和最低分。单击“数据”选项卡的“分级显示”组中的“分类汇总”按钮，打开“分类汇总”对话框。在对话框中，选择“分类字段”为“班级”，选择“汇总方式”为“最大值”，“选定汇总项”为“最终成绩”。如果默认选中“替换当前分类汇总”复选框，就会将之前汇总的平均值替换成最大值，此处取消选中该复选框，如图 15-11 所示。单击“确定”按钮，汇总就会多出一行最大值的汇总数据。

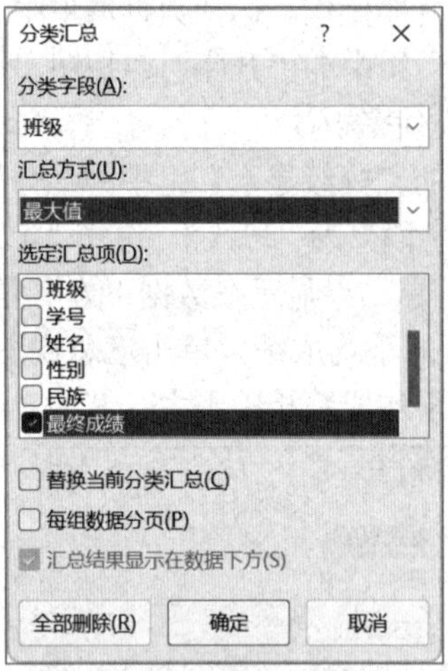

图15-11　分类汇总最大值

第 5 步：同理，继续增加最低分的汇总。汇总之后，最终的效果如图 15-12 所示。

(6) 以工作表 Sheet1 中的数据为数据源，插入“数据透视表”，统计各班级的平均分、最高分、最低分情况，并将该工作表命名为“各班级成绩汇总 2”。适当调整美化表格，然后和分类汇总的数据进行对比，保存工作簿为“班级成绩排名统计.xlsx”。

第 1 步：选中 Sheet1 工作表，将光标定位在该数据区域的任意单元格，单击“插入”选项卡的“表格”组中的“数据透视表”按钮，弹出“创建数据透视表”对话框，如图 15-13 所示。“表/区域”默认识别光标所在的单元格区域，在“选择放置数据透视表的位置”处选中“新工作表”单选按钮。然后单击“确定”按钮，此时会新建一个工作表。双击工作表标签，重命名为“各班级成绩汇总 2”，然后鼠标拖动工作表标签至最后。

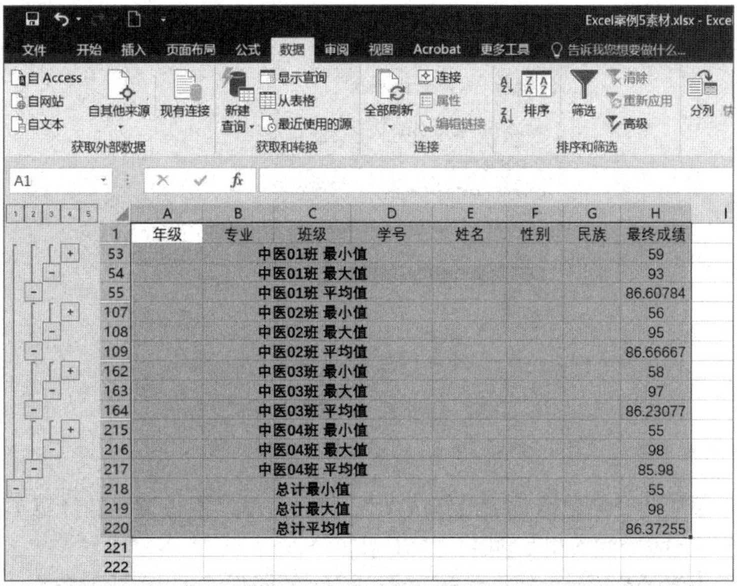

图15-12　分类汇总最终效果

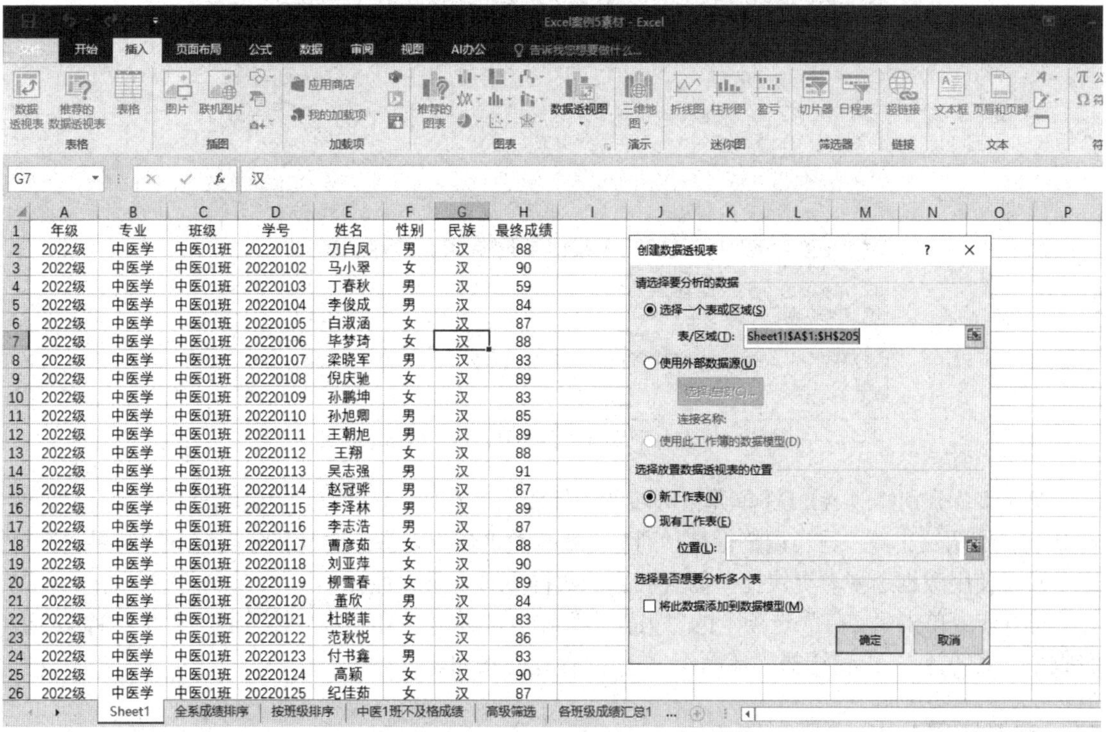

图15-13　“创建数据透视表”对话框

第 2 步：在“各班级成绩汇总 2”工作表中，选择 A3:C20 区域，在右侧出现的“数据透视表字段”面板中，选择行标签为“班级”，Σ数值为“最终成绩”。修改“值字段设置”的计算类型为“平均值”，如图 15-14 所示，然后单击“确定”按钮。

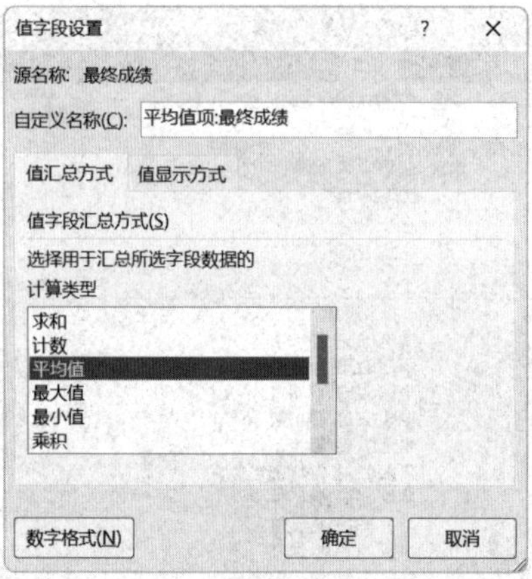

图15-14　“值字段设置”对话框

第 3 步：继续添加两个Σ数值为“最终成绩”，修改“值字段设置”的计算类型分别为“最大值”和“最小值”，完成后的效果如图 15-15 所示。

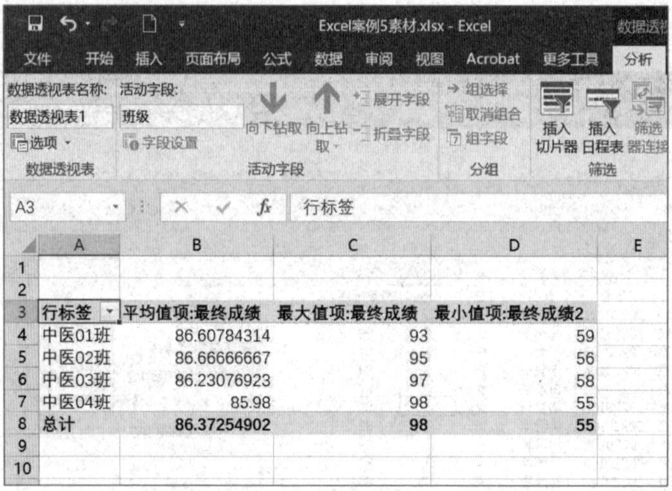

图15-15　汇总平均值、最大值、最小值后的效果

第 4 步：分别修改 A3: D3 单元格区域的列标题为“班级”“平均分”“最高分”“最低分”，设置 B 列保留两位小数，适当调整行高、列宽，所有数据居中对齐。通过和分类汇总的结果进行对比，发现使用数据透视表更快捷，而且汇总的数据更具有条理性。

第 5 步：单击“文件”选项卡的“另存为”命令，弹出“另存为”对话框。文件名输入“班级成绩排名统计”，位置选择“桌面”，单击“保存”按钮。

三、案例拓展1

打开“素材\案例 15\案例拓展 1 差旅费用统计表.xlsx”文件，完成以下操作并保存操作结果。完成后的效果如图 15-16 所示。

(1) 按消费金额降序排序，将结果保存到工作表 Sheet2 中。

(2) 按季度降序排序，季度相同时再按部门降序排序，将结果保存到工作表 Sheet3 中。

(3) 建立自动筛选，筛选出第一季度销售部的差旅费用记录，将结果保存到工作表 Sheet4 中。

(4) 建立高级筛选，筛选出消费金额大于 1000 或车票小于 200 的记录，将结果保存到工作表 Sheet5 中。

(5) 按照季度统计消费金额、车票的总和(保留两位小数)以及每个季度差旅费用单据数量，将结果保存到工作表 Sheet6 中。

(6) 将 Sheet2～Sheet6 工作表设置为“自动调整列宽”。

Sheet2 效果

差旅费用统计

日期	季度	员工姓名	部门	费用类别	消费金额	车票
2012/6/7	第二季度	王娟娟	行政部	交通费	¥3,597.90	¥1,439.16
2012/10/17	第四季度	王志鹏	销售部	住宿费	¥1,872.60	¥749.04
2012/1/18	第一季度	王涛	行政部	招待费	¥1,863.00	¥745.20
2012/9/18	第三季度	刘英梅	行政部	交通费	¥1,540.60	¥616.24
2012/10/10	第四季度	郑建杰	销售部	住宿费	¥1,475.60	¥590.24
2012/9/18	第三季度	邓敏	销售部	餐费	¥1,411.20	¥564.48
2012/6/17	第二季度	李芳	研发部	餐费	¥1,245.30	¥498.12
2012/4/15	第二季度	邓勇	采购部	餐费	¥1,152.60	¥461.04
2012/11/3	第四季度	王婷	采购部	招待费	¥1,145.80	¥458.32
2012/7/6	第三季度	曾黎	销售部	交通费	¥1,140.00	¥456.00
2012/8/9	第三季度	王伟	采购部	住宿费	¥1,100.00	¥440.00
2012/4/18	第二季度	张志平	研发部	交通费	¥789.50	¥315.80
2012/11/24	第四季度	蔡明明	研发部	住宿费	¥695.40	¥278.16
2012/6/4	第二季度	薛岳	销售部	餐费	¥679.50	¥271.80
2012/5/28	第二季度	李小平	研发部	招待费	¥654.60	¥261.84
2012/12/16	第四季度	孙林	采购部	餐费	¥589.70	¥235.88
2012/3/4	第一季度	朱焘	采购部	住宿费	¥564.00	¥225.60
2012/4/25	第二季度	金士鹏	销售部	住宿费	¥487.90	¥195.16
2012/2/6	第一季度	张颖	行政部	交通费	¥458.90	¥183.56
2012/3/15	第一季度	郭俊	销售部	住宿费	¥440.00	¥176.00
2012/11/15	第四季度	赵军	销售部	招待费	¥365.00	¥146.00
2012/7/19	第三季度	徐乐	采购部	交通费	¥248.70	¥99.48
2012/12/15	第四季度	吴小豪	销售部	招待费	¥245.60	¥98.24

Sheet3 效果

差旅费用统计

日期	季度	员工姓名	部门	费用类别	消费金额	车票
2012/1/18	第一季度	王涛	行政部	招待费	¥1,863.00	¥745.20
2012/2/6	第一季度	张颖	行政部	交通费	¥458.90	¥183.56
2012/3/15	第一季度	郭俊	销售部	住宿费	¥440.00	¥176.00
2012/3/4	第一季度	朱焘	采购部	住宿费	¥564.00	¥225.60
2012/11/24	第四季度	蔡明明	研发部	住宿费	¥695.40	¥278.16
2012/10/17	第四季度	王志鹏	销售部	住宿费	¥1,872.60	¥749.04
2012/10/10	第四季度	郑建杰	销售部	住宿费	¥1,475.60	¥590.24
2012/11/15	第四季度	赵军	销售部	招待费	¥365.00	¥146.00
2012/12/15	第四季度	吴小豪	销售部	招待费	¥245.60	¥98.24
2012/11/3	第四季度	王婷	采购部	招待费	¥1,145.80	¥458.32
2012/12/16	第四季度	孙林	采购部	餐费	¥589.70	¥235.88
2012/9/18	第三季度	刘英梅	行政部	交通费	¥1,540.60	¥616.24
2012/9/18	第三季度	邓敏	销售部	餐费	¥1,411.20	¥564.48
2012/7/6	第三季度	曾黎	销售部	交通费	¥1,140.00	¥456.00
2012/8/9	第三季度	王伟	采购部	住宿费	¥1,100.00	¥440.00
2012/7/19	第三季度	徐乐	采购部	交通费	¥248.70	¥99.48
2012/6/17	第二季度	李芳	研发部	餐费	¥1,245.30	¥498.12
2012/4/18	第二季度	张志平	研发部	交通费	¥789.50	¥315.80
2012/5/28	第二季度	李小平	研发部	招待费	¥654.60	¥261.84
2012/6/7	第二季度	王娟娟	行政部	交通费	¥3,597.90	¥1,439.16
2012/6/4	第二季度	薛岳	销售部	餐费	¥679.50	¥271.80
2012/4/25	第二季度	金士鹏	销售部	住宿费	¥487.90	¥195.16
2012/4/15	第二季度	邓勇	采购部	餐费	¥1,152.60	¥461.04

Sheet4 效果

差旅费用统计

日期	季度	员工姓名	部门	费用类别	消费金额	车票
2012/3/15	第一季度	郭俊	销售部	住宿费	¥440.00	¥176.00

Sheet5 效果

日期	季度	员工姓名	部门	费用类别	消费金额	车票
2012/1/18	第一季度	王涛	行政部	招待费	¥1,863.00	¥745.20
2012/2/6	第一季度	张颖	行政部	交通费	¥458.90	¥183.56
2012/3/15	第一季度	郭俊	销售部	住宿费	¥440.00	¥176.00
2012/10/17	第四季度	王志鹏	销售部	住宿费	¥1,872.60	¥749.04
2012/10/10	第四季度	郑建杰	销售部	住宿费	¥1,475.60	¥590.24
2012/11/15	第四季度	赵军	销售部	招待费	¥365.00	¥146.00
2012/12/15	第四季度	吴小豪	销售部	招待费	¥245.60	¥98.24
2012/11/3	第四季度	王婷	采购部	招待费	¥1,145.80	¥458.32
2012/9/18	第三季度	刘英梅	行政部	交通费	¥1,540.60	¥616.24
2012/9/18	第三季度	邓敏	销售部	餐费	¥1,411.20	¥564.48
2012/7/6	第三季度	曾黎	销售部	交通费	¥1,140.00	¥456.00
2012/8/9	第三季度	王伟	采购部	住宿费	¥1,100.00	¥440.00
2012/7/19	第三季度	徐乐	采购部	交通费	¥248.70	¥99.48
2012/6/17	第二季度	李芳	研发部	餐费	¥1,245.30	¥498.12
2012/6/7	第二季度	王娟娟	行政部	交通费	¥3,597.90	¥1,439.16
2012/4/25	第二季度	金士鹏	销售部	住宿费	¥487.90	¥195.16
2012/4/15	第二季度	邓勇	采购部	餐费	¥1,152.60	¥461.04

Sheet6 效果

差旅费用统计

日期	季度	员工姓名	部门	费用类别	消费金额	车票
2012/6/17	第二季度	李芳	研发部	餐费	¥1,245.30	¥498.12
2012/4/18	第二季度	张志平	研发部	交通费	¥789.50	¥315.80
2012/5/28	第二季度	李小平	研发部	招待费	¥654.60	¥261.84
2012/6/7	第二季度	王娟娟	行政部	交通费	¥3,597.90	¥1,439.16
2012/6/4	第二季度	薛岳	销售部	餐费	¥679.50	¥271.80
2012/4/25	第二季度	金士鹏	销售部	住宿费	¥487.90	¥195.16
2012/4/15	第二季度	邓勇	采购部	餐费	¥1,152.60	¥461.04
	第二季度 计数			7		
	第二季度 汇总				¥8,607.30	¥3,442.92
2012/9/18	第三季度	刘英梅	行政部	交通费	¥1,540.60	¥616.24
2012/9/18	第三季度	邓敏	销售部	餐费	¥1,411.20	¥564.48
2012/7/6	第三季度	曾黎	销售部	交通费	¥1,140.00	¥456.00
2012/8/9	第三季度	王伟	采购部	住宿费	¥1,100.00	¥440.00
2012/7/19	第三季度	徐乐	采购部	交通费	¥248.70	¥99.48
	第三季度 计数			5		
	第三季度 汇总				¥5,440.50	¥2,176.20
2012/11/24	第四季度	蔡明明	研发部	住宿费	¥695.40	¥278.16
2012/10/17	第四季度	王志鹏	销售部	住宿费	¥1,872.60	¥749.04
2012/10/10	第四季度	郑建杰	销售部	住宿费	¥1,475.60	¥590.24
2012/11/15	第四季度	赵军	销售部	招待费	¥365.00	¥146.00
2012/12/15	第四季度	吴小豪	销售部	招待费	¥245.60	¥98.24
2012/11/3	第四季度	王婷	采购部	招待费	¥1,145.80	¥458.32
2012/12/16	第四季度	孙林	采购部	餐费	¥589.70	¥235.88
	第四季度 计数			7		
	第四季度 汇总				¥6,389.70	¥2,555.88
2012/1/18	第一季度	王涛	行政部	招待费	¥1,863.00	¥745.20
2012/2/6	第一季度	张颖	行政部	交通费	¥458.90	¥183.56
2012/3/15	第一季度	郭俊	销售部	住宿费	¥440.00	¥176.00
2012/3/4	第一季度	朱焘	采购部	住宿费	¥564.00	¥225.60
	第一季度 计数			4		
	第一季度 汇总				¥3,325.90	¥1,330.36
	总计数			23		
	总计				¥23,763.40	¥9,505.36

图15-16　“案例拓展1差旅费用统计表.xlsx”效果图

四、案例拓展2

打开“素材\案例 15\案例拓展 2 年度 SUV 质量排行.xlsx”文件，完成以下操作并保存。完成后的效果如图 15-17 和图 15-18 所示。

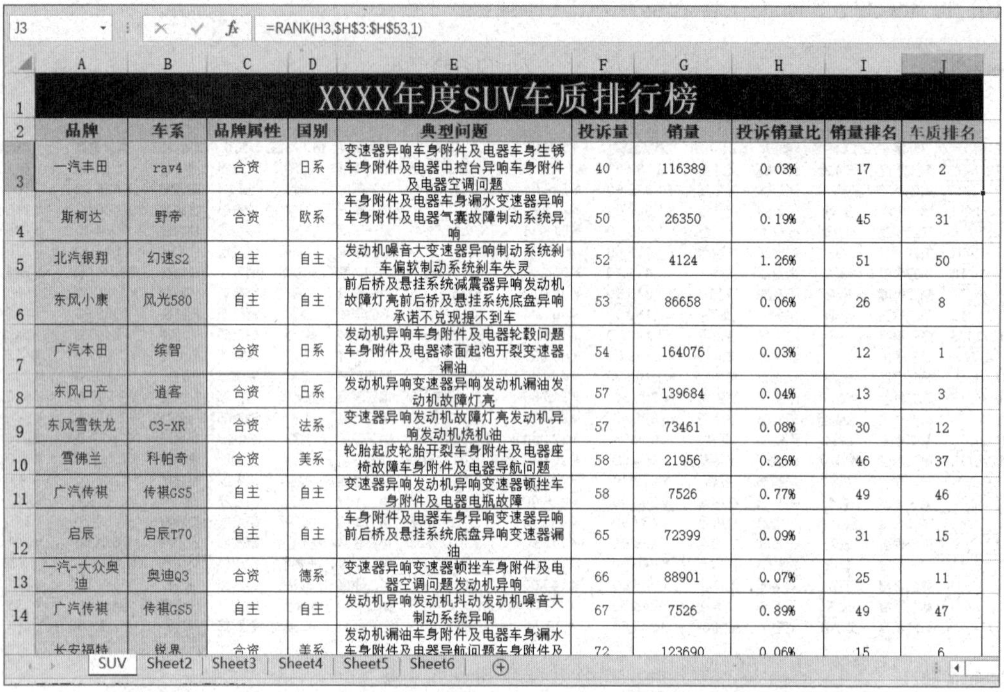

J3 =RANK(H3,$H$3:$H$53,1)

XXXX年度SUV车质排行榜

品牌	车系	品牌属性	国别	典型问题	投诉量	销量	投诉销量比	销量排名	车质排名
一汽丰田	rav4	合资	日系	变速器异响车身附件及电器车身生锈车身附件及电器中控台异响车身附件及电器空调问题	40	116389	0.03%	17	2
斯柯达	野帝	合资	欧系	车身附件及电器车身漏水变速器异响车身附件及电器气囊故障制动系统异响	50	26350	0.19%	45	31
北汽银翔	幻速S2	自主	自主	发动机噪音大变速器异响制动系统刹车偏软制动系统刹车失灵	52	4124	1.26%	51	50
东风小康	风光580	自主	自主	前后桥及悬挂系统减震器异响发动机故障灯亮前后桥及悬挂系统底盘异响承诺不兑现提不到车	53	86658	0.06%	26	8
广汽本田	缤智	合资	日系	发动机异响车身附件及电器轮毂问题车身附件及电器漆面起泡开裂变速器漏油	54	164076	0.03%	12	1
东风日产	逍客	合资	日系	发动机异响变速器异响发动机漏油发动机故障灯亮	57	139684	0.04%	13	3
东风雪铁龙	C3-XR	合资	法系	变速器异响发动机故障灯亮发动机异响发动机烧机油	57	73461	0.08%	30	12
雪佛兰	科帕奇	合资	美系	轮胎起皮轮胎开裂车身附件及电器座椅故障车身附件及电器导航问题	58	21956	0.26%	46	37
广汽传祺	传祺GS5	自主	自主	变速器异响发动机异响变速器顿挫车身附件及电器电瓶故障	58	7526	0.77%	49	46
启辰	启辰T70	自主	自主	车身附件及电器车身异响变速器异响前后桥及悬挂系统底盘异响变速器漏油	65	72399	0.09%	31	15
一汽-大众奥迪	奥迪Q3	合资	德系	变速器异响变速器顿挫车身附件及电器空调问题发动机异响	66	88901	0.07%	25	11
广汽传祺	传祺GS5	自主	自主	发动机异响发动机抖动发动机噪音大制动系统异响	67	7526	0.89%	49	47
长安福特	锐界	合资	美系	发动机漏油车身附件及电器车身漏水车身附件及电器导航问题车身附件及	72	123690	0.06%	15	6

SUV | Sheet2 | Sheet3 | Sheet4 | Sheet5 | Sheet6

图15-17　“案例拓展2年度SUV质量排行.xlsx”效果图1

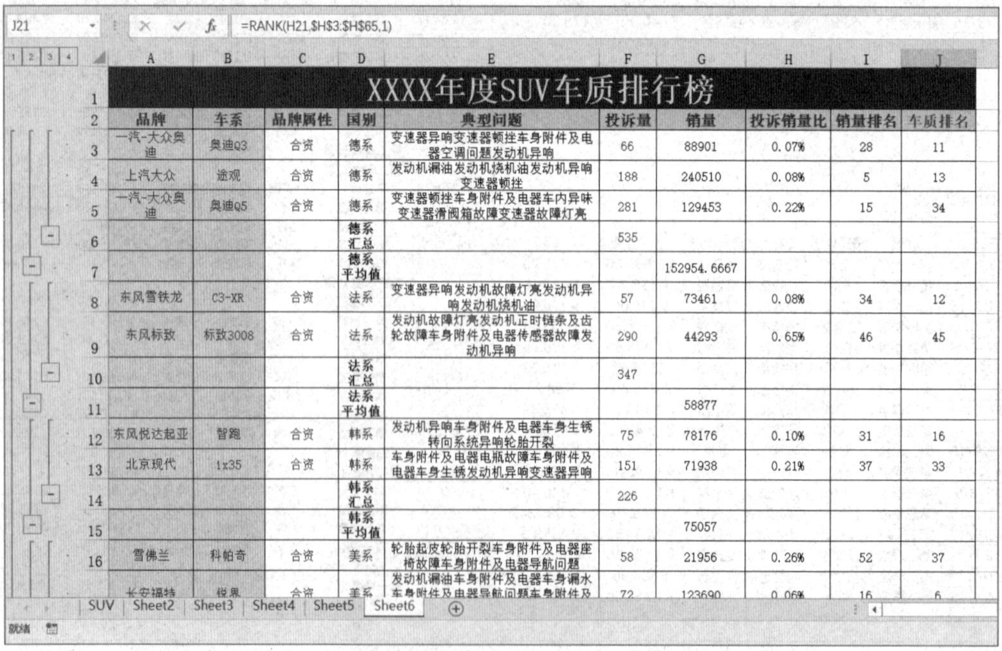

J21 =RANK(H21,$H$3:$H$65,1)

XXXX年度SUV车质排行榜

品牌	车系	品牌属性	国别	典型问题	投诉量	销量	投诉销量比	销量排名	车质排名
一汽-大众奥迪	奥迪Q3	合资	德系	变速器异响变速器顿挫车身附件及电器空调问题发动机异响	66	88901	0.07%	28	11
上汽大众	途观	合资	德系	发动机漏油发动机烧机油发动机异响变速器顿挫	188	240510	0.08%	5	13
一汽-大众奥迪	奥迪Q5	合资	德系	变速器顿挫车身附件及电器车内异味变速器滑阀箱故障变速器故障灯亮	281	129453	0.22%	15	34
			德系 汇总		535				
			德系 平均值			152954.6667			
东风雪铁龙	C3-XR	合资	法系	变速器异响发动机故障灯亮发动机异响发动机烧机油	57	73461	0.08%	34	12
东风标致	标致3008	合资	法系	发动机故障灯亮发动机正时链条及齿轮故障车身附件及电器传感器故障发动机异响	290	44293	0.65%	46	45
			法系 汇总		347				
			法系 平均值			58877			
东风悦达起亚	智跑	合资	韩系	发动机异响车身附件及电器车身生锈转向系统异响轮胎开裂	75	78176	0.10%	31	16
北京现代	1x35	合资	韩系	车身附件及电器电瓶故障车身附件及电器车身生锈发动机异响变速器异响	151	71938	0.21%	37	33
			韩系 汇总		226				
			韩系 平均值			75057			
雪佛兰	科帕奇	合资	美系	轮胎起皮轮胎开裂车身附件及电器座椅故障车身附件及电器导航问题	58	21956	0.26%	52	37
长安福特	锐界	合资	美系	发动机漏油车身附件及电器车身漏水车身附件及电器导航问题车身附件及	72	123690	0.06%	16	6

SUV | Sheet2 | Sheet3 | Sheet4 | Sheet5 | Sheet6

就绪

图15-18　“案例拓展2年度SUV质量排行.xlsx”效果图2

1. 计算各项数据

在 H 列用公式计算每个品牌车辆的投诉销量比(=投诉量/销量)，设置为“百分比样式”，保留两位小数。在 I 列根据销量用 RANK 函数计算销量排名(采用降序)。在 J 列根据投诉销量比用 RANK 函数计算车质排名(采用升序)。

2. 按照投诉量排序

对所有 SUV 按照投诉量进行升序排序。

3. 按照投诉量和销量排序

将数据清单复制到 Sheet2 中，对所有 SUV 按照投诉量升序、销量降序进行排序。

4. 筛选销量高于100 000的SUV

将数据清单复制到 Sheet3 中，利用自动筛选功能筛选销量高于 100 000 的 SUV。

5. 筛选投诉量小于200且销量大于200 000的SUV

将数据清单复制到 Sheet4 中，利用高级筛选功能筛选投诉量小于 200 且销量大于 200 000 的 SUV。

6. 筛选投诉销量比小于0.5%或销量大于200 000的SUV

将数据清单复制到 Sheet5 中，利用高级筛选功能筛选投诉销量比小于 0.5%或销量大于 200 000 的 SUV。

7. 计算各品牌的销量平均值和投诉量总和

将数据清单复制到 Sheet6 中，利用分类汇总功能，对所有 SUV 按照国别，分别计算各品牌的销量平均值和投诉量总和。

案例十六　制作招生趋势图表

近年来，学校招生工作取得了喜人成绩，小林是校学生会宣传部的一名成员，她需要根据近五年的招生录取人数做一张图表，以形象直观地展示学校的招生工作情况。

图表是将工作表中的数据用图形表示出来，可以直观地表示出数据之间的关系。通过本案例的学习可以掌握 Excel 2016 图表制作的基本流程，以及有关图表标题、图表格式、图表大小、图表位置、数据标签等的基本操作。下面以制作招生趋势图表为例进行详细步骤操作讲解，案例效果如图 16-1 所示。

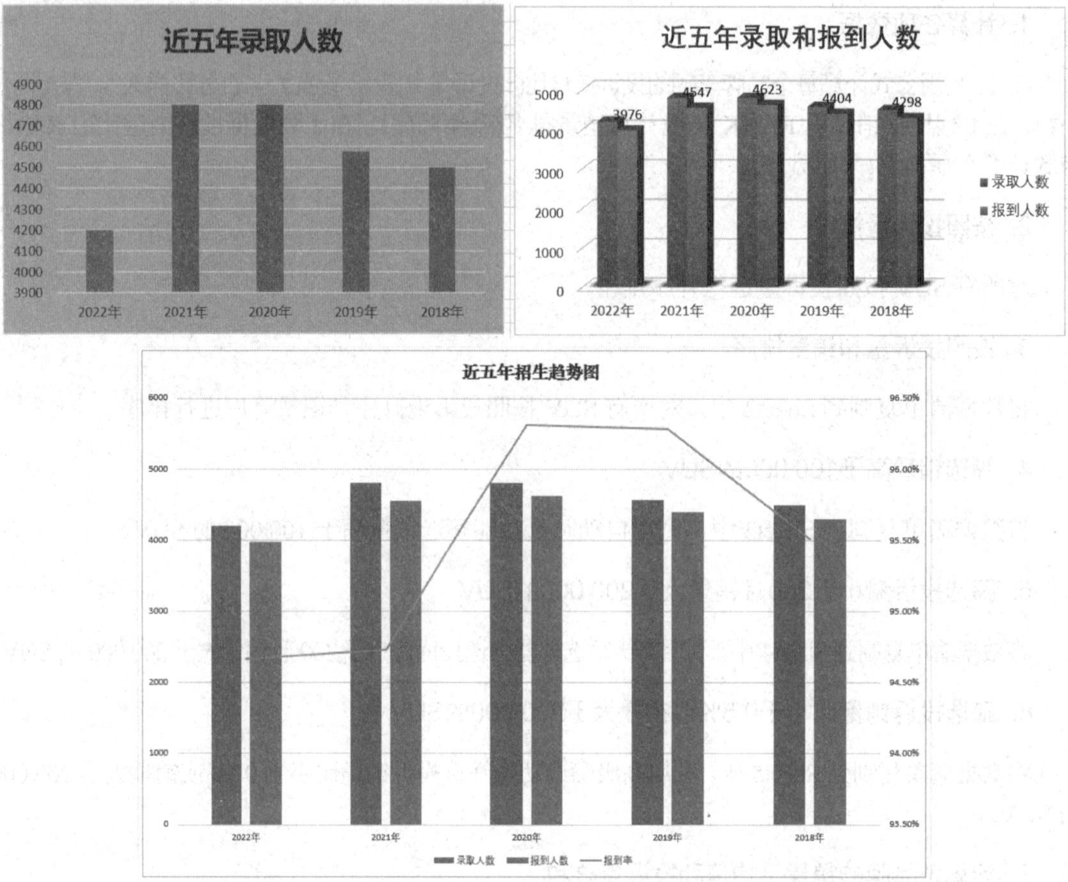

图16-1 “招生趋势图表”效果图

一、案例设计

打开“素材\案例 16\Excel 案例 6 素材.xlsx”文件，完成以下操作。

1. 求出报到率

分别在 B4:F4 单元格区域，使用公式求出近五年的报到率(=报到人数/录取人数)，设置为百分比格式，保留两位小数。

2. 创建“二维簇状柱形图”图表

(1) 创建二维“簇状柱形图”，展示近五年录取人数变化。

(2) 设置图表标题为“近五年录取人数”，字体格式为微软雅黑、16 磅、加粗、蓝色。设置图表区的填充颜色为“绿色，个性色 6，淡色 40%”。

(3) 改变图表大小：设置图表的高度为 7 厘米，宽度为 11 厘米。将图表放置到工作表的 A6:C20 中。

3. 创建“三维簇状柱形图”图表

(1) 创建三维“簇状柱形图”，展示近五年录取人数和报到人数的变化。

(2) 设置图表标题为“近五年录取和报到人数”，图表样式为“样式 11”，图例靠右，添加“数据标签”。

(3) 改变图表大小：设置图表的高度为 7 厘米，宽度为 12 厘米。将图表放置到工作表的 D6:G20 中。

4. 创建“组合”图表

(1) 创建“组合”图表，以“二维簇状图”展示近五年录取人数、报到人数的变化，同时次坐标轴以“折线图”形式展示报到率的变化趋势。

(2) 设置图表标题为“近五年招生趋势图”，字体格式为华文中宋、16 磅、加粗、红色。设置图表区的边框颜色为“橙色”。

(3) 将图表移动到新工作表 Chart1 中，保存工作簿为“近五年招生趋势图表.xlsx”。

二、案例分析

1. 求出报到率

第 1 步： 单击 B4 单元格，输入公式“=B3/B2”，按 Enter 键。然后单击 B4 单元格，鼠标指向其填充柄，当鼠标变成实心“+”时，按住鼠标左键向右拖动至 F4 单元格。

第 2 步： 选择单元格区域 B4:F4，右击，打开“设置单元格格式”对话框。选择“数字”选项卡，选择“百分比”分类，小数位数设置为 2，如图 16-2 所示。然后单击“确定”按钮。

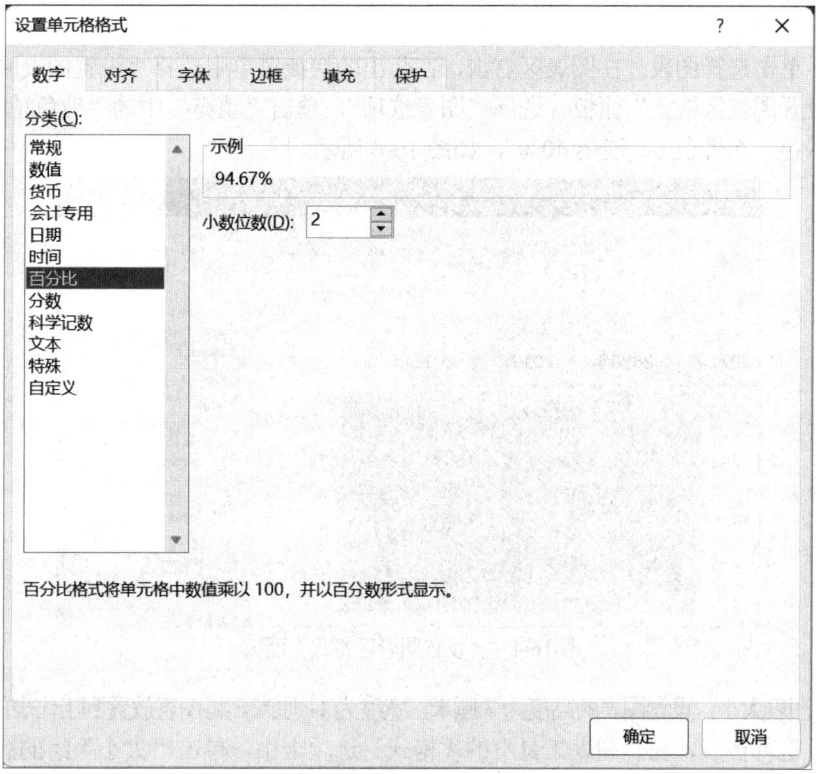

图16-2　“设置单元格格式”对话框

2. 创建“二维簇状柱形图”图表

(1) 创建二维“簇状柱形图”，展示近五年录取人数变化。

选择工作表 Sheet1 的 A1:F2 区域，在“插入”选项卡的“图表”组中，单击“柱形图”下拉列表中的“二维柱形图”图表类型，选择第一个示例“簇状柱形图”(如图 16-3 所示)。

图16-3 “柱形图”列表框

(2) 设置图表标题为“近五年录取人数”，字体格式为微软雅黑、16 磅、加粗、蓝色。设置图表区的填充颜色为“绿色，个性色 6，淡色 40%”。

第 1 步：选择图表，按住鼠标左键选择图表标题文字，输入“近五年录取人数”。重新选择标题文字，在“开始”选项卡的“字体”组中，设置字体为“微软雅黑”、字号为 16、字形为“加粗”、颜色为“蓝色”。

第 2 步：单击选择图表，在图表区右击，在弹出的快捷菜单中选择“设置图表区域格式”命令，打开“设置图表区格式”面板。选择“图表选项”，单击“填充”中的“纯色填充”，选择填充颜色为“绿色，个性色 6，淡色 40%”，如图 16-4 所示。

图16-4 “设置图表区格式”面板

(3) 改变图表大小：设置图表的高度为 7 厘米，宽度为 11 厘米。将图表放置到工作表的 A6:C20 中。

第 1 步：选择图表，在“图表工具”的“格式”选项卡中，单击“大小”组的高度和宽度选项，重新设置高度为 7 厘米，宽度为 11 厘米。

第 2 步：鼠标指向图表内，按住鼠标左键将图表左上角放置到 A6 单元格，同时观察图表右下角是否放置到 C20 中。当图表右下角放置到 C20 以内后，松开鼠标。

3. 创建“三维簇状柱形图”图表

(1) 创建三维“簇状柱形图”，展示近五年录取人数和报到人数的变化。

选择工作表 Sheet1 的 A1:F3 区域，在“插入”选项卡的“图表”组中，单击“柱形图”下拉列表中的“三维柱形图”图表类型，选择第一个示例“三维簇状柱形图”。

(2) 设置图表标题为“近五年录取和报到人数”，图表样式为“样式 11”，图例靠右，添加“数据标签”。

第 1 步：选择图表，按住鼠标左键选择图表标题文字，输入“近五年录取和报到人数”。

第 2 步：单击选择图表，在“图表工具”的“设计”选项卡的“图表样式”组中选择最后一项“样式 11”。效果如图 16-5 所示。

第 3 步：单击选择图表中的“图例”，右击选择“设置图例…”命令，此时右侧弹出“设置图例格式”面板。在“图例选项”中，选择图例位置“靠右”。

第 4 步：单击选择图表中的“报到人数”系列，右击选择“添加数据标签”命令。

(3) 改变图表大小：设置图表的高度为 7 厘米，宽度为 12 厘米。将图表放置到工作表的 D6:G20 中。

第 1 步：选择图表，在“图表工具”的“格式”选项卡中，单击“大小”组的高度和宽度选项，重新设置高度为 7 厘米，宽度为 12 厘米。

第 2 步：鼠标指向图表内，按住鼠标左键将图表左上角放置到 D6 单元格，同时观察图表右下角是否放置到 G20 中。当图表右下角放置到 G20 以内后，松开鼠标。此时如图 16-6 所示。

图16-5　插入的“三维簇状柱形图”效果

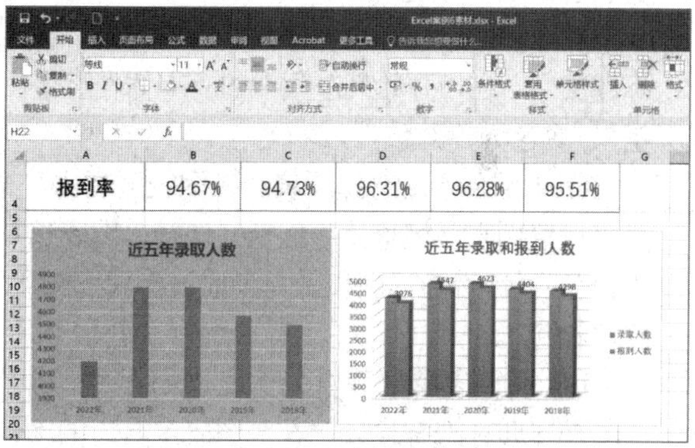

图16-6　插入两个图表后的效果

4. 创建“组合”图表

(1) 创建“组合”图表，以“二维簇状图”展示近五年录取人数、报到人数的变化，同时次坐标轴以“折线图”形式展示报到率的变化趋势。

选择工作表 Sheet1 的 A1:F4 区域，在“插入”选项卡的“图表”组中，单击右下角的“查看所有图表”对话框启动器按钮，此时弹出“插入图表”对话框。选择“推荐的图表”中的第一个，或者选择“所有图表”选项卡中的“组合”命令，在右侧自定义组合中将“录取人数”和“报到人数”均设置为“簇状柱形图”。“报到率”设置为“折线图”，选中“次坐标轴”复选框，如图 16-7 所示，然后单击“确定”按钮。

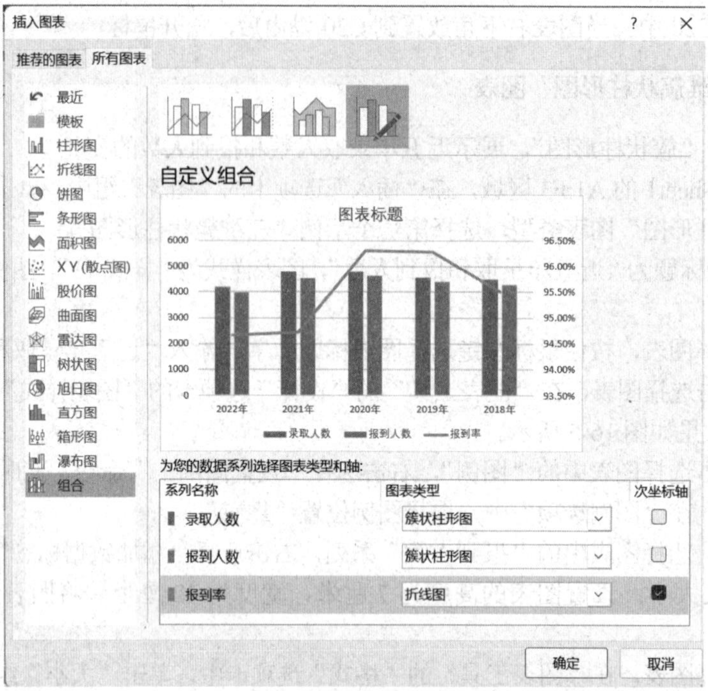

图16-7 插入自定义组合图表

(2) 设置图表标题为“近五年招生趋势图”，字体格式为华文中宋、16 磅、加粗、红色。设置图表区的边框颜色为“橙色”。

第 1 步：选择图表，按住鼠标左键选择图表标题文字，输入“近五年招生趋势图”。重新选择标题文字，在“开始”选项卡的“字体”组中，设置字体为“华文中宋”、字号为 16、字形为“加粗”、颜色为“红色”。

第 2 步：单击选择图表，在图表区右击，选择快捷菜单中的“设置图表区域格式”命令，打开“设置图表区域格式”面板。选择“图表选项”，在“填充与线条”选项卡的“边框”组中选择“橙色”，或者在“图表工具”的“格式”选项卡的“形状样式”组的“形状轮廓”下拉菜单中选择“橙色”。

(3) 将图表移动到新工作表 Chart1 中，保存工作簿为“近五年招生趋势图表.xlsx”。

第 1 步：选择图表，在“图表工具”的“设计”选项卡的 “位置”组中单击“移动图表”命令，此时弹出“移动图表”对话框，如图 16-8 所示。

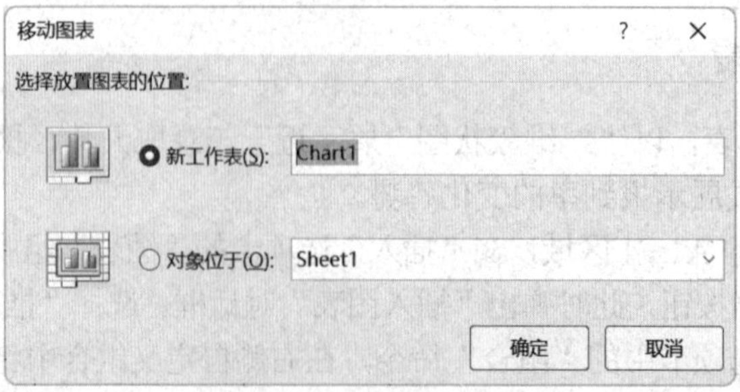

图16-8 “移动图表”对话框

第 2 步：选择“新工作表”单选按钮，新工作表名称默认为 Chart1。单击“确定”按钮，即可将图表移动到新建的工作表中，如图 16-9 所示。

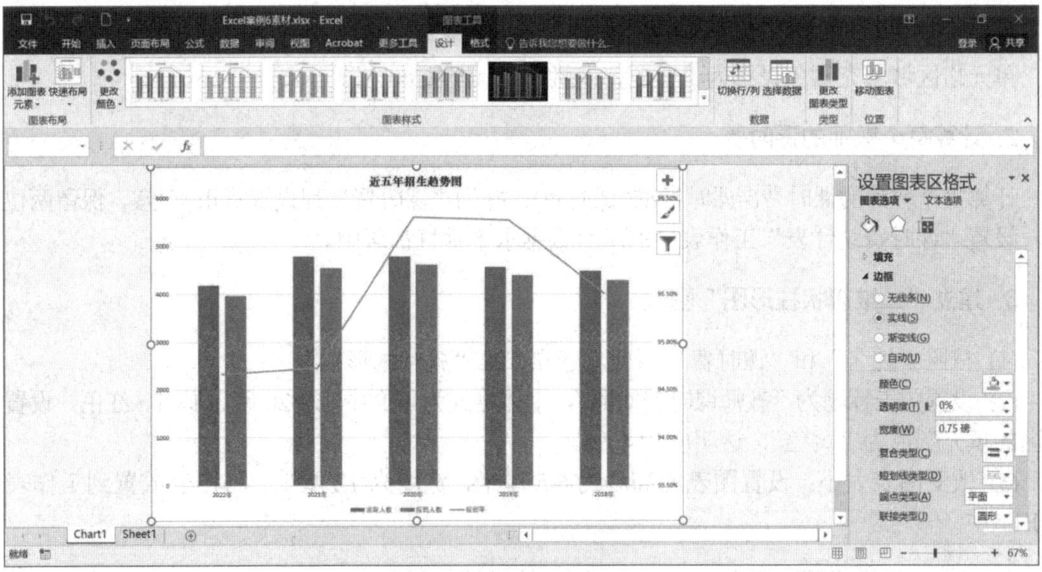

图16-9 移动图表后的效果

第 3 步：单击“文件”选项卡的“另存为”命令，弹出“另存为”对话框。文件名输入“近五年招生趋势图表”，位置选择“桌面”，单击“保存”按钮。

三、案例拓展1

打开“素材\案例 16\案例拓展 1 课时费图表.xlsx”文件，完成以下操作并保存。完成后的效果如图 16-10 所示。

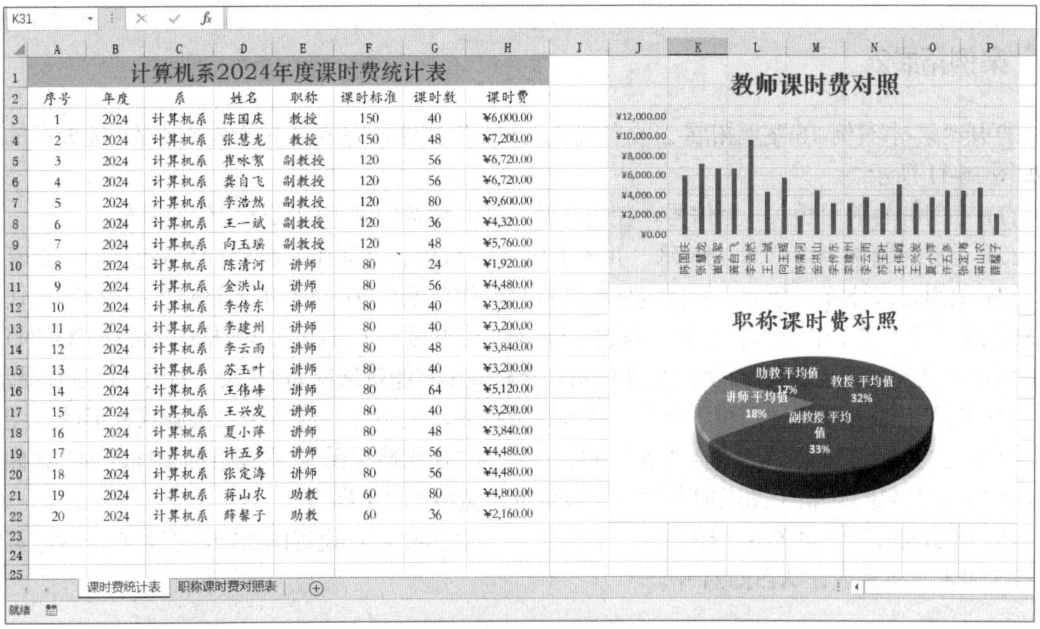

计算机系2024年度课时费统计表

序号	年度	系	姓名	职称	课时标准	课时数	课时费
1	2024	计算机系	陈国庆	教授	150	40	¥6,000.00
2	2024	计算机系	张慧龙	教授	150	48	¥7,200.00
3	2024	计算机系	崔咏絮	副教授	120	56	¥6,720.00
4	2024	计算机系	龚自飞	副教授	120	56	¥6,720.00
5	2024	计算机系	李浩然	副教授	120	80	¥9,600.00
6	2024	计算机系	王一斌	副教授	120	36	¥4,320.00
7	2024	计算机系	向玉瑶	副教授	120	48	¥5,760.00
8	2024	计算机系	陈清河	讲师	80	24	¥1,920.00
9	2024	计算机系	金洪山	讲师	80	56	¥4,480.00
10	2024	计算机系	李传东	讲师	80	40	¥3,200.00
11	2024	计算机系	李建州	讲师	80	40	¥3,200.00
12	2024	计算机系	李云雨	讲师	80	48	¥3,840.00
13	2024	计算机系	苏玉叶	讲师	80	40	¥3,200.00
14	2024	计算机系	王伟峰	讲师	80	64	¥5,120.00
15	2024	计算机系	王兴发	讲师	80	40	¥3,200.00
16	2024	计算机系	夏小萍	讲师	80	48	¥3,840.00
17	2024	计算机系	许五多	讲师	80	56	¥4,480.00
18	2024	计算机系	张定海	讲师	80	56	¥4,480.00
19	2024	计算机系	蒋山农	助教	60	80	¥4,800.00
20	2024	计算机系	薛馨子	助教	60	36	¥2,160.00

图16-10 “案例拓展1课时费图表.xlsx”效果图

1. 设置标题

设置标题文字为红色、华文中宋、18 磅，并将单元格区域 A1:H1 合并居中，行高设置为 24 磅。单元格区域填充颜色设置为“蓝色，个性色 1，淡色 60%”。

2. 计算每个教师的课时费

计算每个教师的课时费(=课时标准*课时数)，并为“课时费”列设置货币符号¥，保留两位小数。设置“课时费统计表”工作表中的所有数据水平垂直都居中。

3. 建立“二维簇状柱形图”图表

(1) 按照“姓名”和“课时费”两列，建立二维“簇状柱形图”。

(2) 设置图表标题为“教师课时费对照”，字体格式为华文中宋、20 磅、加粗、红色。设置图表区的填充颜色为“黄色”，透明度为 40%。

(3) 改变图表大小：设置图表的高度为 6.5 厘米，宽度为 12 厘米。将图表放置到工作表的 J1:P11 中。

4. 建立“三维饼图”图表

(1) 将工作表“课时费统计表”复制到“职称课时费对照表”中，保留原列宽，利用分类汇总功能计算每个职称的课时费平均值。按照“职称”和“课时费平均值”建立“三维饼图”图表。

(2) 图表布局设置为“布局 3”；图表样式设置为“样式 8”；图表标题为“职称课时费对照”，字体格式为 20 磅、红色、华文楷体；在图表的系列中添加数据标签，采用百分比形式，颜色为白色，设置为“居中”。

(3) 将图表移动到工作表“课时费统计表”中，设置图表的高度为 6.5 厘米，宽度为 12 厘米，将其放在 J10:P20 中。

四、案例拓展2

打开“素材\案例 16\案例拓展 2 收费统计表.xlsx”文件，完成以下操作并保存。完成后的效果如图 16-11 所示。

(1) 在门牌号前面插入一列序号，使用函数 LEFT 截取门牌号的第一位作为序号。

(2) 设置标题文字为黑体、16 磅，并在 A1:G1 区域中合并居中，标题行行高设置为 22 磅。

(3) 使用公式计算“金额”列(金额=水费+电费+煤气费)，在 A7 单元格输入“总计”，使用 SUM 函数计算水费、电费、煤气费、金额的总金额，结果写入下方相应单元格中。使用 COUNTIF 函数统计未交人数和已交人数，并使用条件格式新建规则将缴费情况为“未交”的用红色字体显示。

(4) 以表中的“门牌号”和“金额”两列为数据源，在下方生成一个二维簇状柱形图，图表设计布局为“布局 5”，样式为“样式 5”。图表标题为“使用情况图”，垂直坐标轴标题为“金额”，文字方向为“竖排”。整个图表加上绿色实线边框，宽度为“1 磅”。

(5) 将图表区颜色设置为“橄榄色，个性色 3，淡色 80%”，设置图表的高度为 6 厘米、宽度为 11.5 厘米，将其放在 A13:G24 中。

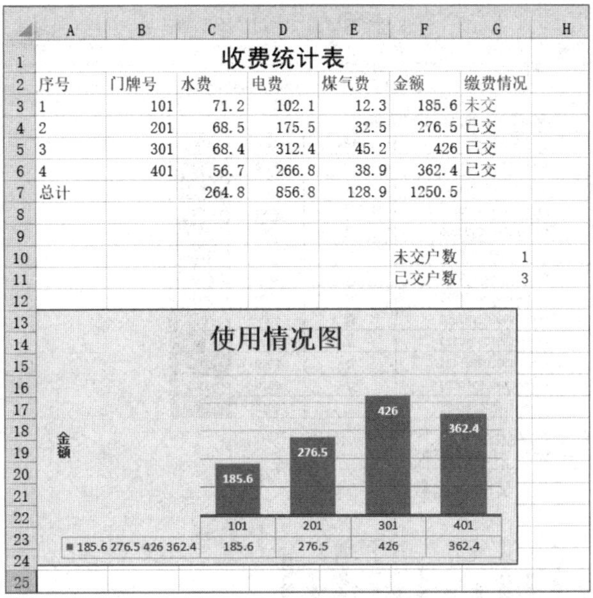

图16-11　“案例拓展2收费统计表.xlsx”效果图

五、Excel综合案例拓展

1. 综合案例一

打开“素材\Excel 综合案例拓展\综合练习 1.xlsx”文件，对数据表“学生基本信息”中的数据按以下要求进行操作，并保存操作结果。完成后的效果如图 16-12 所示。

说明：

学号的前四位表示年级，如201601130007，其中2016表示年级；身份证号的第17位表示性别，若为奇数表示“男”，若为偶数表示“女”；第7、8、9、10位表示出生日期。

(1) 在 A1 单元格输入表格标题“奖学金发放情况表”，设置标题文字为隶书、20 磅、加粗，并在 A1:F1 区域中合并居中。

(2) 使用 IF 等函数计算表中每个学生的“性别”；使用 LEFT 函数为“年级”列填充数据；在 D16 单元格中，使用 SUMIF 函数计算男生获得的奖学金总额；在 D17 单元格中，使用 COUNTIF 函数计算获得大于或等于 4000 元奖学金的人数。

(3) 设置 A2:F14 区域中的行高为 20，将该区域中的所有数据在单元格内垂直方向和水平方向全居中，并将该区域表格的边框设置为“所有框线”。

(4) 用条件格式为“奖学金”列设置色阶，色阶规则为“红-黄-绿色阶”，并将 D16 的数据设置为“会计专用”，其中货币符号为¥。

(5) 以“姓名”“奖学金”列中的数据为数据源，在数据表的下方生成一个二维的“簇状柱形图”，图表布局为“布局 5”。图表标题为“奖学金比较”，纵向轴标题为“奖学金额”。图表大小高度为 8 厘米，宽度为 13 厘米，图表格式设置为“彩色轮廓-橙色，强调颜色 6”。

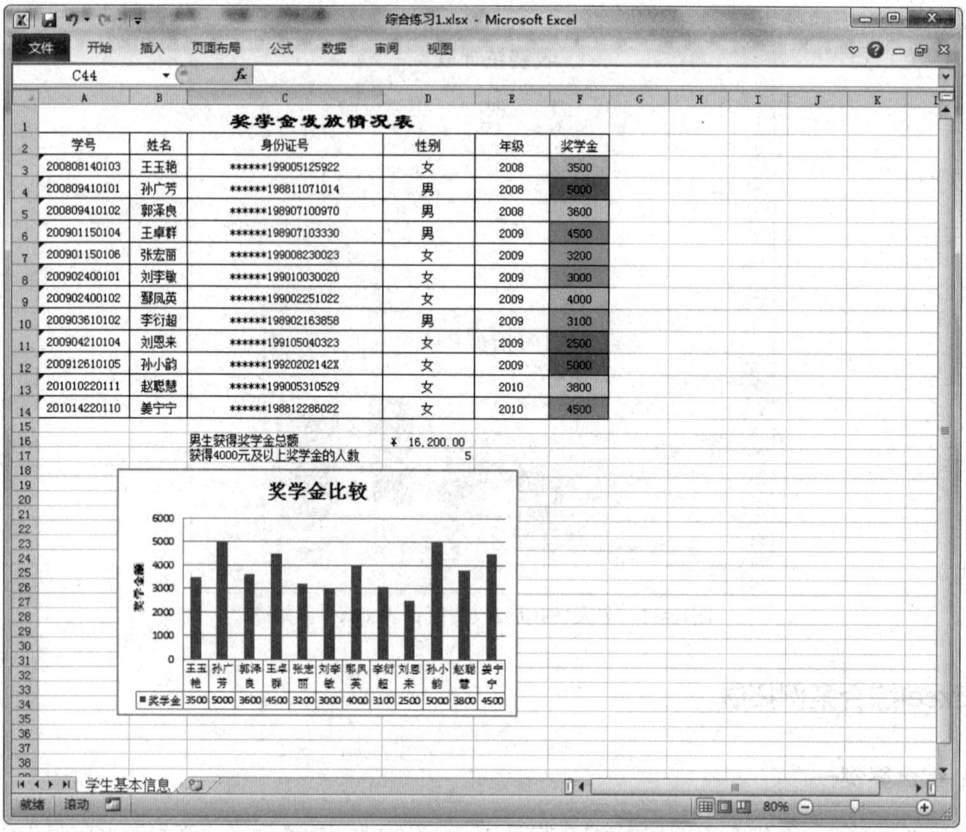

图16-12　“综合练习1.xlsx”效果图

2. 综合案例二

打开“素材\综合案例拓展\Excel 综合练习 2.xlsx”文件，对数据表“销售记录表”中的数据按以下要求进行操作，并将结果保存在原位置。完成后的效果如图 16-13 所示。

(1) 设置表 1 标题，文字为隶书、20 磅、蓝色，并在 A2:E2 区域中合并居中。

(2) 在表 1 中“二季度”与“四季度”两列之间插入新列，列内容为“三季度，480，208，625，383，510，570”。将表格 A3:F10 区域加上所有框线，颜色为蓝色，并将该区域中的所有数据在单元格内水平居中。

(3) 使用 SUM 函数计算表 1 中每一季度的合计；使用 AVERAGE 函数计算表 1 中每一产品 4 个季度的销售均值；使用 VLOOKUP 函数查找表 2 的产品所对应的三季度的销售记录，并填充到相应的单元格中。

(4) 以表 1 中的数据为数据源，在表 2 的下方生成一个二维簇状柱形图，图表布局为“布局 10”，样式为“样式 1”。图表标题为“销售记录分析图”，图表格式设置为“彩色轮廓-蓝色，强调颜色 1”。

(5) 将工作表 Sheet2 重命名为“备用表”，删除工作表 Sheet3。

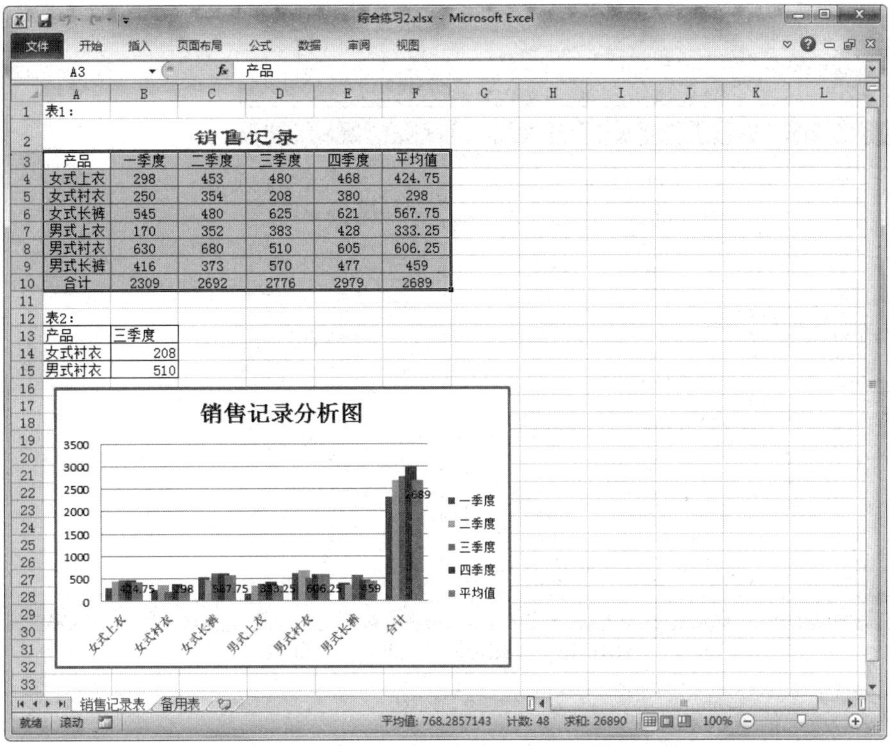

图16-13 “综合练习2.xlsx”效果图

3. 综合案例三

打开“素材\Excel 综合案例拓展\综合练习 3.xlsx”文件，对数据表中的数据按以下要求进行操作，并将结果保存在原位置。完成后的效果如图 16-14～图 16-16 所示。

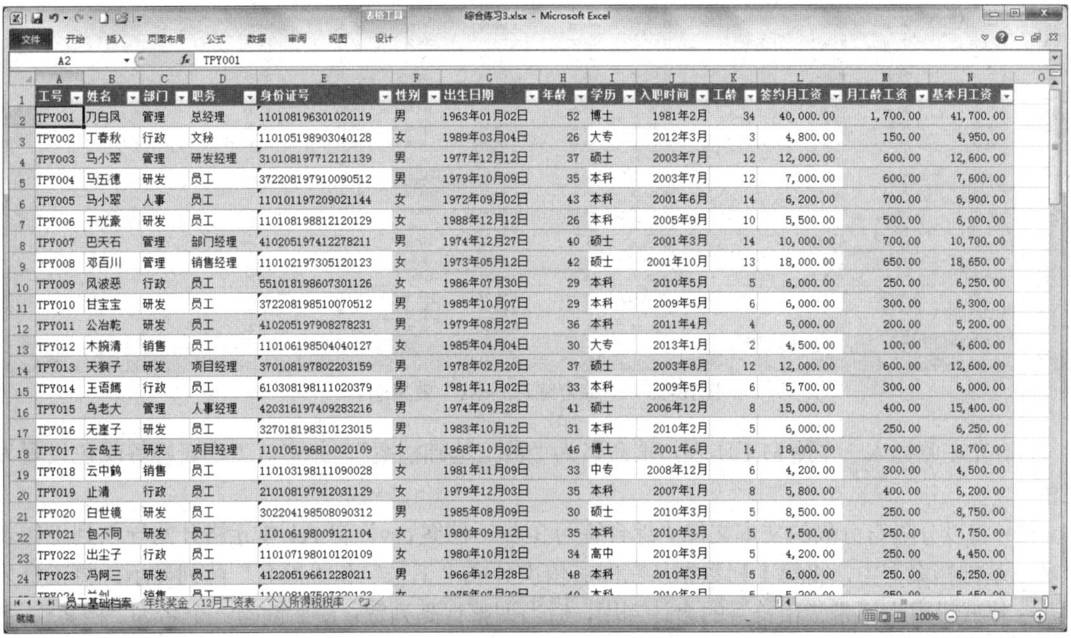

图16-14 “综合练习3.xlsx”效果图1

员工编号	姓名	部门	月基本工资	应发奖金	月应税所得额	应交个税	实发奖金
太平洋公司2014年度年终奖金计算表							
TPY001	刀白凤	管理	41,700.00	75,060.00	6,255.00	14,457.00	60,603.00
TPY002	丁春秋	行政	4,950.00	8,910.00	742.50	267.30	8,642.70
TPY003	马小翠	管理	12,600.00	22,680.00	1,890.00	2,163.00	20,517.00
TPY005	马小翠	人事	6,900.00	12,420.00	1,035.00	372.60	12,047.40
TPY006	于光豪	研发	6,000.00	10,800.00	900.00	324.00	10,476.00
TPY008	邓百川	管理	18,650.00	33,570.00	2,797.50	3,252.00	30,318.00
TPY010	甘宝宝	研发	6,300.00	11,340.00	945.00	340.20	10,999.80
TPY011	公冶乾	研发	5,200.00	9,360.00	780.00	280.80	9,079.20
TPY012	木婉清	销售	4,600.00	8,280.00	690.00	248.40	8,031.60
TPY014	王语嫣	行政	6,000.00	10,800.00	900.00	324.00	10,476.00
TPY015	乌老大	管理	15,400.00	27,720.00	2,310.00	2,667.00	25,053.00
TPY017	云岛主	研发	18,700.00	33,660.00	2,805.00	3,261.00	30,399.00
TPY019	止清	行政	6,200.00	11,160.00	930.00	334.80	10,825.20
TPY020	白世镜	研发	8,750.00	15,750.00	1,312.50	472.50	15,277.50
TPY021	包不同	研发	7,750.00	13,950.00	1,162.50	418.50	13,531.50
TPY022	出尘子	行政	4,450.00	8,010.00	667.50	240.30	7,769.70
TPY024	兰剑	销售	5,450.00	9,810.00	817.50	294.30	9,515.70
TPY025	古笃诚	研发	5,700.00	10,260.00	855.00	307.80	9,952.20
TPY026	过彦之	研发	6,700.00	12,060.00	1,005.00	361.80	11,698.20
TPY028	石清露	人事	6,100.00	10,980.00	915.00	329.40	10,650.60

图16-15 “综合练习3.xlsx”效果图2

基本工资	应发年终奖金	补贴	扣除病事假	应发工资奖金合计	扣除社保	应纳税所得额	工资个税	奖金个税	实发工资奖金
太平洋公司2014年12月份员工工资表									
41,700.00	75,060.00	260.00	230.00	116,790.00	460.00	38,230.00	8,714.00	14,457.00	93,159.00
4,950.00	8,910.00	260.00	352.00	13,768.00	309.00	1,358.00	40.74	267.30	13,150.96
12,600.00	22,680.00	260.00	-	35,540.00	289.00	9,360.00	1,335.00	2,163.00	31,753.00
6,900.00	12,420.00	260.00	130.00	19,450.00	360.00	3,530.00	248.00	372.60	18,469.40
6,000.00	10,800.00	260.00	-	17,060.00	289.00	2,760.00	171.00	324.00	16,276.00
18,650.00	33,570.00	260.00	-	52,480.00	289.00	15,410.00	2,847.50	3,252.00	46,091.50
6,300.00	11,340.00	260.00	-	17,900.00	206.00	3,060.00	201.00	340.20	17,152.80
5,200.00	9,360.00	260.00	155.00	14,665.00	308.00	1,805.00	75.50	280.80	14,000.70
4,600.00	8,280.00	260.00	-	13,140.00	289.00	1,360.00	40.80	248.40	12,561.80
6,000.00	10,800.00	260.00	25.00	17,035.00	289.00	2,735.00	168.50	324.00	16,253.50
15,400.00	27,720.00	260.00	-	43,380.00	289.00	12,160.00	2,035.00	2,667.00	38,389.00
18,700.00	33,660.00	260.00	-	52,620.00	289.00	15,460.00	2,860.00	3,261.00	46,210.00
6,200.00	11,160.00	260.00	-	17,620.00	289.00	2,960.00	191.00	334.80	16,805.20
8,750.00	15,750.00	260.00	-	24,760.00	289.00	5,510.00	547.00	472.50	23,451.50
7,750.00	13,950.00	260.00	-	21,960.00	309.00	4,510.00	347.00	418.50	20,885.50
4,450.00	8,010.00	260.00	-	12,720.00	206.00	1,210.00	36.30	240.30	12,237.40
5,450.00	9,810.00	260.00	110.00	15,410.00	460.00	2,100.00	105.00	294.30	14,550.70
5,700.00	10,260.00	260.00		16,220.00	309.00	2,460.00	141.00	307.80	15,462.20
6,700.00	12,060.00	260.00	-	19,020.00	289.00	3,460.00	241.00	361.80	18,128.20
6,100.00	10,980.00	260.00	30.00	17,310.00	360.00	2,830.00	178.00	329.40	16,442.60
6,200.00	11,160.00	260.00	-	17,620.00	289.00	2,960.00	191.00	334.80	16,805.20
8,200.00	14,760.00	260.00	-	23,220.00	289.00	4,960.00	437.00	442.80	22,051.20
6,700.00	12,060.00	260.00	-	19,020.00	206.00	3,460.00	241.00	361.80	18,211.20
9,200.00	16,560.00	260.00	55.00	25,965.00	308.00	5,905.00	626.00	496.80	24,534.20
6,700.00	12,060.00	260.00	-	19,020.00	289.00	3,460.00	241.00	361.80	18,128.20
6,200.00	11,160.00	260.00	135.00	17,465.00	289.00	2,825.00	177.50	334.80	16,683.70
12,050.00	21,690.00	260.00	-	34,000.00	289.00	8,810.00	1,207.00	2,064.00	30,440.00

图16-16 “综合练习3.xlsx”效果图3

(1) 在左侧插入一个空白工作表，重命名为“员工基础档案”，并将该工作表标签颜色设置为红色。

(2) 将以分隔符分隔的文本文件“综合练习 3-员工档案.csv”自 A1 单元格开始导入到工作表“员工基础档案”中，将第 1 列数据从左向右依次分成“工号”和“姓名”两列显示；将工资列的数字格式设置为不带货币符号的会计专用，适当调整行高列宽；最后创建一个名为“档案”、包含数据区域 A1:N102、包含标题的表，同时删除外部链接。

(3) 在工作表“员工基础档案”中，利用公式及函数(VLOOKUP、IF、MID、DAYS360、INT等)依次输入每个员工的性别“男”或“女”，以及每位员工截止到 2018 年 9 月 30 日的年龄、工龄工资、基本月工资。要注意以下几点。

- 计算每个员工性别；
- 身份证号的第7～14位代表出生年月；
- 年龄需要按周岁计算，满1年才计1岁，每月按30天，一年按360天计算；
- 工龄工资的计算方法：本公司工龄每满一年每月增加50元；
- 基本月工资=签约月工资+月工龄工资。

(4) 参照工作表“员工基础档案”中的信息，在工作表“年终奖金”中输入与工号对应的员工姓名、部门、月基本工资；按照年基本工资总额的 15%计算每个员工的年终应发奖金。

(5) 在工作表“年终奖金”中，根据工作表“个人所得税税率”中的对应关系计算每个员工年终奖金应交的个人所得税、实发奖金，并填入 G 列和 H 列。年终奖金目前的计税方法如下。

- 年终奖金的月应税所得额=全部年终奖金/12；
- 根据上一步计算得出的月应税所得额在个人所得税税率表中找到对应的税率；
- 年终奖金应交个税＝全部年终奖金×月应税所得额的对应税率-对应速算扣除数；
- 实发奖金＝应发奖金-应交个税。

(6) 根据工作表“年终奖金”中的数据，在“12 月工资表”工作表中依次输入每个员工的“应发年终奖金”“奖金个税”，并计算员工的“实发工资奖金”总额(实发工资奖金＝应发工资奖金合计-扣除社保-工资个税-奖金个税)。

模块四

PowerPoint 演示文稿制作

案例十七　创建演示文稿

学校针康系王伟同学本周日参加学校组织的科普志愿者活动，到实验小学给三年级的小学生讲解“计算机发展简史”。现在已准备好文字内容，请根据文字内容及相关要求制作一份讲座用的演示文稿。

本案例主要练习新建演示文稿、插入新幻灯片、版式设计、编辑幻灯片、插入对象、设置字体段落格式、设置保护演示文稿等操作。通过本案例的制作，可以掌握创建演示文稿的基本操作。本案例的制作效果如图 17-1 所示。

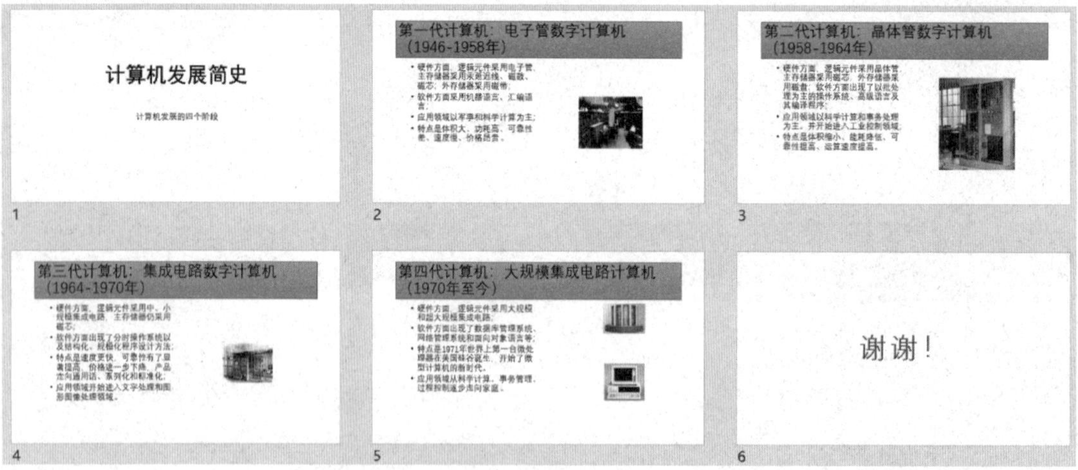

图17-1　“计算机发展简史.pptx”效果图

一、案例设计

打开“素材\案例 17\计算机发展简史\计算机发展简史.docx”文件，按照下列要求制作“计算机发展简史.pptx”并保存。

(1) 新建演示文稿，使其包含 6 张幻灯片。第一张设计为“标题幻灯片”版式，第二张到第五张为“两栏内容”版式，第六张为“仅标题”版式。

(2) 第一张幻灯片标题占位符输入“计算机发展简史”，字体设置为“黑体”，颜色设置为“深蓝”，添加形状效果“阴影，外部，右上斜偏移”，在占位符中垂直水平居中。副标题占位符输入“计算机发展的四个阶段”。

(3) 第二张至第五张幻灯片的标题内容分别为素材“计算机发展简史.docx”中各段的标题。标题占位符下方左侧占位符内容为各段的文字介绍，右侧为“素材”文件夹下存放的相对应图片，其中第五张幻灯片须插入两张图片(“第四代计算机 1.jpg”在上，“第四代计算机 2.jpg”在下)。第二张至第五张幻灯片标题占位符样式设置为“细微效果-蓝色，强调颜色 5”。

(4) 将第六张幻灯片中的占位符对齐方式设置为水平垂直居中，输入内容“谢谢!”，字号设置为 80，字形设置为“加粗”，字体颜色为“蓝色”，字符间距设置为加宽 10 磅，居中对齐。

(5) 以“计算机发展简史.pptx”为名将该文件保存到桌面上。

二、案例分析

1. 新建幻灯片文件

第 1 步：启动 Microsoft PowerPoint 2016 应用程序后，选择“空白演示文稿”，即成功新建一个空白演示文稿，如图 17-2 所示。

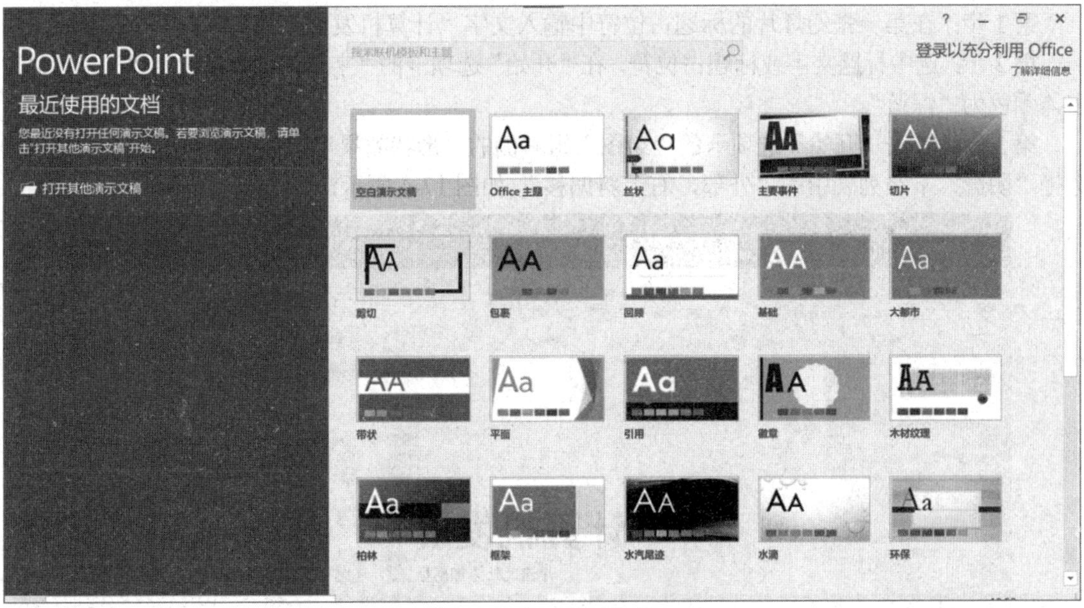

图17-2　新建演示文稿

第 2 步：添加第二张到第五张幻灯片。单击“开始”选项卡的“幻灯片”组中的“新建幻灯片”下拉按钮，在弹出的下拉列表中选择“两栏内容”版式，如图 17-3 所示。按同样方法插入第三张到第五张幻灯片。

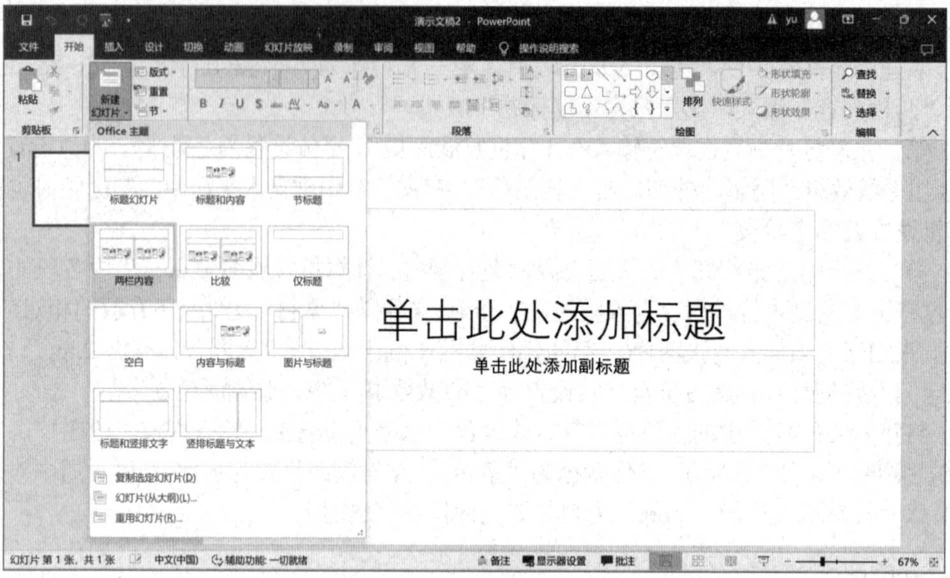

图17-3　添加新幻灯片

第 3 步： 添加第六张幻灯片。单击“开始”选项卡的“幻灯片”组中的“新建幻灯片”下拉按钮，在弹出的下拉列表中选择“仅标题”版式。

2. 制作标题幻灯片

第 1 步： 在第一张幻灯片的标题占位符中输入文字“计算机发展简史”。

第 2 步： 选中标题文字或标题占位符，在“开始”选项卡的“字体”组中设置字体为“黑体”，字体颜色为“深蓝”。

第 3 步： 单击“开始”选项卡的“绘图”组右侧的“形状效果”按钮，在弹出的下拉列表中选择“阴影”下级列表中的“外部，右上斜偏移”(如图 17-4 所示)。

图17-4　设置形状效果

第 4 步： 在“开始”选项卡的“段落”组中单击“居中”按钮，在右侧“对齐文本”下拉列表中单击“中部对齐”，如图 17-5 所示。

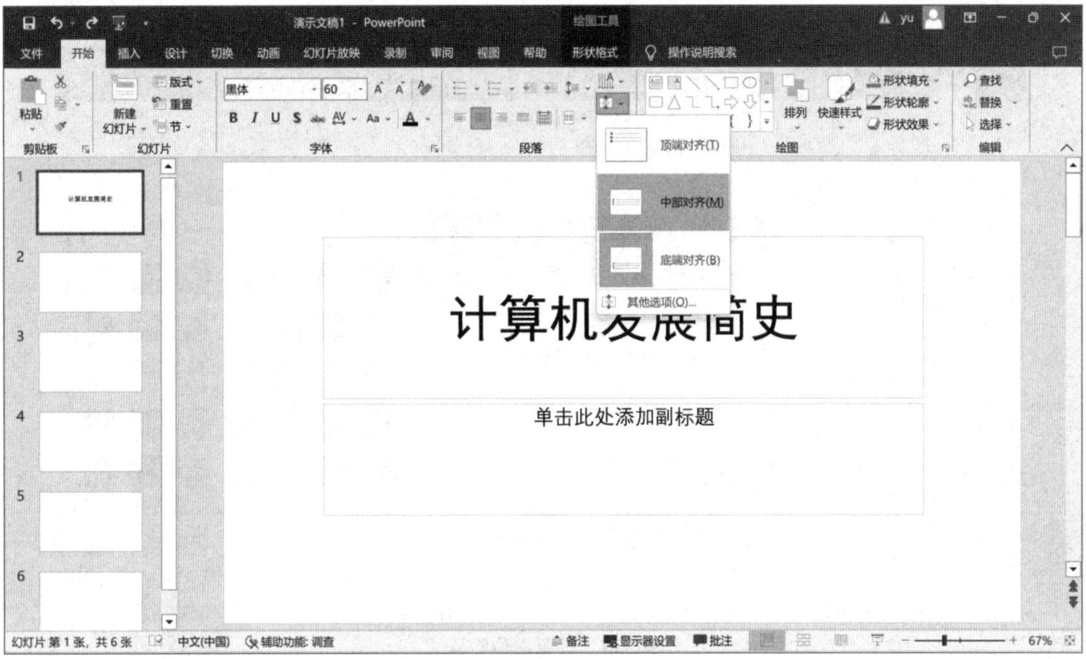

图17-5　设置文本垂直对齐方式

第 5 步： 副标题占位符中输入“计算机发展的四个阶段”。

3. 制作正文幻灯片

第 1 步： 从“计算机发展简史.docx”中复制第一个标题内容“第一代计算机：电子管数字计算机(1946—1958 年)”，选中第二张幻灯片，在标题占位符中粘贴该内容；将素材中第一段的文字内容复制粘贴到该幻灯片标题占位符下方左侧占位符中。

注意：
为统一文字格式，可以在粘贴文字部分时选择“只保留文本”的粘贴方式。

第 2 步： 可以利用占位符中的“图片”按钮插入图片，也可以利用“插入”选项卡的“图像”组中的“图片”按钮插入图片。

- 方法1：在右侧占位符中，单击“图片”按钮，弹出“插入图片”对话框。从“素材”文件夹中选择“第一代计算机.jpg”，单击“插入”按钮即可插入图片，适当调整图片大小。
- 方法2：单击“插入”选项卡的“图像”组中的“图片”按钮，打开“插入图片”对话框。从“素材”文件夹中选择“第一代计算机.jpg”，单击“插入”按钮即可插入图片，适当调整图片大小。

注意：
由于第五张幻灯片需要插入两张图片，使用第一种方法插入第一张图片后占位符会消失，可继续使用第二种方法插入第二张图片。

第 3 步：选中第二张幻灯片的标题占位符，单击“开始”选项卡的“绘图”组中的“快速样式”按钮，在下拉列表中选择“细微效果-蓝色，强调颜色 5”，如图 17-6 所示。

按照上述方法，制作第三张至第五张幻灯片。

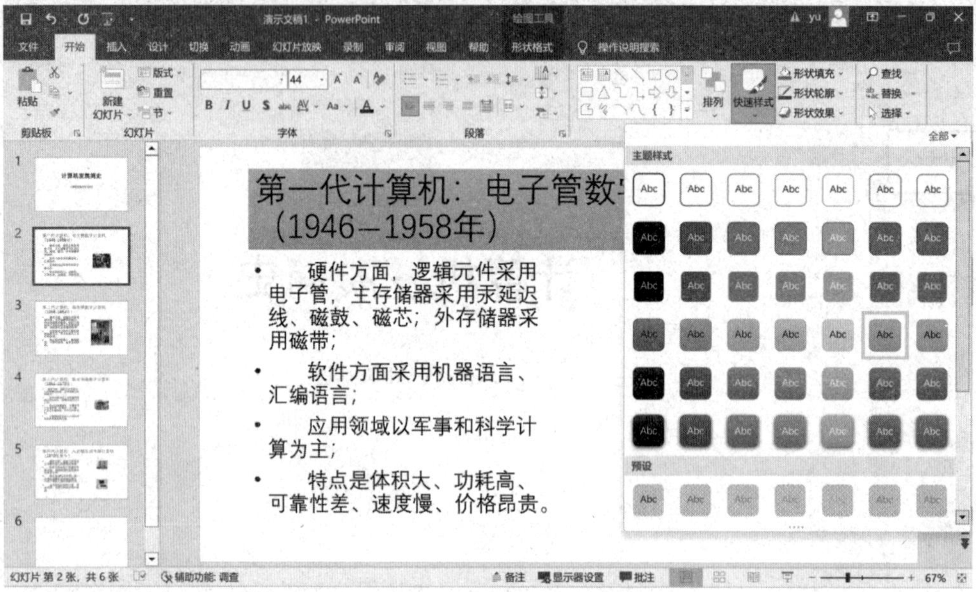

图17-6　设置占位符样式

4. 制作结尾幻灯片

第 1 步：选中第六张幻灯片中的占位符，然后单击“开始”选项卡的“绘图”组中的“排列”按钮。在其级联菜单中选择“对齐”，在下一级级联菜单中选择“水平居中”和“垂直居中”，如图 17-7 所示。

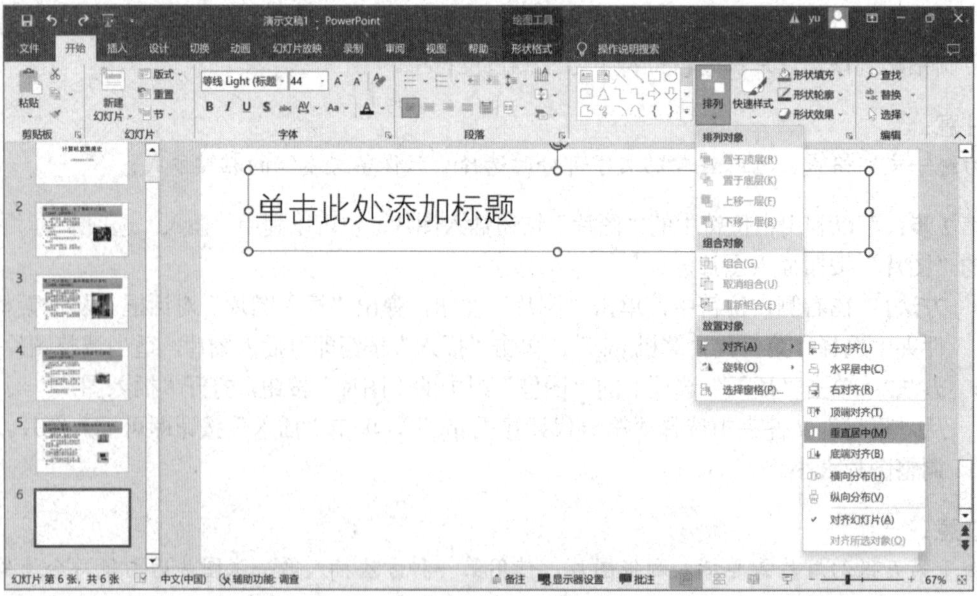

图17-7　设置占位符对齐方式

第 2 步：在第六张幻灯片的占位符中输入内容“谢谢！”。选中文字，在“开始”选项卡的“字体”组中单击右下角按钮，打开“字体”对话框。在“字体”选项卡中将字号设置为 80，字体样式设置为“加粗”，字体颜色设置为“蓝色”；在“字符间距”选项卡中将字符间距设置为加宽 10 磅，如图 17-8 所示。

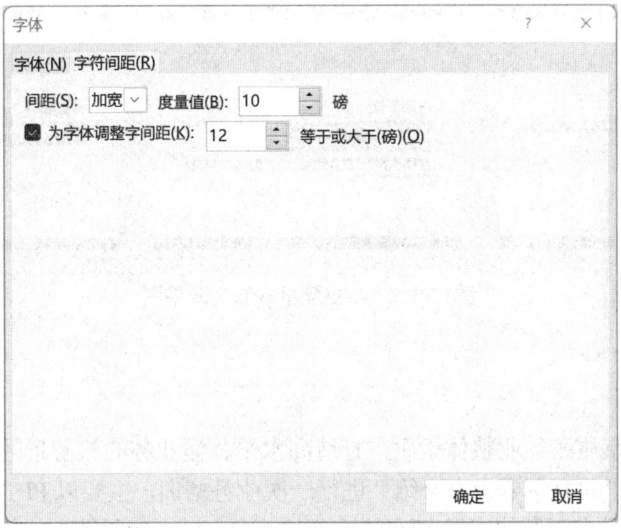

图17-8 设置字符间距

第 3 步：选中“谢谢！”，在“开始”选项卡的“段落”组中单击“居中”按钮。

5. 保存文件

单击“保存”按钮，以“计算机发展简史.pptx”命名，将文件保存在桌面上。

三、案例拓展1

中药学老师要求同学们课前以小组研讨的形式提前自学冬虫夏草的相关知识并在课上进行介绍，小王和小张通过查阅资料，将文字内容记录在“素材\案例 17\冬虫夏草\冬虫夏草.docx”中。请你帮助他们参照图 17-9 所示效果，将 Word 文档转换为演示文稿并进行外观上的美化，具体要求如下。

(1) 将 Word 文档“冬虫夏草.docx”转换为演示文稿。第一张幻灯片的版式设置为“标题幻灯片”。将第四张幻灯片和第五张幻灯片交换位置。

(2) 将“素材\案例 17\冬虫夏草\冬虫夏草入药部位.pptx”中的第二张幻灯片作为第五张幻灯片插入新演示文稿中，并且将“冬虫夏草入药部位.pptx”所用主题应用于新演示文稿的所有幻灯片。

(3) 第一张幻灯片副标题输入内容“报告人：×××”。将第二张幻灯片下方占位符中的内容的字号设置为 24 号，并添加“1., 2., 3. , ...”形式的编号。

(4) 在第三张幻灯片右下角插入图片“冬虫夏草.jpg”，图片存放于“素材\案例 17\冬虫夏草”文件夹下。

(5) 将第二张幻灯片中的文字“目录”设置为“填充-橙色，着色 1，阴影”样式的艺术字，将其放在上方中间位置。

(6) 为演示文稿设置保护，标记为最终状态，并以“冬虫夏草.pptx”为名保存在桌面上。

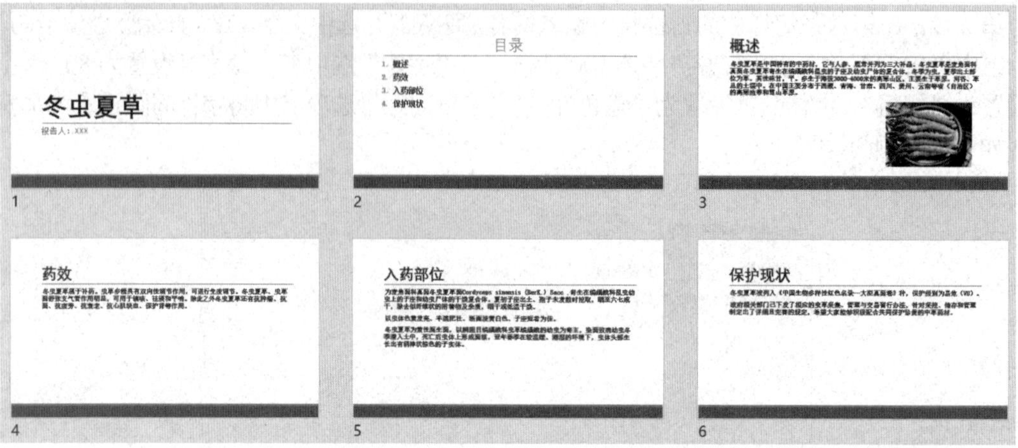

图17-9　“冬虫夏草.pptx”效果图

四、案例拓展2

为进一步提升北京旅游行业整体素质，打造高水平、懂业务的旅游景区管理队伍，北京旅游局将为工作人员围绕“北京主要景点介绍”进行一次业务培训，主要以PPT为手段。请根据“素材\案例 17\北京主要景点介绍\北京主要景点介绍文字.docx”，参照图17-10所示效果，帮助主管人员完成PPT制作，具体要求如下。

(1) 使用蓝色“丝状”模板新建演示文稿。添加第二张幻灯片版式为“标题和内容”，第三张至第六张幻灯片版式为“内容与标题”。

(2) 第一张标题幻灯片中的标题设置为“北京主要旅游景点介绍”，字号设置为35；副标题为“历史与现代的完美融合”，并在右侧插入“素材\案例 17\北京主要景点介绍”文件夹下存放的图片“1.jpg”。

(3) 第二张幻灯片标题输入内容“北京主要景点”。在文本区域中以项目符号列表方式依次添加“天安门”“故宫”“八达岭长城”“颐和园”四项内容，项目符号样式为➢。文本内容字号设置为28，并添加“填充-青绿，着色2，轮廓-着色2”艺术字样式。

(4) 第三张至第六张幻灯片的标题内容分别为素材“北京主要景点介绍文字.docx”中各段的标题，标题下方占位符内容为各段的文字介绍，并在右侧插入“素材”文件夹下存放的对应图片。

(5) 在演示文稿的最后增加一张版式为“空白”的幻灯片，并插入艺术字“谢谢!”，居中对齐。

(6) 以“北京主要旅游景点介绍.pptx”为名保存在桌面上。

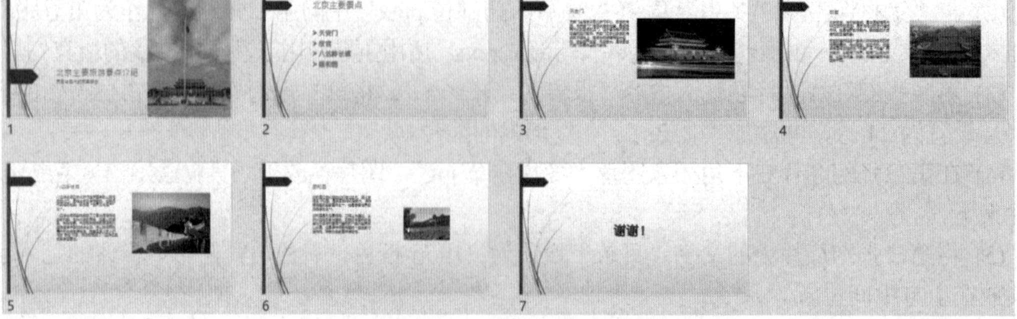

图17-10　“北京主要旅游景点介绍.pptx”效果图

案例十八 编辑幻灯片中的对象

学校文学社要组织一次读书分享活动，张鑫同学想将自己最近看的《平凡的世界》分享给大家。现已完成初稿“《平凡的世界》读书分享.pptx”，为分享时有更好的感官效果，需要在幻灯片中插入背景音乐、图片、SmartArt 图形、艺术字等对象。

本案例主要练习在幻灯片中插入音频、视频、图片、SmartArt 图形等对象，丰富幻灯片的内容。本案例的制作效果如图 18-1 所示。

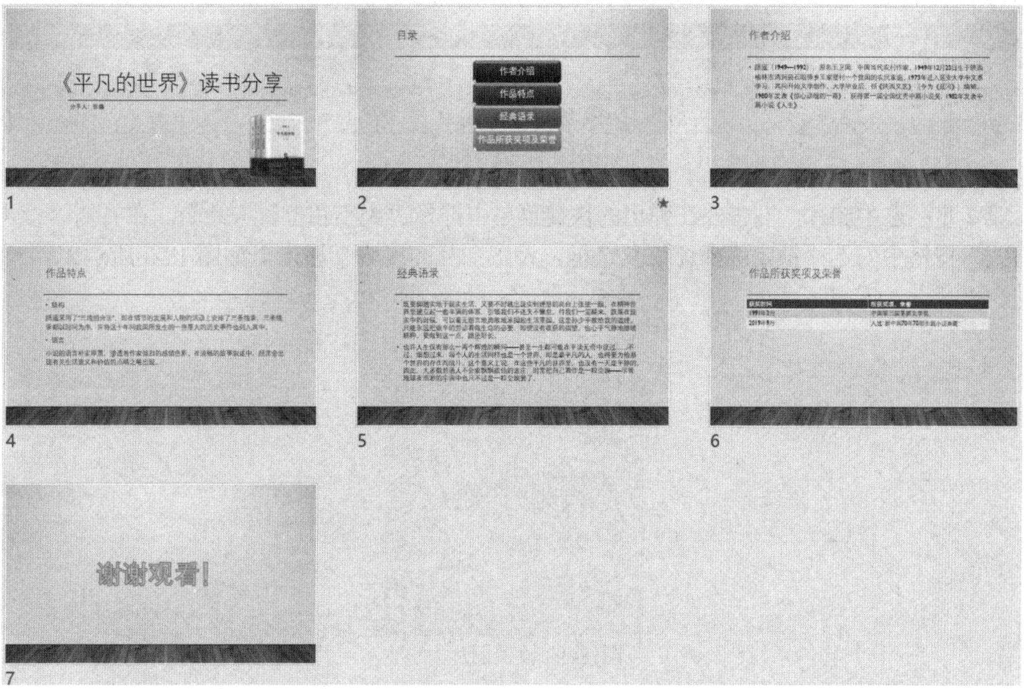

图18-1 “《平凡的世界》读书分享.pptx”效果图

一、案例设计

打开“素材\案例 18\平凡的世界\《平凡的世界》读书分享.pptx”文件，按下列要求帮助张鑫完成幻灯片中对象的插入及编辑。

(1) 在第一张幻灯片右下角插入“素材”文件夹中的图片“平凡的世界.jpg”，将高度设置为 7 厘米，宽度按照锁定纵横比自动调整，图片样式设置为“柔化边缘矩形”。

(2) 将第二张幻灯片的内容占位符中的文字转换为“垂直块列表”SmartArt 布局，更改 SmartArt 图形颜色为“渐变范围-个性色 1”，并设置该 SmartArt 样式为“优雅”。

(3) 在第二张幻灯片中插入素材文件夹中的声音文件“平凡的世界.mp3”，并设置为该演示文稿的背景音乐。要求音乐从第二张幻灯片放映时即开始播放，至演示结束后停止，播放音乐过程中隐藏音频剪辑图标。

(4) 利用第六张幻灯片中的内容参照“素材”文件夹中的样图“表格.jpg”制作表格。

(5) 在最后一张幻灯片中插入“填充-粉红，着色 2，轮廓-着色 2”样式的艺术字，艺术字内容为“谢谢观看!”，调整字号为80，并使其垂直居中显示。

二、案例分析

1. 插入图片

第1步：选中第一张幻灯片，单击“插入”选项卡的“图像”组中的“图片”按钮，如图18-2所示。打开“插入图片”对话框，从“素材”文件夹中选择“平凡的世界.jpg”，单击“插入”按钮即可插入图片。

图18-2　插入图片

第2步：选中图片，右击并在弹出的快捷菜单中选择“大小和位置”命令。在右侧“设置图片格式”窗格中勾选“锁定纵横比”复选框，设置图片高度为7厘米，如图18-3所示。

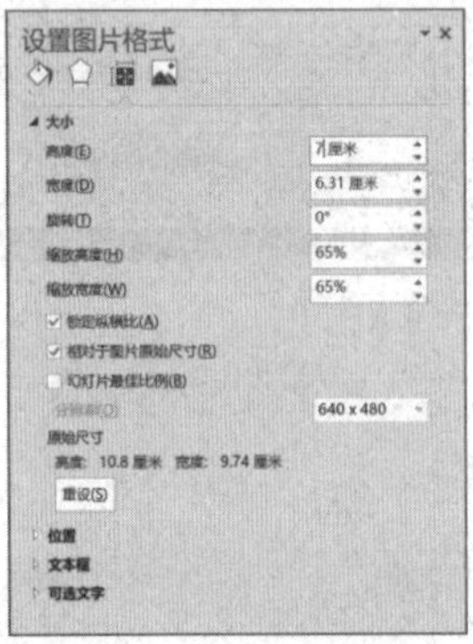

图18-3　设置图片大小

第3步：选中图片，单击“图片工具”上下文选项卡的“格式”子选项卡，在“图片样式”组中将图片样式设置为“柔化边缘矩形”，移动图片至幻灯片右下角，如图18-4所示。

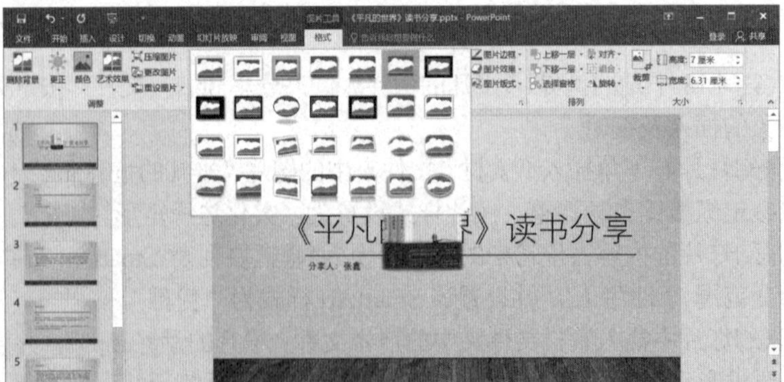

图18-4　设置图片样式

2. 设置SmartArt图形

第 1 步： 选中第二张幻灯片的内容占位符中的文字，单击“开始”选项卡的“段落”组中的“转换为 SmartArt”下拉按钮，在下拉列表中选择“垂直块列表”，如图 18-5 所示。

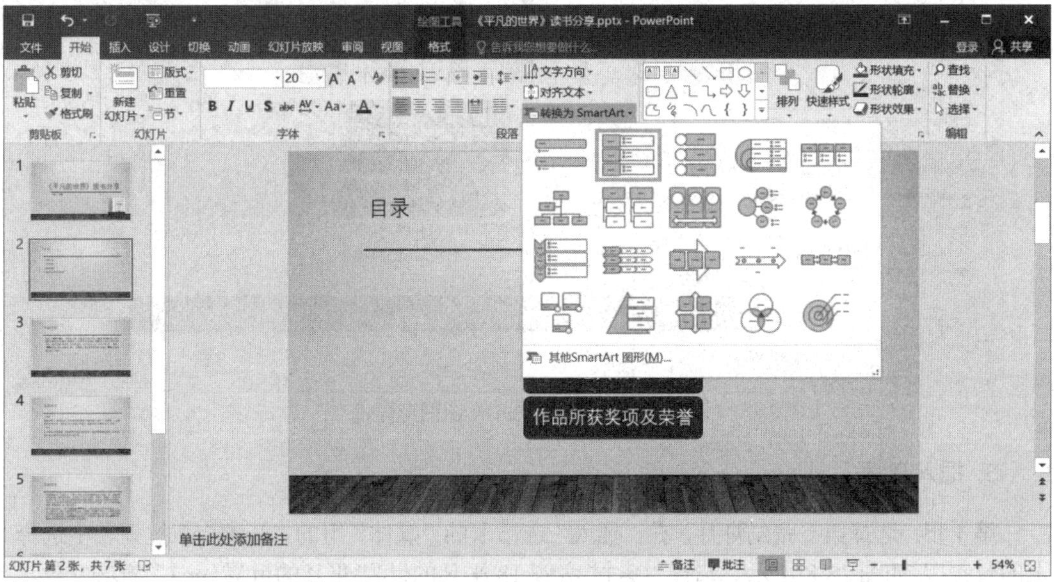

图18-5　将文字转换为SmartArt图形

第 2 步： 选中 SmartArt 图形，在“SmartArt 工具”上下文选项卡的“设计”子选项卡的“SmartArt 样式”组中单击“更改颜色”，在下拉列表中选择“渐变范围-个性色 1”，如图 18-6 所示。

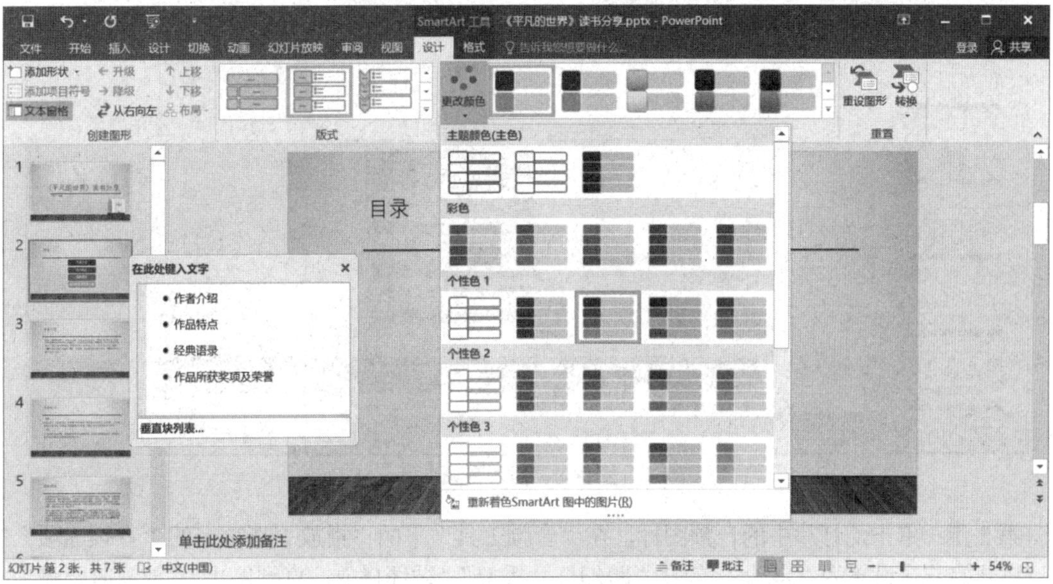

图18-6　更改SmartArt图形颜色

第 3 步： 选中 SmartArt 图形，在“SmartArt 工具”上下文选项卡的“设计”子选项卡的“SmartArt 样式”组中将 SmartArt 样式设置为“优雅”，如图 18-7 所示。

图18-7　设置SmartArt图形样式

3. 插入音频

第 1 步： 选择第二张幻灯片，在“插入”选项卡的“媒体”组的“音频”下拉列表中选择“PC 上的音频”，如图 18-8 所示。选择“素材\案例 18\平凡的世界\平凡的世界.mp3”音频文件，单击“插入”按钮即可。

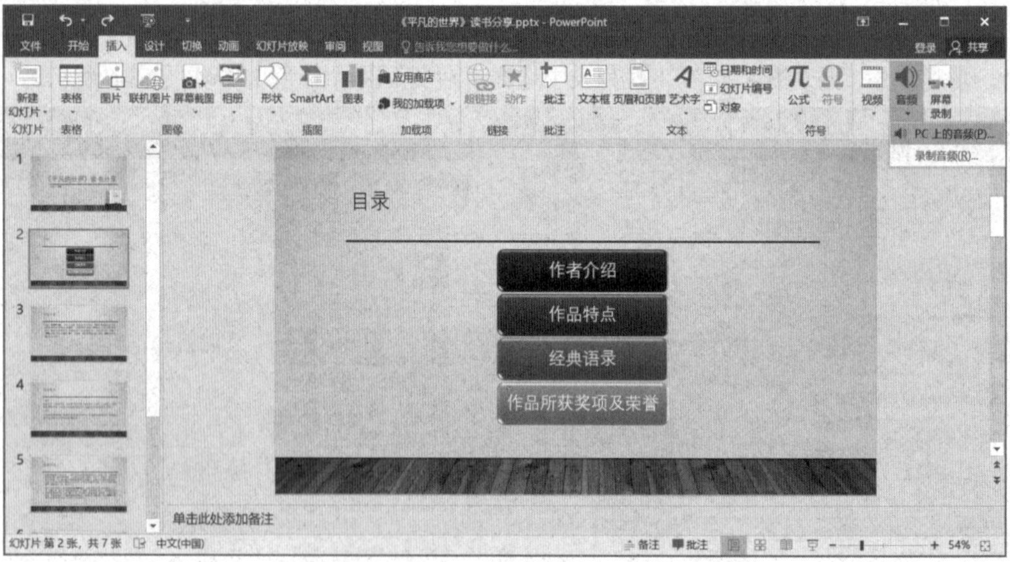

图18-8　插入音频

第 2 步： 单击幻灯片中的音频图标，在“音频工具”下的“播放”选项卡的“音频选项”组中，将开始方式设置为“自动”，勾选“跨幻灯片播放”“循环播放，直到停止”“放映时隐藏”复选框，如图 18-9 所示。

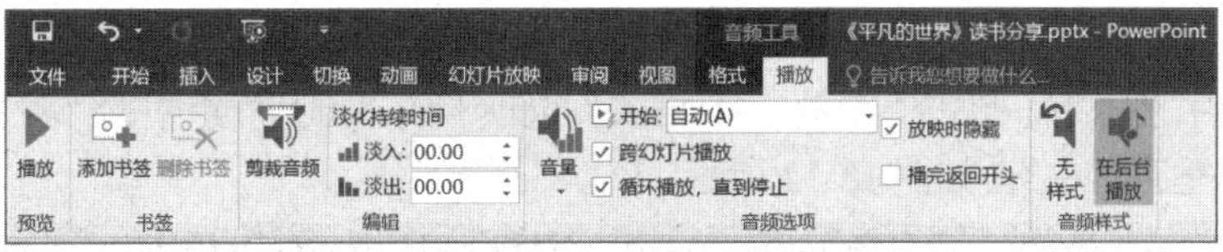

图18-9　音频播放设置

4. 插入并编辑表格

选中第六张幻灯片，在“插入”选项卡的“表格”组中单击“表格”按钮，在虚拟表格中选择“2 列 3 行”表格，如图 18-10 所示。按照“素材”文件夹下的样图“表格.jpg”输入表格内容。

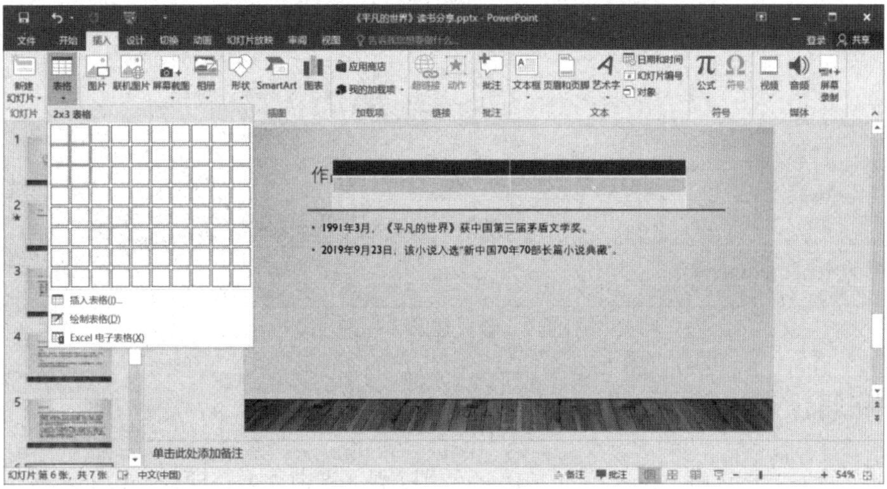

图18-10　插入表格

5. 插入艺术字

第 1 步：选择最后一张幻灯片，单击“插入”选项卡的“文本”组中的“艺术字”按钮，从弹出的下拉列表中选择“填充-粉红，着色 2，轮廓-着色 2”样式的艺术字，如图 18-11 所示。输入文字“谢谢观看!”。

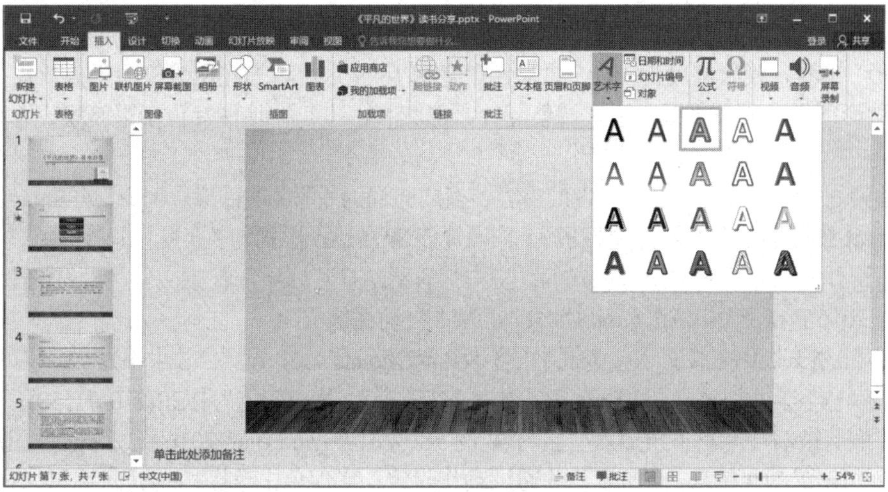

图18-11　插入艺术字

第 2 步： 选中艺术字，在“开始”选项卡的“字体”组中将字体大小设置为 80。

第 3 步： 选中艺术字，单击“绘图工具-格式”选项卡的“排列”组中的“对齐”按钮，在下拉菜单中选择“垂直居中”，如图 18-12 所示。

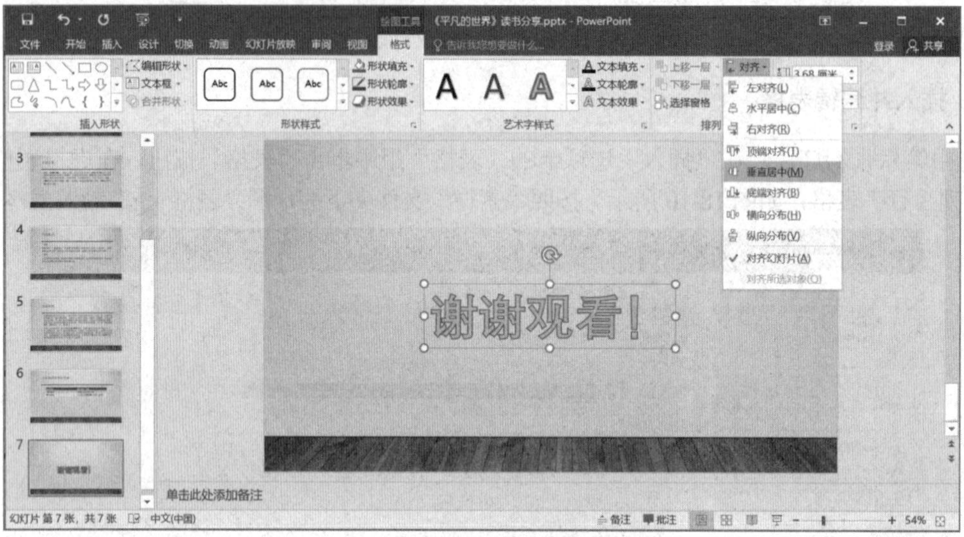

图18-12　设置艺术字对齐方式

三、案例拓展1

王老师要给同学们讲解 PowerPoint 2016 的使用方法，课前需要在课程平台上传教学资源，现已做好初稿“素材\案例 18\认识 PowerPoint 2016\认识 PowerPoint 2016.pptx”。请参照图 18-13 的效果，按照如下要求帮助其完善该演示文稿。

(1) 将“素材\案例 18\认识 PowerPoint 2016\BackMusic.mid”文件设置为该演示文稿的背景音乐，并要求在幻灯片放映时即开始播放，至演示结束后停止，播放音乐过程中隐藏音频剪辑图标。

(2) 将第三张幻灯片版式设置为“两栏内容”。利用图片“1.jpg”和“交替六边形”SmartArt 图形相交，实现效果图中的效果。

(3) 在第四张幻灯片中插入图片“2.jpg”，将图片按照 16∶9 的比例裁剪并覆盖整个幻灯片。插入“矩形”形状，设置高度为 19.05 厘米，宽度为 16 厘米，填充颜色为“白色，背景 1”，无线条。编辑图形顶点，如效果图所示。调整图片、形状和占位符，使图片位于最下层，占位符位于最顶层。

(4) 将第五张幻灯片右边占位符中的内容转换成布局为“垂直项目符号列表”的 SmartArt 图形，更改 SmartArt 图形颜色为“彩色-个性色”，并设置该 SmartArt 样式为“金属场景”，垂直居中对齐。

(5) 在第五张幻灯片后面插入版式为“空白”的新幻灯片，插入视频文件“素材\案例 18\认识 PowerPoint 2016\PowerPoint 2016.mp4”，设置为“自动播放”。

(6) 在第七张幻灯片左侧插入文本框，内容为 PowerPoint 2016，设置字体大小为 54，字体颜色“白色，背景 1”，内容居中对齐。文本框对齐方式为“左对齐”，填充颜色为 RGB(210, 71, 38)。

(7) 在第七张幻灯片左下角插入“素材\案例 18\认识 PowerPoint 2016\图标.png”图片，将高度、宽度分别设置为 4 厘米、4 厘米，并通过动作设置，实现单击该图标时返回到第二张幻灯片。

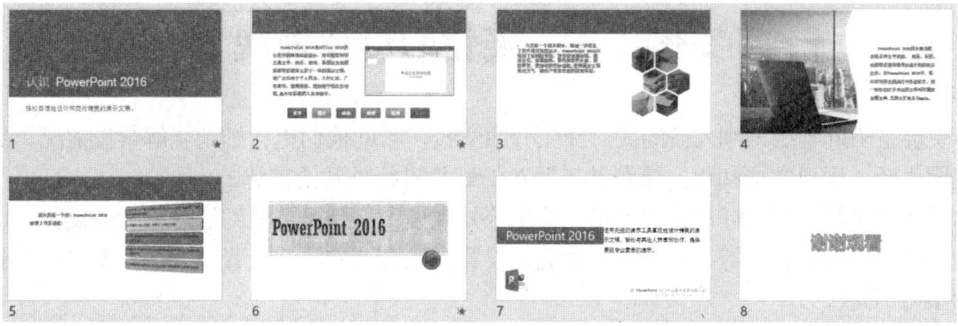

图18-13　“认识PowerPoint 2016.pptx”效果图

四、案例拓展2

计算机系学生张磊要给小学生们介绍计算机病毒相关知识，课件的初稿“素材\案例 18\计算机病毒\计算机病毒.pptx”已完成。请参照图 18-14 的效果，按照如下要求帮助他进一步完善该演示文稿。

(1) 在第一张幻灯片中央添加标题“计算机病毒”，字体设置为“微软雅黑”，字号为 80，字形为“加粗”。添加文字效果为“褐色，5pt 发光，个性色 3”，将该文本框设置为“默认文本框”。在第八张幻灯片中插入文本框，输入内容为“谢谢观看!”，垂直水平均居中，设置改幻灯片隐藏背景图形。

(2) 将第二张幻灯片中目录内容排列方式设置为“纵向分布”“水平居中”。在右下角插入图片“病毒.jpg”，设置图片高度为 8 厘米，宽度按锁定纵横比自动调整，颜色调整为“水绿色，个性色 5 深色”，裁剪为“对角圆角矩形”。

(3) 为第七张幻灯片中的内容 https://umooc.sdctcm.edu.cn/添加指向网址为 https://umooc.sdctcm.edu.cn/的超链接。

(4) 将第四张幻灯片下方的内容转换为“射线维恩图”SmartArt 图形，颜色更改为“彩色-个性色”，样式设置为“优雅”，最后将 SmartArt 图形转换为形状。

(5) 为目录幻灯片插入当前日期，为除标题幻灯片外的所有幻灯片设置幻灯片编号，编号从 0 开始。

(6) 将“素材”文件夹中的声音文件 BackMusic.mid 设置为该演示文稿的背景音乐，剪裁音频从 10 秒处开始播放；要求在幻灯片放映时即开始播放，至演示结束后停止，播放音乐过程中隐藏音频剪辑图标。

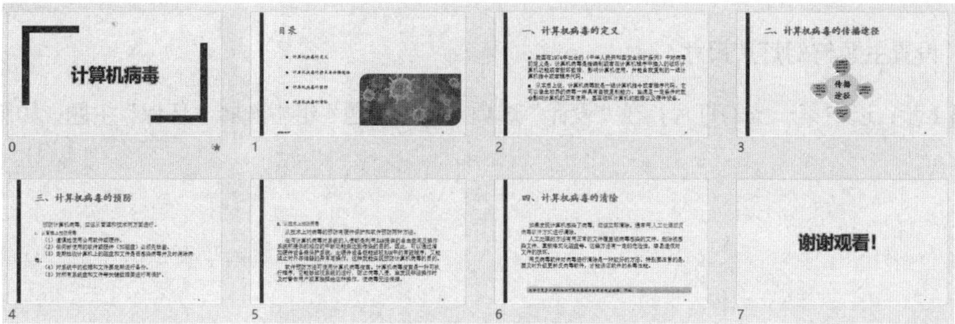

图18-14　“计算机病毒.pptx”效果图

案例十九 美化幻灯片外观

学生会王明同学要为刚入校的大一新生介绍学校，帮助他们更详细地了解学校情况，更快地适应校园生活。现已完成初稿，请帮助王明对幻灯片进行外观的美化。

本案例主要练习对幻灯片进行主题、背景等外观设置，练习更改幻灯片母版的设置。通过本案例的制作，可以掌握对幻灯片进行外观美化设置、风格结构统一设置的方法。本案例的制作效果如图 19-1 所示。

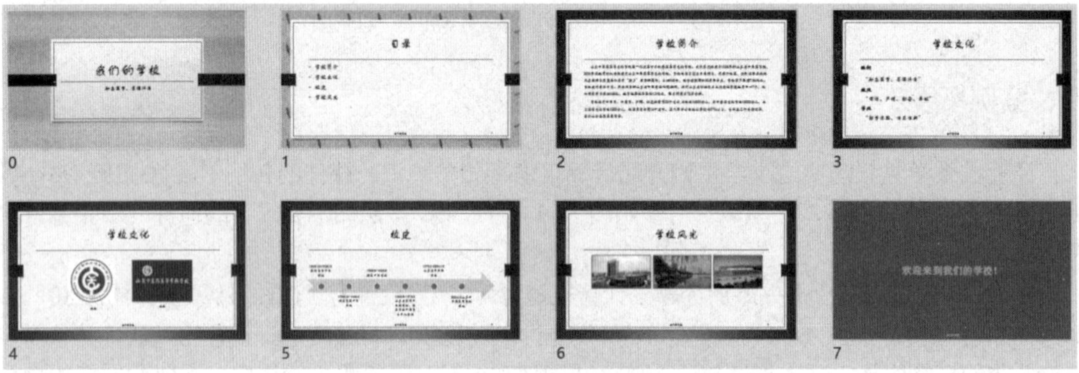

图19-1 “我们的学校.pptx”效果图

一、案例设计

打开“素材\案例 19\我们的学校.pptx”文件，按照以下要求进行美化。

(1) 为演示文稿设置“环保”主题，并将幻灯片尺寸设置为 16∶9。

(2) 将第二张幻灯片背景设置为“鱼类化石”纹理，将第三张至第七张幻灯片背景设置为“底部聚光灯-个性色 3”渐变色。

(3) 为最后一张幻灯片设置“带状”主题。

(4) 将第六张幻灯片下方占位符中的内容转换成布局为“基本日程表”的 SmartArt 图形。

(5) 为标题页以外的其他幻灯片添加页脚及编号，页脚内容为“我们的学校”，居中对齐；幻灯片编号从 0 开始，放置在右下角。

二、案例分析

1. 设置主题与幻灯片尺寸

第 1 步：选中第一张幻灯片，在“设计”选项卡的“主题”组中选择“环保”主题，如图 19-2 所示。

图19-2 设置主题

第 2 步：选中第一张幻灯片，在“设计”选项卡的“自定义”组中单击“幻灯片大小”按钮，在下拉菜单中选择“宽屏(16∶9)”，如图 19-3 所示。

图19-3 设置幻灯片尺寸

2. 设置背景

第 1 步：选中第二张幻灯片并右击，在弹出的菜单中单击“设置背景格式”命令。在右侧“设置背景格式”窗格中单击“填充”选项卡中的“图片或纹理填充”单选按钮，在“纹理”中选择“鱼类化石”纹理，如图 19-4 所示。

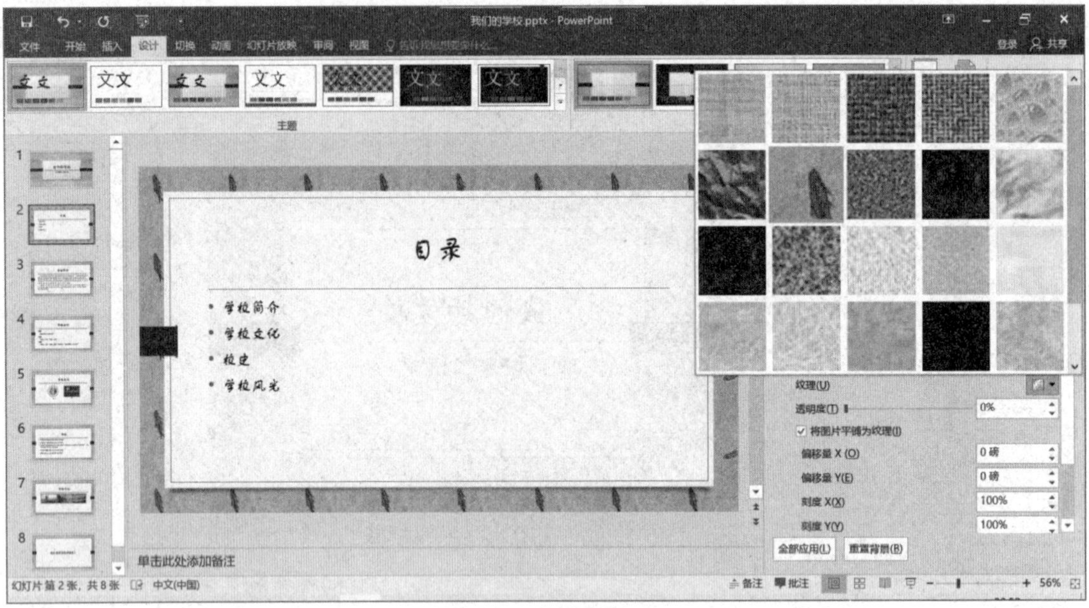

图19-4　设置背景纹理

第 2 步：单击第三张幻灯片，按住 Shift 键单击第七张幻灯片选中第三张至第七张幻灯片。在右侧“设置背景格式”窗格中单击“填充”选项卡中的“渐变填充”单选按钮，在“预设渐变”中选择“底部聚光灯-个性色 3”，如图 19-5 所示。

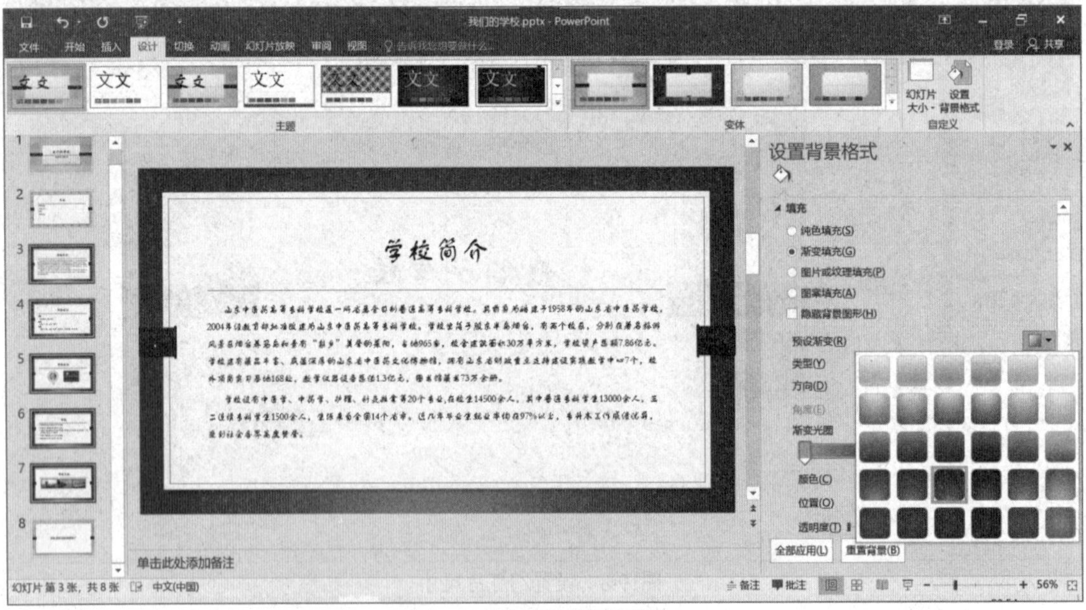

图19-5　设置背景渐变颜色

3. 为当前幻灯片设置主题

选中最后一张幻灯片，在“设计”选项卡的“主题”组的“带状”主题上右击，在弹出的快捷菜单中单击“应用于选定幻灯片”命令，如图 19-6 所示。

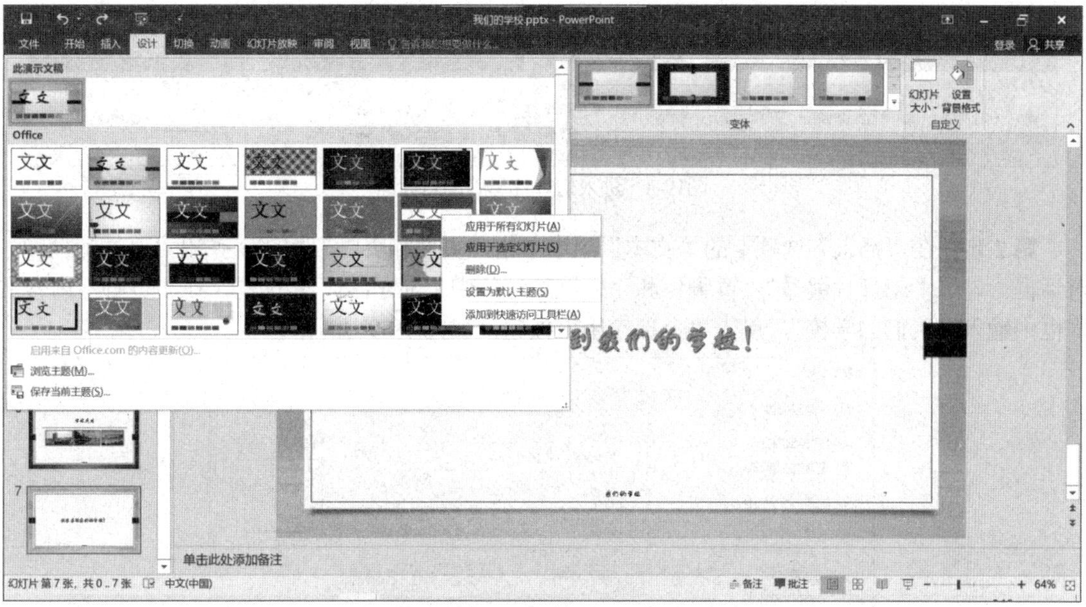

图19-6 为当前幻灯片设置主题

4. 文本转换为SmartArt图形

选中第五张幻灯片下方占位符中的内容，单击“开始”选项卡的“段落”组中的“转换为SmartArt 图形”下拉按钮，在下拉列表中选择“基本日程表”，如图 19-7 所示。

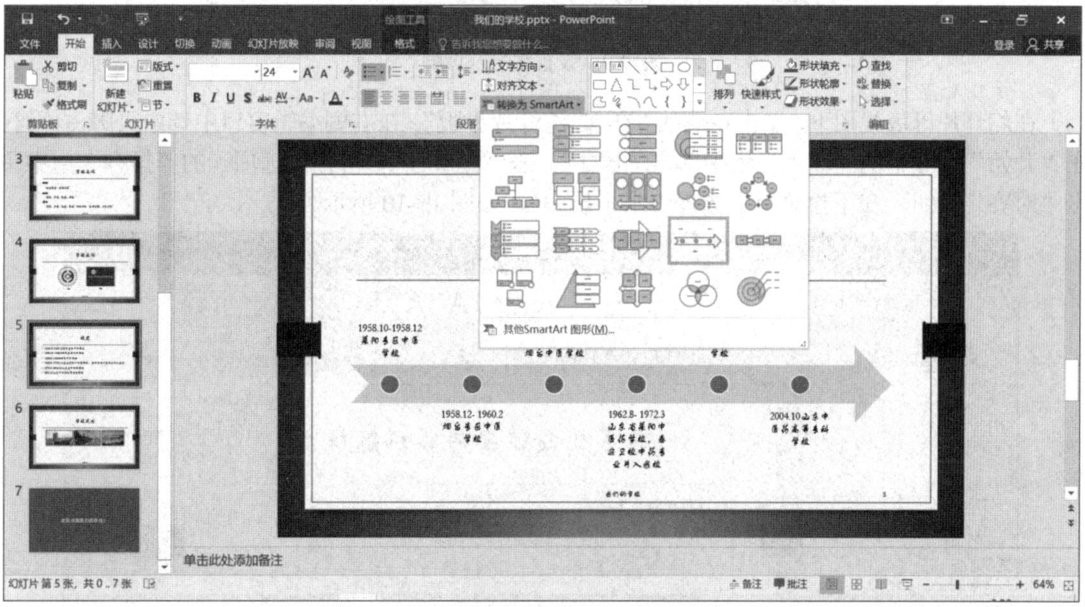

图19-7 将文字转换为SmartArt图形

5. 设置编号及页脚

第 1 步： 在“视图”选项卡的“母版视图”组中单击“幻灯片母版”按钮，如图 19-8 所示，进入母版编辑界面。

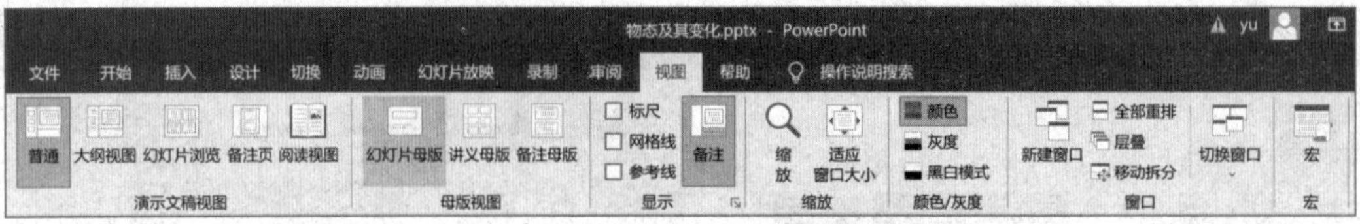

图19-8　进入幻灯片母版编辑界面

第 2 步：在“插入”选项卡的“文本”组中单击“页眉和页脚”按钮，弹出“页眉和页脚”对话框。勾选“幻灯片编号”“页脚”和“标题幻灯片中不显示(S)”复选框，在“页脚”内容文本框中输入“我们的学校”，单击“全部应用”按钮，如图 19-9 所示。

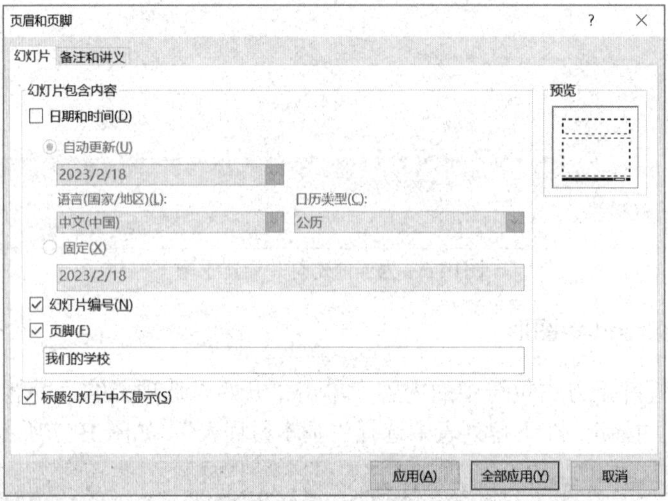

图19-9　设置编号及页脚

在幻灯片母版视图下，单击左侧的“环保 幻灯片母版”，在右侧编辑窗口中选中页脚占位符。在“开始”选项卡的“段落”组中单击“居中”，在“绘图工具-格式”选项卡的“排列”组中单击“对齐”按钮，在下拉菜单中选择“水平居中”，如图 19-10 所示。

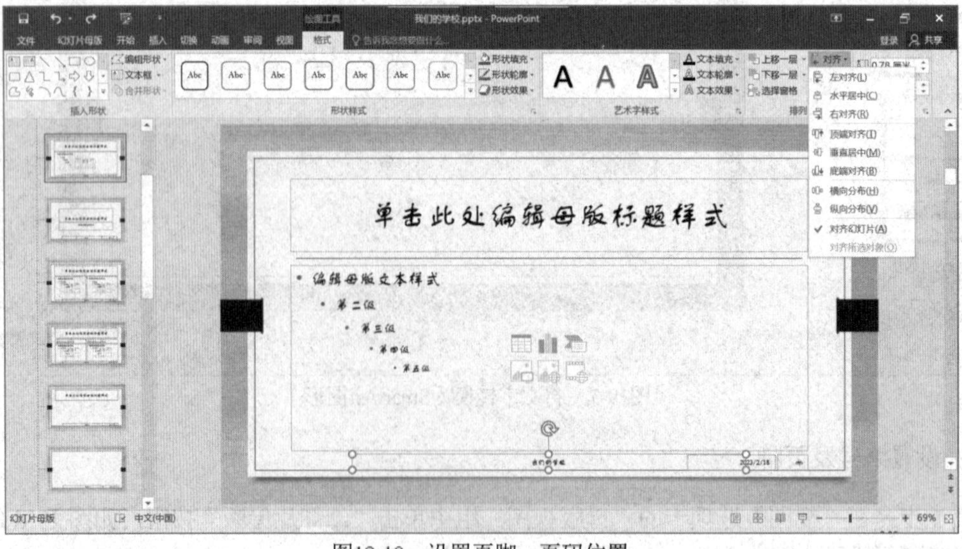

图19-10　设置页脚、页码位置

单击左侧的“带状 幻灯片母版”，在右侧编辑窗口中选中页脚占位符。在“开始”选项卡的“段落”组中单击“居中”，在“绘图工具-格式”选项卡的“排列”组中单击“对齐”按钮，在下拉菜单中选择“水平居中”。

第 3 步：在“幻灯片母版”选项卡下，单击“关闭母版视图”按钮，退出母版编辑状态，如图 19-11 所示。

图19-11　关闭母版视图

第 4 步：选中第一张幻灯片，在“设计”选项卡的“自定义”组中单击“幻灯片大小”按钮，在下拉菜单中选择“自定义幻灯片大小”。在弹出的“幻灯片大小”对话框中将“幻灯片编号起始值”改为 0，如图 19-12 所示。

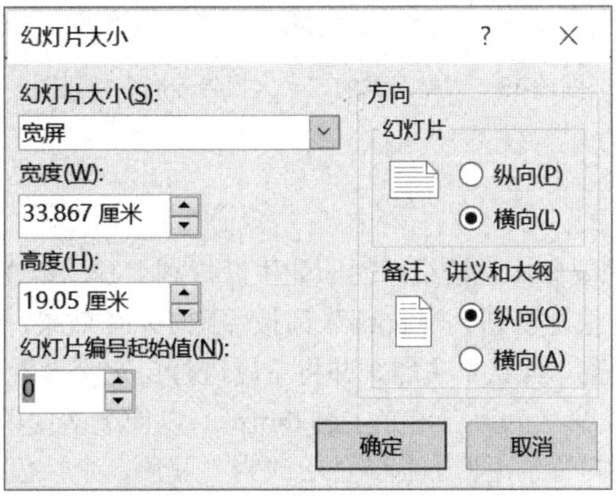

图19-12　设置幻灯片编号起始值

三、案例拓展1

王老师是一名大学辅导员，本周接到学校通知，要带领同学们一起学习“党的二十大报告”，现已制作了一份演示文稿(素材\案例 19\学习党的二十大报告.pptx)。请根据图 19-13 效果，按如下要求进行美化。

(1) 将幻灯片尺寸设置为 16∶10，要求不能影响演示文稿原本内容。为整个演示文稿设置“红利”主题，主题颜色设置为“红橙色”。

(2) 将图片“素材\案例 19\背景.jpg”作为第一张幻灯片背景。将第二张幻灯片背景设置为“画布”纹理，透明度为 60%。

(3) 将第六张幻灯片中标题占位符下方右侧内容转换为“基本射线图”SmartArt 布局，高度为 10 厘米，宽度为 10 厘米。更改 SmartArt 图形颜色为“彩色范围-个性色 2 至 3”，SmartArt 样式设置为“优雅”。

(4) 除标题幻灯片外，为其他幻灯片插入页码，字体颜色设置为“黑色，文字 1”，字号为“12 磅”。

(5) 使用“母版”在所有幻灯片下方插入“素材\案例 19\二十大.png”图片。

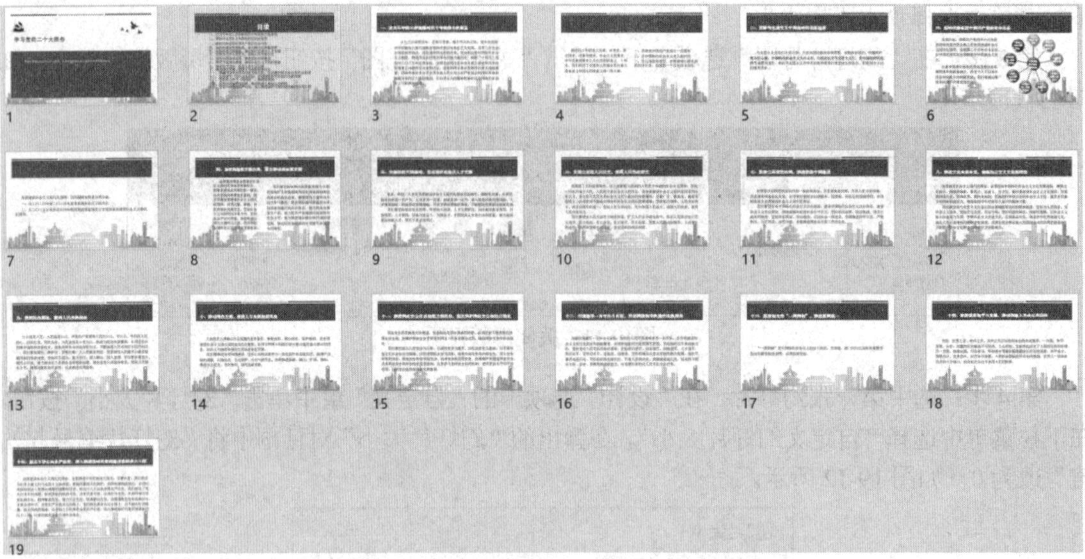

图19-13　“学习党的二十大报告.pptx”效果图

四、案例拓展2

护理学专业学生张静想要参加学校组织的职业生涯规划大赛，现在她已完成演示文稿的初稿“素材\案例 19\大学生职业生涯规划大赛.pptx”。请按照图 19-14 效果，帮她进一步美化演示文稿。

(1) 为整个演示文稿设置“丝状”主题，并将主题进行自定义设置，颜色设置为“蓝绿色”。保存自定义主题到桌面上，命名为“自定义主题.thmx”，以便下次使用。

(2) 将所有幻灯片左侧的背景矩形形状颜色更改为“蓝色，个性色 6，深色 50%”。将版式为“标题和内容”的幻灯片的标题字体设置为“华文彩云”。

(3) 将第二张幻灯片背景设置为“浅色渐变-个性色 6”渐变色，方向设置为“线性对角-左上到右下”。将第三张幻灯片背景设置为“蓝色面巾纸”纹理，透明度为 50%。隐藏第六张幻灯片的背景图形。

(4) 参照效果图将第四张幻灯片相应内容转换为“分组列表”SmartArt 布局，并设置 SmartArt 图形高 8 厘米，宽 20 厘米，水平垂直居中。

(5) 将第六张幻灯片中的 SmartArt 图形转换为文本，将图片“1.jpg”设置为幻灯片背景，色温设置为 8800K。

(6) 为第六张幻灯片中的“医院护理部主任”设置“蓝色，18pt 发光，个性色 6”文本效果。

(7) 除标题幻灯片外，为其他幻灯片设置从 1 开始的幻灯片编号。

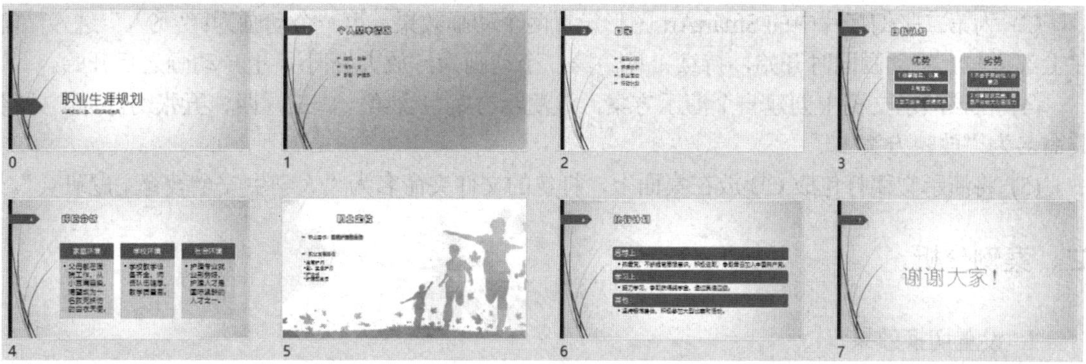

图19-14　“大学生职业生涯规划大赛.pptx”效果图

案例二十　制作动态幻灯片

小王作为班级的安全委员，需要在周末的班会上为同学们介绍大学生安全常识。现已完成初稿“大学生安全教育主题班会.pptx”，为讲述得更清楚流畅，请帮助他进一步完善内容。

本案例主要练习幻灯片中动画的设置、幻灯片整体的切换设置、幻灯片放映方式等设置。通过本案例的制作，可以掌握幻灯片动画效果及切换效果的设置；能根据实际需要对演示文稿的放映方式进行合理设置。本案例的制作效果如图 20-1 所示。

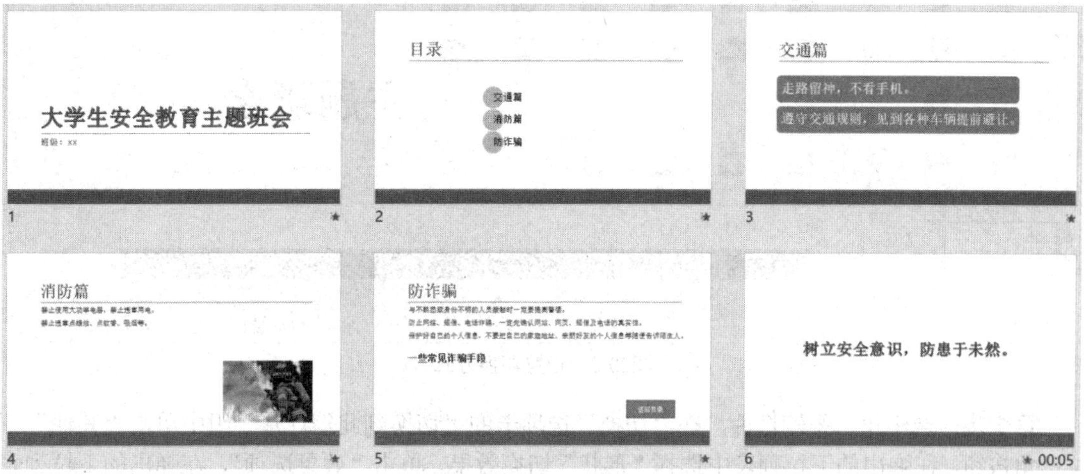

图20-1　“大学生安全教育主题班会.pptx”效果图

一、案例设计

打开“素材\案例 20\大学生安全教育主题班会.pptx”文件，按照以下要求进行设置。

(1) 为第一张至第五张幻灯片设置切换效果：传送带，自左侧；为第六张幻灯片设置切换效果：形状，菱形，风铃声音，持续时间为 2 秒，自动放映时间为 5 秒。

(2) 为第五张幻灯片中的内容“一些常见诈骗手段”插入超链接，要求链接到“素材”文件夹中的“素材\案例 20\诈骗手段.docx”。在第五张幻灯片右下角添加自定义动作按钮，输入内容“返回目录”，要求单击后跳转到目录幻灯片。

(3) 为第二张幻灯片中的 SmartArt 图形设置两个动画效果。第一个动画为：“飞入”进入，自左上部，与上一动画同时开始，持续 1 秒。第二个动画为：放大/缩小，上一动画之后开始。

(4) 在该演示文稿中创建一个演示方案，该演示方案包含第一、三、四、五张幻灯片，并将其命名为“放映方案 1”。

(5) 将演示文稿打包成 CD 放在桌面上，打包的文件夹命名为“大学生安全教育主题班会”。

二、案例分析

1. 设置切换效果

第 1 步：选中第一张至第五张幻灯片，在“切换”选项卡的“切换到此幻灯片”组中单击“其他”下拉三角按钮，在弹出的下拉列表中选择“传送带”切换效果，如图 20-2 所示。单击“效果选项”，在弹出的下拉列表中选择“自左侧”。

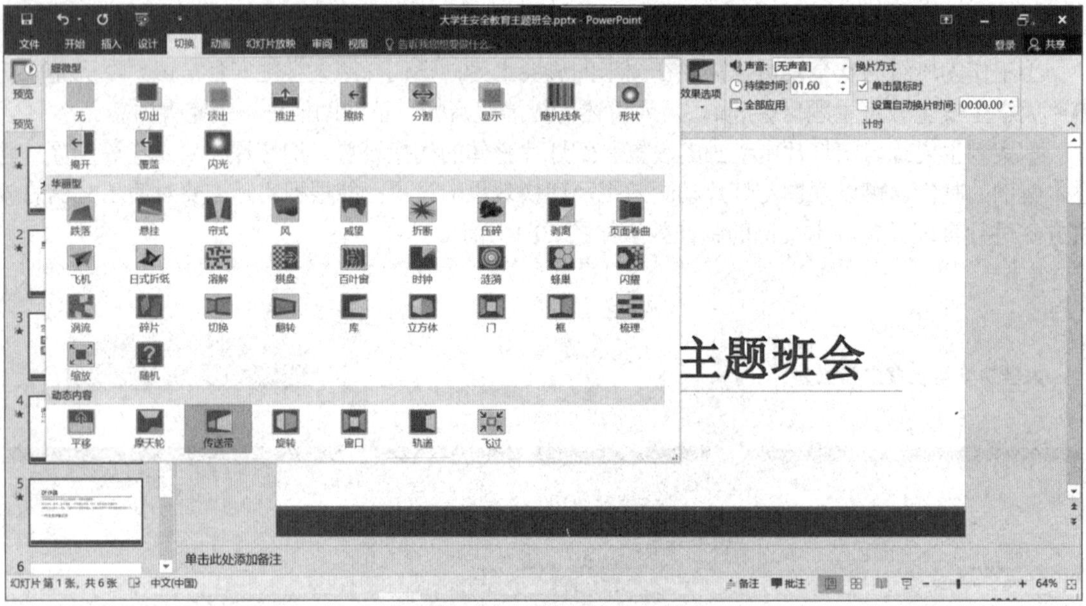

图20-2　设置切换方式

第 2 步：选中第六张幻灯片，在“切换”选项卡的“切换到此幻灯片”组中单击“其他”下拉三角按钮，在弹出的下拉列表中选择“形状”切换效果。单击“效果选项”，在弹出的下拉列表中选择“菱形”。

第 3 步：在“切换”选项卡的“计时”组中将声音设置为“风铃”，持续时间设置为 2 秒。勾选“设置自动换片时间”复选框，并在文本框中输入 00:05.00，如图 20-3 所示。

图20-3　设置切换效果

2. 插入超链接和动作

第 1 步：选中第五张幻灯片中的“一些常见诈骗手段”文字，在“插入”选项卡的“链接”组中单击“链接”按钮。在弹出的“插入超链接”对话框中选择左侧的“现有文件或网页”，找到“诈骗手段.docx”文件，单击“确定”按钮即可，如图 20-4 所示。

图20-4　设置超链接

第 2 步：选中第五张幻灯片，在“插入”选项卡的“插图”组中单击“形状”按钮，在下拉列表中选择“动作按钮：自定义”，如图 20-5 所示。在第五张幻灯片右下角画出动作按钮，弹出“操作设置”对话框。选择“超链接到”单选按钮，单击下方的三角按钮，在下拉菜单中选择“幻灯片”，打开“超链接到幻灯片”对话框。在“幻灯片标题”列表框中选择“2.目录”，如图 20-6 所示，单击“确定”按钮，返回到“操作设置”对话框，单击“确定”按钮。

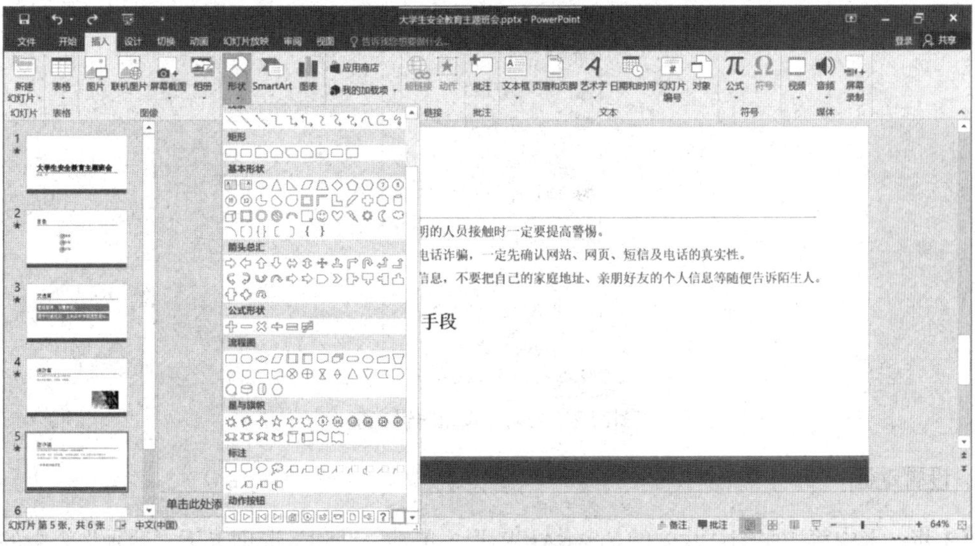

图20-5　插入动作按钮

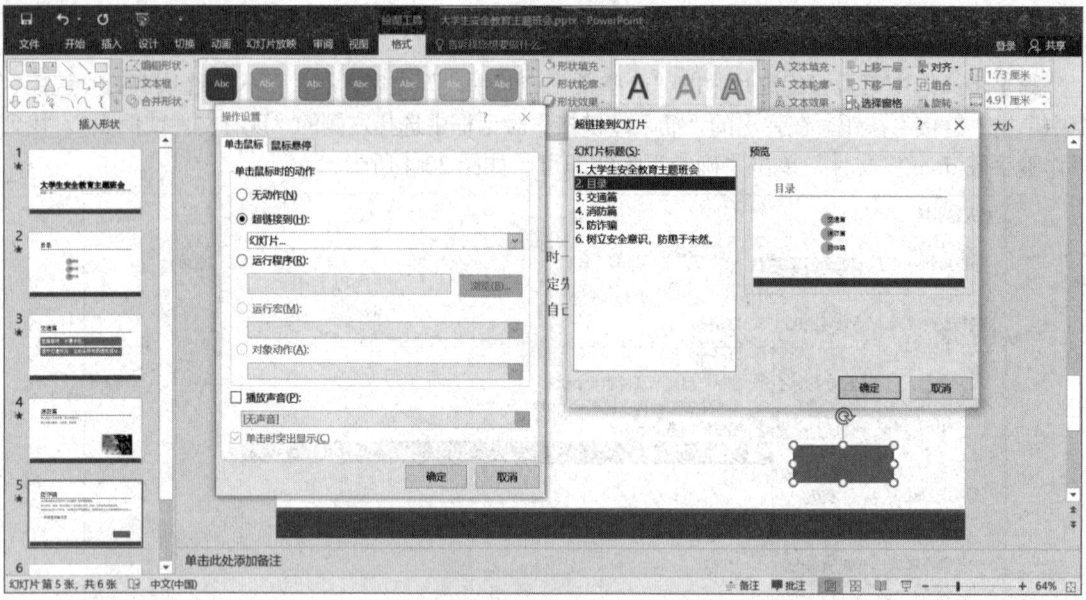

图20-6　设置动作

第 3 步：选中动作按钮，右击弹出快捷菜单，选择“编辑文字”命令，如图 20-7 所示。在动作按钮中输入“返回目录”。

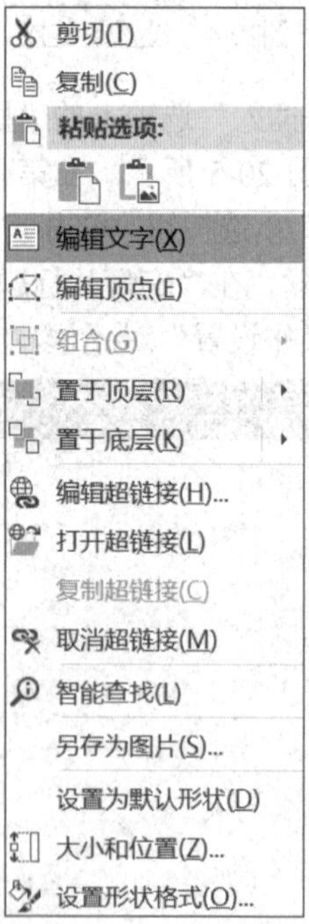

图20-7　为动作按钮编辑文字

3. 设置动画

第 1 步：选中第二张幻灯片中的 SmartArt 图形，单击“动画”选项卡下“动画”组中的“其他”下拉按钮。在“进入”组中选择“飞入”效果，如图 20-8 所示。

图20-8　设置动画效果

单击“动画”选项卡的“动画”组中的“效果选项”按钮，在弹出的下拉列表中设置方向为“自左上部”，如图 20-9 所示。

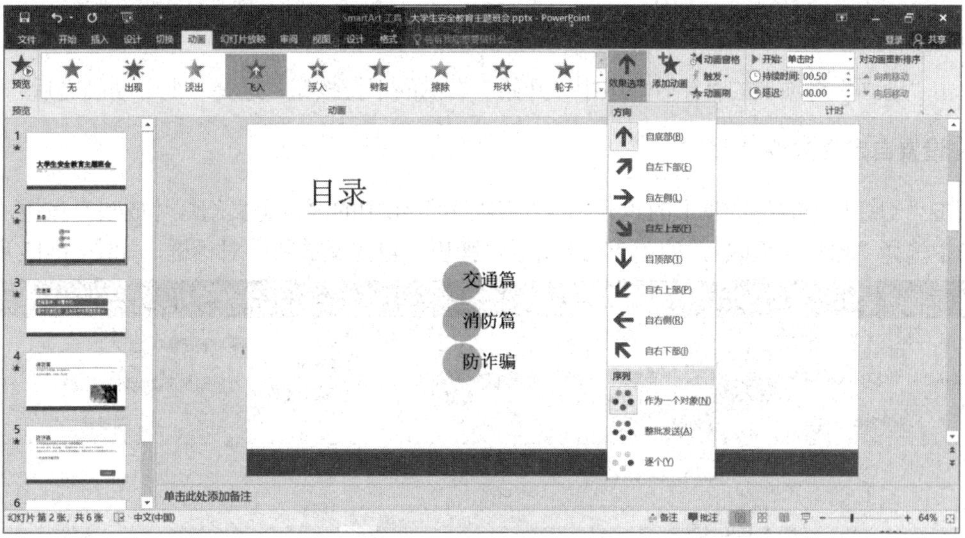

图20-9　设置效果选项

单击“动画”选项卡的“计时”组中“开始”右侧的下拉按钮，选择“与上一动画同时”，并将持续时间设置为 01.00，如图 20-10 所示。

图20-10　设置动画的“计时”选项

第 2 步：在“高级动画”组中单击“添加动画”按钮，在下拉菜单的“强调”组中选择“放大/缩小”效果，如图 20-11 所示。

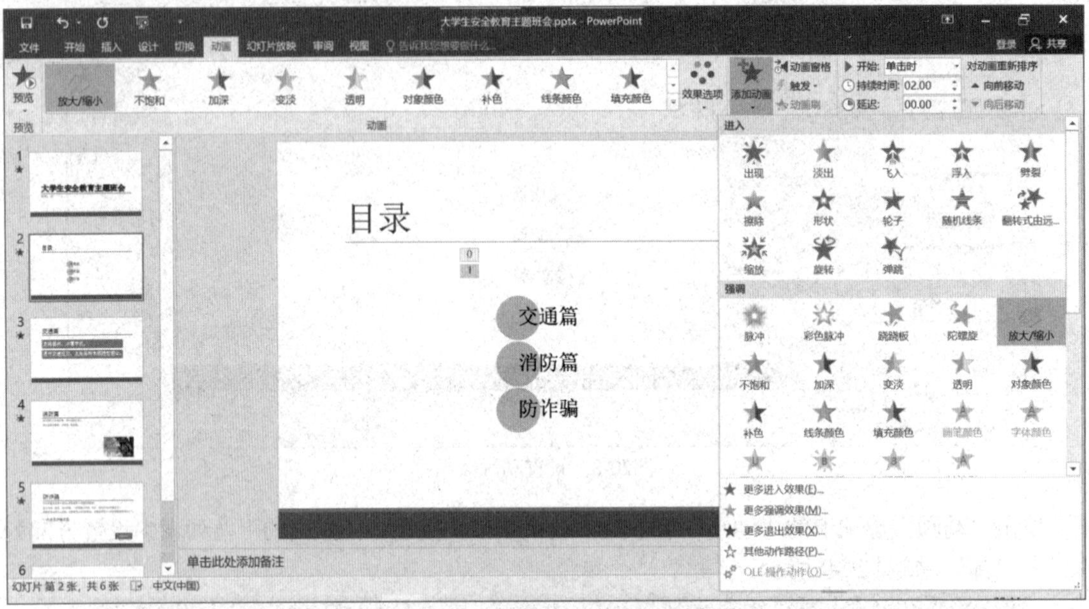

图20-11　一个对象添加多个动画

单击“动画”选项卡的“计时”组中“开始”右侧的下拉按钮，选择“上一动画之后”选项。

4. 设置自定义放映

单击“幻灯片放映”选项卡的“开始放映幻灯片”组中的“自定义幻灯片放映”按钮，在下拉列表中选择“自定义放映”，如图 20-12 所示。弹出“自定义放映”对话框，如图 20-13 所示。

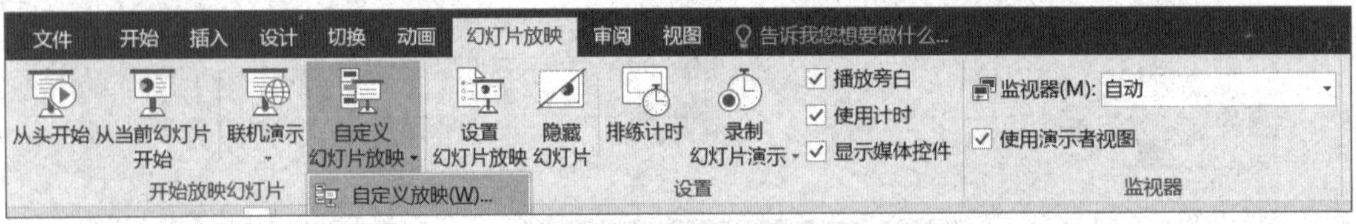

图20-12　设置自定义放映

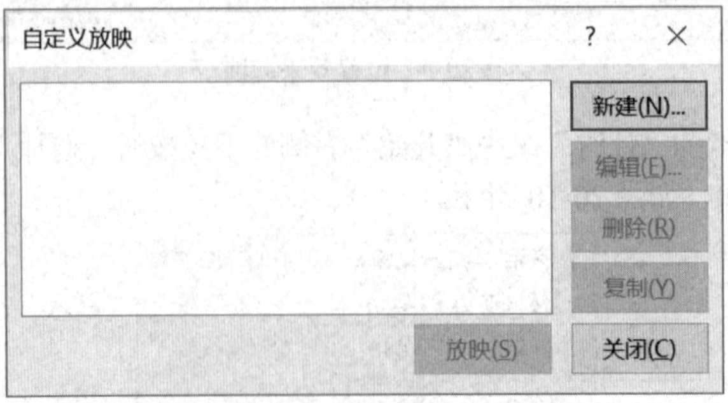

图20-13　“自定义放映”对话框

在“自定义放映”对话框中单击“新建”按钮，弹出“定义自定义放映”对话框。在“幻灯片放映名称”文本框中输入“放映方案 1”，从左侧的“在演示文稿中的幻灯片”中选择幻灯片 1、3、4、5，单击“添加”按钮，添加到右侧的“在自定义放映中的幻灯片”中，如图 20-14 所示。

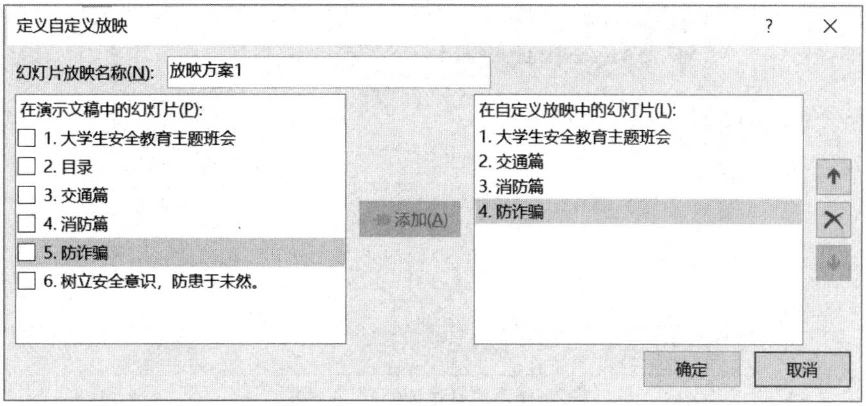

图20-14　“定义自定义放映”对话框

单击“确定”按钮后重新返回到“自定义放映”对话框，单击“放映”按钮即可放映“放映方案 1”。

5. 将演示文稿打包成CD

单击“文件”选项卡中的“导出”按钮，在“导出”列表中选择“将演示文稿打包成 CD”命令，单击“打包成 CD”按钮，如图 20-15 所示。打开“打包成 CD”对话框，如图 20-16 所示。

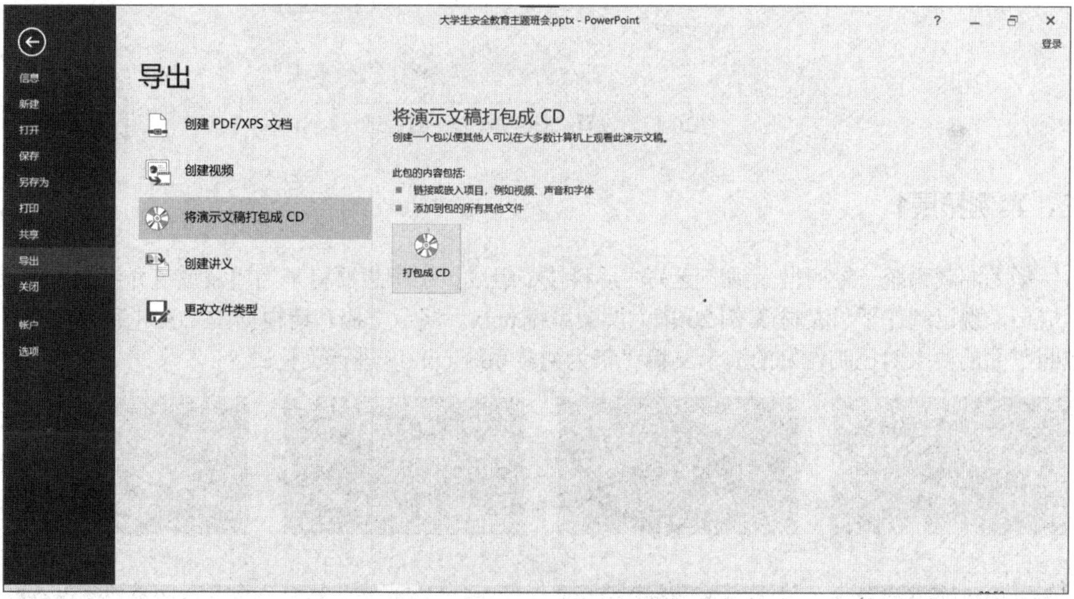

图20-15　启动“打包成CD”命令

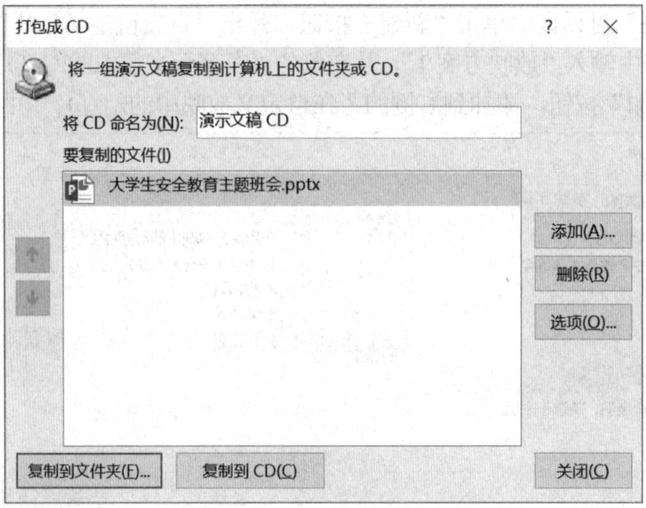

图20-16 “打包成CD”对话框

在“打包成 CD”对话框中单击“复制到文件夹”按钮，弹出“复制到文件夹”对话框。将文件夹名称设置为“大学生安全教育主题班会”，位置设置为“桌面”，单击“确定”按钮，如图 20-17 所示。在弹出的 Microsoft PowerPoint 对话框中单击“是”按钮。

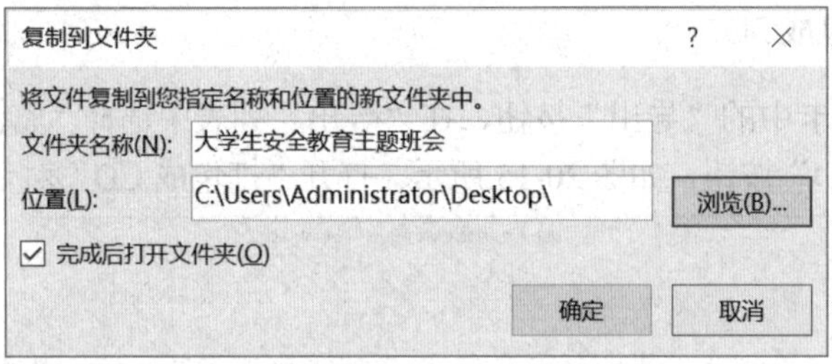

图20-17 设置“打包成CD”的信息

三、案例拓展1

华为鸿蒙系统一经问世受到广泛关注，科技小组成员小李想要将华为鸿蒙系统介绍给小组其他成员，现已制作了“素材\案例 20\华为鸿蒙系统.pptx”演示文稿。请根据图 20-18 所示效果，按照下面的要求对已制作好的演示文稿“华为鸿蒙系统.pptx”进行美化。

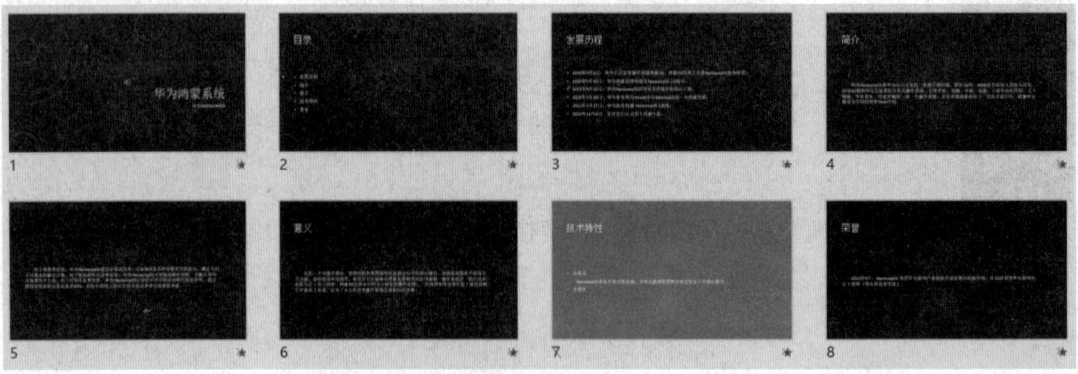

图20-18 “华为鸿蒙系统.pptx”效果图

(1) 将演示文稿的主题设置为“天体”。

(2) 为演示文稿设置不少于 4 种的幻灯片切换方式。

(3) 将第三张幻灯片下方占位符里的内容设置为“浮入”动画效果，要求单击“发展历程”触发动作，其余内容随后逐条“浮入”出现。

(4) 调整第六张幻灯片“党的二十大报告提出，……”段落的动画效果，将“浮入”动画效果放在“字体颜色”之前，并利用日程表将“字体颜色”动画效果持续时间调整为 1.5 秒。

(5) 隐藏第七张幻灯片。隐藏后选中第七张幻灯片，单击右下角的幻灯片放映按钮，观察被隐藏的幻灯片是否能够放映。

(6) 在该演示文稿中创建一个演示方案，该演示方案包含第 1、3、4、5、8 张幻灯片，并将该演示方案命名为“放映方案 1”。

四、案例拓展2

公司计划在“创新产品展示及说明会”会议茶歇期间，在大屏幕上向来宾展示会议的主题和日程，需要市场部助理小刘完善“素材\案例 20\创新产品展示及说明会.pptx”中的演示内容。请根据图 20-19 所示效果，按照下面的要求对其进行美化。

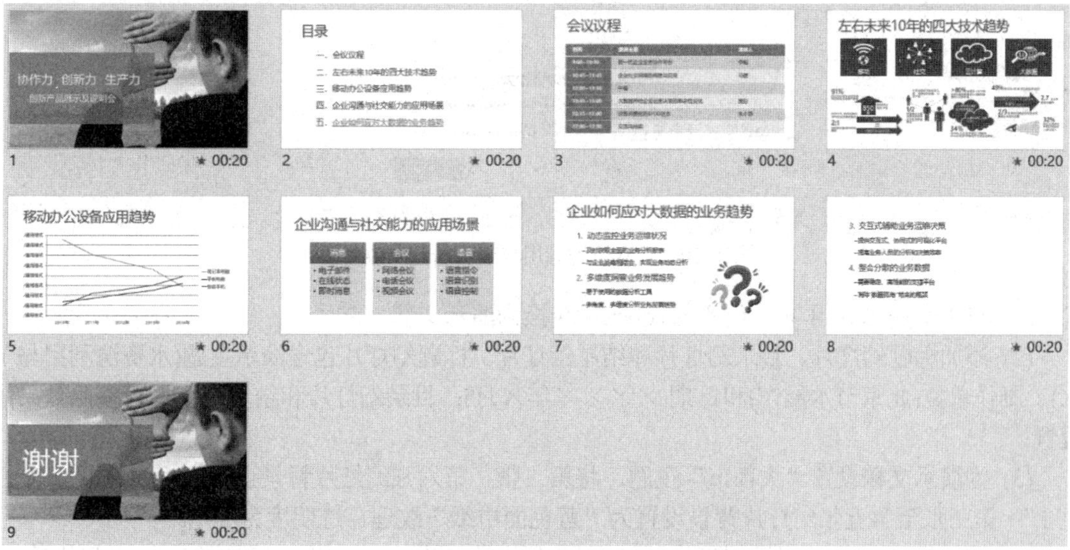

图20-19　“创新产品展示及说明会.pptx”效果图

(1) 为演示文稿设置不少于 3 种的幻灯片切换方式，设置每张幻灯片的自动换片时间为 20 秒。

(2) 为第二张幻灯片中的“企业如何应对大数据的业务趋势”文字设置超链接，链接到第七张幻灯片。取消“左右未来 10 年的四大技术趋势”文字的超链接。

(3) 为第五张幻灯片中的折线图设置“擦除”进入动画效果，效果选项为“自左侧”。按照“系列”逐次单击显示“笔记本电脑”“平板电脑”和“智能手机”的使用趋势。

(4) 利用动画刷为第九张幻灯片中的“谢谢”文字添加与第五张幻灯片中折线图相同的动画效果。

(5) 将第六张幻灯片中的 SmartArt 图形转换成形状，重新组合为左、中、右三部分，设置“飞入”动画效果，单击一次，三部分依次出现。

(6) 在第七张幻灯片右下角插入图片“1.png”。为图片添加第一个动画：“淡出”进入，与上一动画同时开始。为图片添加第二个动画：跷跷板，上一动画之后开始，重复5次，下次单击后隐藏。

五、PowerPoint综合案例拓展

1. 综合案例一

王雪最近应北京节水展馆邀请，为展馆制作一份宣传水知识及节水工作重要性的演示文稿。文字资料及素材参见“素材\PowerPoint综合案例拓展\水资源利用与节水(素材).docx”文件，最终效果可参照图20-20所示，制作要求如下。

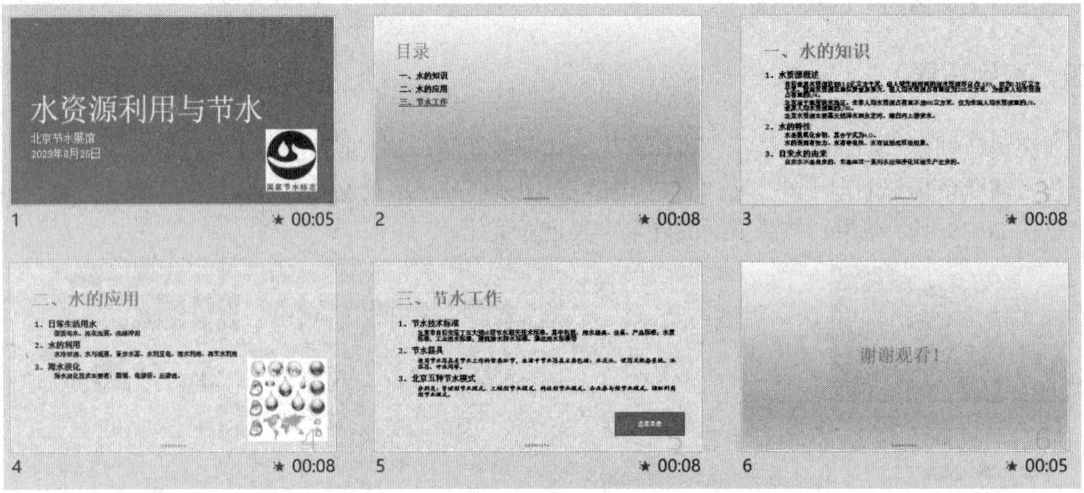

图20-20　“水资源利用与节水.pptx”效果图

(1) 将“水资源利用与节水(素材).docx”转换为演示文稿。

(2) 添加标题幻灯片、目录幻灯片和结尾幻灯片。标题幻灯片包含演示主题(水资源利用与节水)、制作单位(北京节水展馆)和日期(××××年×月)；目录幻灯片和结尾幻灯片可参照效果图设置。

(3) 为演示文稿设置“大都市”主题。将第二张、第六张幻灯片背景设置为“浅色渐变-个性色1”；第三张至第五张幻灯片背景设置为“蓝色面巾纸”纹理，透明度为30%。

(4) 演示文稿中除文字外要有两张以上的图片，并有两个以上的超链接进行幻灯片之间的跳转。

(5) 动画效果要丰富，幻灯片切换效果要多样。

(6) 演示文稿播放的全程需要有背景音乐。

(7) 除标题幻灯片外，为其他幻灯片设置“水资源利用与节水”字样的页脚，居中对齐，最右侧为幻灯片编号。

(8) 在该演示文稿中创建一个演示方案，该演示方案包含第1、3、4、5张幻灯片，并将该演示方案命名为“放映方案1”。

(9) 将制作完成的演示文稿以“水资源利用与节水.pptx”为文件名进行保存。

2. 综合案例二

作为海军博物馆讲解员的小张，接受了制作“辽宁号航空母舰”简介演示文稿的任务。请你

利用“素材\PowerPoint 综合案例拓展\辽宁号航空母舰”文件夹下的素材帮助小张完成制作任务，效果如图 20-21 所示，具体要求如下。

(1) 设置标题幻灯片和目录幻灯片，演示文稿须选择适当的主题或设置恰当的背景，要求字体和配色方案合理。标题幻灯片的标题为“辽宁号航空母舰”，副标题为“——中国海军第一艘航空母舰”。

(2) 根据“辽宁号航空母舰素材.docx”文件中的内容，至少制作 5 张内容幻灯片。要求根据内容选择合理版式，添加图片(图片文件均存放于“素材\ PowerPoint 综合案例拓展\辽宁航空母舰”文件夹下)、形状、SmartArt 图形、表格等，完成合理的图文布局排列，文字内容可根据幻灯片的内容布局进行精简。

(3) 利用素材“辽宁舰.mp4”和“结尾语.txt”制作致谢幻灯片。

(4) 为幻灯片添加动画效果。

(5) 每张幻灯片需要设置切换效果。

(6) 除标题幻灯片和目录幻灯片外，设置其他幻灯片页脚的最左侧为“中国海军博物馆”字样，最右侧为编号。

(7) 演示文稿保存为“辽宁号航空母舰.pptx”。

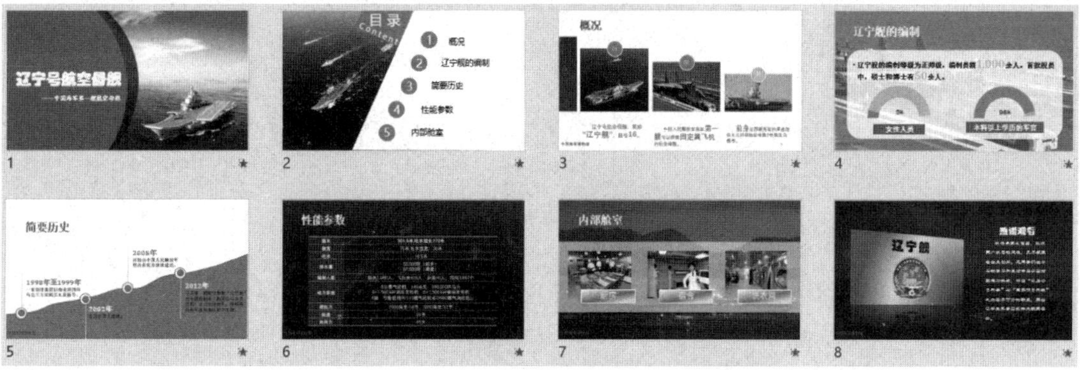

图20-21　“辽宁号航空母舰.pptx”效果图

参考文献

[1] 王磊. 计算机教学情境案例设计与分析[M]. 北京：清华大学出版社，2019.

[2] 古燕. 全国计算机等级考试二级教程：MS Office 2010 高级应用(2018 年版)[M]. 北京：高等教育出版社，2017.

[3] 王磊，崔维响，步英雷. 计算机应用基础实训案例教程[M]. 北京：高等教育出版社，2017.